我們為何成為貓奴？

這群食肉動物不僅
佔領沙發，
更要接管世界。

THE LION IN THE LIVING ROOM

HOW HOUSE CATS TAMED US AND TOOK OVER THE WORLD

ABIGAIL TUCKER

艾比蓋爾·塔克——著 聞若婷——譯

獻給媽媽

我們可能只是愛上了那個愛上貓的自己？

顏聖紘

在歷史上，與人類發生長遠關係的動物有數十種之多。一般人馬上能想到的大概就是各式各樣的經濟動物、勞役動物，還有伴侶動物。然而不同文化對於不同動物的看法、熟悉度，以及其在文化中的地位都是大相逕庭的。好比對於歐亞大陸或北美洲的文化來說，馬就是一種相當重要的動物。然而馬這樣的動物並未在南美原住民文化中出現，這是因為奇蹄類的馬並不存在於南美洲的高原或雨林中，反而是偶蹄類的駝馬才是南美高原的日常。

那麼貓咪呢？由中東野貓所馴化而來的家貓，其實也只廣泛存在於歐洲、北非、西亞、中亞、東亞與歐洲白人帶入的北美文化之中。也就是說，雖然貓咪與人類的關係至少長達一萬年，但是牠並非在所有的文化中都具有同等的重要性。

但是貓咪為什麼既有趣又如此重要？因為牠和人類的關係一向若即若離。相較於由灰狼所馴化的狗來說，貓被人類馴化的過程並非透過合作狩獵、食用或直接收養成為寵物來達成。而人對貓的馴化一方面沒有造就貓的外表的多樣性，二方面也幾乎沒有改變貓的行為與性格。這或許也就是為什麼，貓對人的若即若離造就了牠在某些文化中的神祕樣貌與文化地位。

很多人自稱貓奴，那是出自對貓咪的寵愛與情感投射，但是我們真的對貓這種動物，或是貓科動物，還有貓與其他動物之間的關係具有深刻的理解嗎？例如「貓科」動物究竟有哪些？「貓屬」動物究竟有多少種？為什麼有些種類的貓可以在相當乾燥的地帶生存？有些貓種卻需要生存在濕潤的森林中？為什麼有些貓甚至演化出可以游泳的蹼？有些絕種的大貓則演化出劍齒？為什麼全球貓科動物的骨骼結構都大同小異，但在體型上卻有天壤之別？

身為一個演化生態學者，我一向認為我們對貓所知太少了。我所謂的「太少」並不是把貓置於一個類似「神祕學」的地位，而是我們對貓的執迷與喜愛，很可能只是因為被馴化的家貓對上了某些人對寵物心理投射的胃口，其實我們對有關「貓」這個字的資訊的了解是狹隘的。所以我們很可能只是愛上了那個愛上貓的自己？而我們對貓又有多少不熟悉的事呢？

好比說貓成為寵物的歷史吧。在人類歷史上，曾經被圈養或馴養的貓科動物並非只有家貓，其實石虎、藪貓等物種都曾經被視為寵物圈養。但是為什麼長期以來只有中東野貓被馴化呢？動物的馴化（domestication）過程一直是生物學家關切的焦點議題。我們想要了解的是貓的馴化只發生在中東地區嗎？除了中東以外，還有哪些區域是野貓到家貓發生馴化的中心呢？各種品系的貓的突變是怎麼產生的？為什麼有些馴化品系的貓是健康的，有些品系（例如摺耳貓）卻被認為具有生理缺陷？貓的乳糖不耐症又是怎麼出現的？跟人類的馴化有關係嗎？如果貓咪的主食是齧齒類動物，那貓捉老鼠的故事要從哪個時間點說起？是一萬年前的中東野貓？還是貓科動物的祖先原本就有這樣的本領？貓是社會性動物嗎？牠們的社群內有階級之分嗎？例如豹貓之類的雜交寵物能夠活得健康嗎？

這些都是貓咪相關的科學議題。不過一般來說，坊間有關貓咪的書都太聚焦在寵物貓身上，好比怎麼和牠們玩？如何做好居家照顧？或是直接跳離動物行為學的基礎，高談「貓咪心理學」。前述與所有貓科動物有關的深入議題，就甚少被各種「貓書」談論。

這本書讓我感到驚艷的原因是，這位愛貓之人能夠從人類歷史上所經歷過的大小貓科動物著手，進入主題，讓我們對家貓的關注在一開始就擴大到整個貓科動物世界。這種比較宏觀的書寫方式的確可以讓讀者不要在一開始就在書中尋求對家貓萌感的沉溺，進而理性、全面性地理解貓科動物究竟如何進入人類生活。

然而提到歷史，就必然會觸及一個愛貓人士的尷尬之處，也就是家貓隨著歐洲大航海時代水手與船隻的四處散播，成為全球最嚴重入侵生物一事。家貓的確與人類發展出鬆散的合作關係和情感依戀，但是一旦心中的最愛成為其他小動物的惡夢時該怎麼辦？從全新世到人類世的大滅絕事件中，人類把家貓帶到所有遺世獨立的海島與原本沒有家貓的大陸，就註定這個悲劇會持續進行。而這個悲劇除了人類本身與家貓之外，還伴隨著跟著船隻到處播遷的老鼠與豬而更加駭人。雖然我們經常認為住在穀倉裡的貓咪抓老鼠是大功一件，但是貓咪這種天生的獵人習性，也使得許多受到入侵的島嶼的珍貴動物因此消失。這本書也特別提到澳洲的案例。當人類自己造成馴化寵物與野生動物之間的衝突後，無論採取什麼樣的方法來處理，其痛苦都會由動物所承擔。

此外，這本書也花了相當大的篇幅，談論人對貓的愛戀在社會中的地位。一隻看來很安靜的貓咪靜佇在街角，總被認為是一種美麗的意象，但是這樣的意象是怎麼出現的？是因為我們對其他生物看來不吵不鬧的主觀期待嗎？我們對寵物貓的美感評析是來自什麼樣的理念？是基於貓的健康？還是基於我們對萌感的想像？對一種生物應該變成什麼樣子才能討人喜歡的想法，也主導了貓咪的育種，甚至是被商業化的過程。不過幸好除了少數品種外，絕大多數的貓咪品系育成都沒有造成健康上的疑慮，不同貓咪品系之間也甚少因為性格與行為差異，而形成人類迫使的衝突。

我很高興終於能看見一本書，從歷史、科學、文學、社會學等多面向視角來審視人類對貓的痴迷與喜愛，也能夠在迷戀中理性地面對因為愛貓所造成的諸多複雜議題。這本書所談論的貓咪議題或許比較深沉，甚至比較像是集合歷史考證與科普知識的侃侃而談，但是我相信任何對貓咪、貓科動物、人與貓的關係，以及貓與其他生物之間的關係有興趣的人，都可以讀讀這本誠懇、豐富與深入的著作。

（本文作者為國立中山大學生物科學系副教授）

目錄

7 導讀・我們可能只是愛上了那個愛上貓的自己？　顏聖紘
15 前言
27 第一章・人貓大戰
49 第二章・貓的搖籃
69 第三章・家貓無用？
87 第四章・吞了金絲雀的貓
121 第五章・擁貓派
151 第六章・電腦斷層掃「喵」
177 第七章・潘朵拉的貓砂盆
211 第八章・身世之謎
243 第九章・稱霸虛擬世界
275 致謝
277 參考書目

「噢，這由不得妳，」貓說，「我們這裡全是瘋子。」

——《愛麗絲夢遊仙境》（一八六五年）

前言

二〇一二年夏天[1]，丹妮絲・馬汀（Denise Martin）和她的丈夫鮑伯（Bob）到艾塞克斯郡的鄉間露營，該地位於倫敦以東八十公里，離雅緻的度假小鎮濱海克拉克頓不遠。當暮色開始籠罩營地，丹尼絲隔著篝火的煙霧瞥見某個不尋常的東西。這位五十二歲的工廠勞工決定翻出她的雙筒望遠鏡瞧個仔細。

「那是什麼啊？」她問丈夫。他也瞇著眼睛，打量趴在幾百公尺外草原上的黃褐色生物。

「一頭獅子。」鮑伯說。

他們觀望那頭野獸好一段時間，而牠似乎也在回望他們。牠的耳朵抽動了一下，開始清理身體，之後便悠哉地沿著一排樹籬笆走了。這對夫妻的反應很平靜，甚至泰然自若。

「在野外不常看到這樣的東西。」事後，丹妮絲向《每日郵報》如此表示。

營地裡的其他人可就沒那麼心平氣和了。

「天啊，那是一頭獅子。」丹妮絲的鄰居一邊用她的望遠鏡窺視，一邊喃喃自語。

「他媽的有獅子！」另一個男人尖聲叫道，然後衝向自己的露營車。

那隻大貓——謠傳和兩頭綿羊一樣大——很快地消失在夜色之中，恐慌隨之蔓延。鄉間平原上，群聚警方的狙擊手，動物園管理員也帶著麻醉槍趕來支援。直升機在頭頂盤旋，施展熱追蹤技術。整座營地疏散淨空，新聞媒體蜂擁而至，記錄這場大獵捕。英國的推特網站也被「艾塞克斯郡之獅」的新聞塞爆。

可是沒人能找到牠的任何蛛絲馬跡。

「艾塞克斯郡之獅」可以被歸類為「幻影貓」[2]的一種，或根據神祕動物學人士的說法，牠是一隻ABC（外星大貓〔Alien Big Cat〕）。和許多神龍見首不見尾的同類（如「特羅布里奇之獸」、「哈林伯里黑豹」）一樣，牠屬於一種貓形幽浮、一種獵奇現象，在大英帝國的舊領土（如英格蘭、澳洲、紐西蘭）一帶特別常見。但事實上，這些地區的自然環境中，已經沒有大型貓科動物活動的紀錄了，甚至從來就不曾有過。

前述的這些幻影之中，有少數已被揭露為有心人的騙局[3]，或真的是從圍欄脫逃的珍禽異獸。不過很多時候，這些自由逛大街的黑豹及花豹們，往往其實是我們更熟悉的動物：貓。貓家族成員除了尺寸之外，無一不像，也難怪常被人誤認。

「艾塞克斯郡之獅」的例子也一樣，幾乎可以確定牠只是一隻名叫泰迪熊的大塊頭橘貓。獵獅行動上演之際，泰迪的飼主剛好去度假了，當他們一看到晚間新聞時，立刻懷疑罪魁禍首就是牠。

「牠是那附近唯一又大又黃的動物。」他們告訴報社記者。

於是，這場獵遊鬧劇宣告結束。

然而，也許那群露營客並不是有遠視，而是有遠見。畢竟真正的獅子已不再是恐懼來源，很多人甚至開始憐憫那些可憐的動物（別忘了，當辛巴威的獅子塞西爾被一位從明尼蘇達州來的牙醫殺害取樂時，國際間響起強烈的撻伐聲浪）。獅子曾為萬獸之王，現在卻只能追憶當年勇，不再統治任何子民[4]：目前僅有兩萬頭在幾個非洲保護區和一座印度森林裡苟延殘喘，仰賴人類貢獻的保育基金與慈悲心生存。牠們的棲地年年都在縮減，生物學家擔憂到了這個世紀末，獅子可能就會從這個世界上消失。

與此同時，獅子有如弄臣般的小型表親，曾只是演化史上的一個註腳，現在卻成了一股自然力量。全球的家貓數量約有六億[5]，這個數字是浮動的，每天在美國出生的幼貓遠比在野外出生的幼獅還要多[6]。紐約市春天的小貓潮，數量甚至堪比野生老虎的總數[7]。至於和家貓爭寵的頭號對手——狗——相比，前者與後者的比例已呈三比一，全球皆然，而且很可能持續攀升[8]。

一九八六年到二〇〇六年期間，美國的寵物貓數量增加了百分之五十[9]，如今已達一億隻[10]。全球各地都出現類似的貓口爆炸[11]，光是巴西一國，寵物貓的數量就以每年一百萬隻的速度攀升。在許多國家，豢養貓和暴增的流浪貓的數量相比，簡直是小巫見大巫——澳洲一千八百萬隻的野化貓與寵物貓比例，是懸殊的六比一[12]。

因此，不論野性或溫馴，宅居還是自由，貓都正逐步主宰自然與文化、水泥與真實叢林。牠們掌控了城市、陸塊，甚至網路空間。從很多層面來看，牠們是人類的統治者。

也許，丹妮絲．馬汀透過篝火的汩汩煙霧窺見了真相：貓是新萬獸之王。

此刻，事實明擺在眼前：我們的文化——無論是網路或非網路——都被貓咪「瘋」潮席捲。明星貓隻除了能簽訂電影合約、募捐善款，還能吸引好萊塢明星成為牠們推特上的粉絲。諾德斯特龍百貨公司的陳列架上，擺滿牠們精美的照片。牠們推出自己的流行副牌和特調冰咖啡，其肖像佔據整個網路世界。說實話，貓咪還負責監管整座咖啡館呢。貓咖啡館是種奇特的場所，客人付費在一群隨意走動的貓之間品味咖啡香，現今此種型態的咖啡館在紐約、洛杉磯等世界各大城市仍方興未艾。

然而，這些盲目的行為讓我們忽略了更為有趣的事物。雖然我們承認對貓咪情有獨鍾，卻不甚了解其本質，以及牠們究竟如何融入我們的生活，又為什麼能在住家裡外都發揮如此巨大的影響力。

更何況，當我們意識到自己能從這段緊張的關係獲得的利益甚少，一切就變得更加耐人尋味了。人類慣於對家畜予取予求，期望這些靠我們吃飯的傢伙招之即來、馱運物品，甚至聽話地走進屠宰場。但貓既不會幫忙拿報紙，也不會下美味的蛋，或讓我們騎乘。人類只能丈二金剛摸不著頭緒地思索到底為何要養牠們，而且還養了幾億隻。顯然是因為我們喜歡貓——甚至愛貓。可是為什麼呢？牠們的祕訣又是什麼？

這道題目特別刁鑽，因為貓這種備受珍寵的動物，同時也被歸類在世界百大入侵種之列[13]，背負著破壞生態系統、甚至造成部分瀕危動物滅絕的罪名。澳洲科學家近日形容，流浪貓對當地哺乳類動物的危害，更甚於全球暖化或棲地消失[14]。在這座滿是大白鯊及南棘蛇的國度，澳洲環境部部長獨獨挑出貓，指稱其為「猛獸」[15]。困惑的動物愛好者有時難以抉擇，到底該在罐頭鮭魚淋上法式酸奶油、用湯匙餵給貓咪吃好呢，還是應該鐵了心，永遠不再理牠們。

美國的法律也展現出同樣的搖擺不定：在某些州，家貓可以透過「寵物信託」[16]合法繼承數百萬美元；而在其他地區，養在室外的貓會被視為有害動物。紐約市最近為了拯救兩隻流浪幼貓，關閉了其龐大地鐵系統的一大區塊[17]；但同時，全美每年又都會定期安樂死數百萬隻健康的幼貓與成貓[18]。談到家貓議題，矛盾之處比比皆是。

人貓之間的從屬關係在本質上令人困惑，或許也是為什麼長久以來家貓都會和黑魔法扯在一塊。的確，女巫的「魔寵」（familiar）的概念——同時含有親密及詭怪等意味——恰如其分地定義了被馴養的家貓。關於貓對人類展現出的神祕感，以及有時令人抓狂的魔力，也許巫術已經做了最好的解釋。不騙你，這類中世紀盛行的妄想症如今還有最新現代版本，經常會在討論到一種由貓傳播的常見疾病時浮上檯面。該疾病會寄生於人類的大腦組織，使思想和行為屈服讓步[19]。

換言之，我們擔心自己著了魔。

我必須先主動招供，我一向就是走火入魔的那種人：我不光是有養貓，在我大部分的人生中，人們都會想送我畫了鬍鬚的烤皿，搭配同樣圖案的隔熱墊等這類禮物。大家也都知道我會用整套的貓咪圖案毛毯和枕頭套布置臥房，並在整本出遊相簿裡裝滿於地中海街頭隨拍的貓咪照片。我從「絕世美貓」（Fabulous Felines，一度有人謠傳它是全球最大的賽級貓商城[20]）買過有血統證明的純種貓，也從收容所和街頭領養過流浪貓。這些事曾使我的個人生活及職業生涯面臨風險：我最近才得知，有位朋友的母親一看到我就特地繞過馬路避開我，因為她患有嚴重過敏；還有一次，我為了雜誌採訪一所知名草原田鼠研究機構，結果一位科學家默默地捻掉我毛衣上一根根的貓毛，以免味道嚇著他們研究的齧齒動物，進而干擾多項實驗結果。在自家的私領域，我在挑選地毯時，永遠只能從少數幾種顏色中抉擇，首要考量是要能掩飾貓嘔吐物的痕跡。

很少有人能說他們的生命是拜貓咪之賜，但我可以：我的父母曾發誓，除非他們能「訓練成功」他們的第一隻貓，否則就不生小孩（牠最終學會追著一顆軟木塞跑，他們覺得這樣就算數了）。我們家什麼沒有，貓最多。我妹妹曾經跑了六百四十公里，去一個愛狗人士家的浴室援救一隻驚慌失措的俄羅斯藍貓。很多人都知道，我媽在長途自駕旅程中，會把她的虎斑貓像毛皮披肩一樣掛在肩膀上，然後拋下目瞪口呆的國道收費員揚長而去。

由於貓在我的成長背景中是如此不可或缺的一環，我鮮少思考過窩藏這些小小的「極肉食動物」（archcarnivore）有多麼古怪，直到生了小孩。我在應付自己孩子的無情需索時，才開始察覺我這樣孜孜矻矻地照料另一個物種的脾胃和如廁習慣，似乎相當愚蠢，甚至有點瘋狂。我用懷疑的眼光打量我的貓，這些狡猾的小東西究竟是如何對我伸出魔爪的？為什麼這麼多年來，我都還是像對待自己的寶寶般伺候牠們？

儘管腦中閃現這些疑問，我卻有機會透過孩子的眼睛看待家貓。我的兩個女兒學會說的第一個詞彙都是「貓」。她們要求貓主題的服裝、書籍以及生日派對。對於學步期的幼兒來說，這些昂首闊步的小寵物簡直和獅子一樣大，跟牠們生活在一起，似乎能燃起對狂野世界的好奇。

「我想要跟露西和亞斯藍一樣。」其中一個女孩嘆道，她剛造訪過納尼亞的世界，現在正從窗戶看著鄰居的貓。

「上帝愛老虎嗎？」睡前，她們躺在小床裡問道，懷中抱著毛茸茸的貓玩偶。

所以我下定決心，要進一步了解這種動物，以及我們之間令人困惑的關係為什麼可以天長地久。說起來，我職業生涯的很大一部分都在為報章雜誌撰寫動物相關文章，幾乎跑遍地球，追蹤多種生物的真實面貌，包括紅狼和水母，試圖在這個人類統治的世界將牠們視為獨立的個體深入了解。但有的時候，最棒的故事題材就躺在你的腳邊。

那就是本書的亮橘色靈感來源——奇多——最愛待的地方。

奇多是我目前養的寵物貓，是從紐約州北部一處拖車公園領養來的。牠的老爸在那裡可能有跟浣熊打架的經驗，而牠本人在吃早餐前就重達九公斤，非比尋常的體型曾讓水電工一走進客廳就佇足讚嘆，也曾讓第四台人員用手機給牠拍照後秀給朋友看。貓保姆有時會拒接第二次工作，因為對食物異常執著的奇多，會搖晃著肥胖的肚腩追著他們跑。牠驚人的體積讓家中瀰漫著《愛麗絲夢遊仙境》般的魔幻氛圍——你經常會好奇是自己縮小了，還是牠又變大了？

很難想像這個蜷在床尾的巨大可頌，竟屬於一個足以顛覆整個生態系統的物種。就生物學的角度來看，備受珍寵的家貓與掙扎求生的流浪貓或都市街貓沒什麼不同。不管有沒有主人，是純種貓或米克斯，住的是穀倉還是豪華大型貓跳台，牠們都是同一種動物。在被馴養的過程中，永久改變了基因和行為，即使牠們從沒看過人類也一樣。豢養貓與流浪貓經常雜交，相互支持並驅動彼此的存在。某隻家貓可能出生時屬於一方，死去時又屬於另一方，只有情境和語意學上的差異。

即使奇多看起來像是被拿走貓碗就活不下去了一樣，不過牠那股咄咄逼人、彷彿說著「馬上餵我吃飯」的固執勁兒倒是點出了一項重要真相：家貓是高需求動物。然而牠們既不是最聰明，也不是最強壯的動物，尤其和牠們的近親美洲豹及老虎相比時，更是如此。事實上，除了體型嬌小之外，牠們承擔著與其他貓科動物相同的體型呈現（body plan）和折騰人的高蛋白質飲食需求，而這兩種特質正是讓其他貓科走向滅絕的重要因素。

但貓的適應力超強，哪裡都能住。即便牠們需要很多蛋白質，不過基本上，只要會動的東西牠們都吃[21]，包括鵪鶉和蟋蟀；甚至很多不會動的東西牠們也能接受，例如熱狗（舉個反例：

牠們有些面臨生存危機的貓科親戚，竟演化成專門獵捕罕見絨鼠[22]）。家貓還可以調整睡眠習慣和社交生活，以及，瘋狂繁殖。

我開始鑽研自然史以後，發現自己很難不用嶄新、分外瘋狂的角度崇拜牠們。另外，在訪問過的幾十位生物、生態學家和相關研究者之中，我感覺他們許多人——有些是情不自禁地——也是貓痴。這有點出乎我意料之外，因為近年來愛貓人士與科學研究間的鴻溝又加深了一些，原因不光只是科學家經常與那些將貓視為生態威脅的團體為伍而已。科學實事求是的一面，似乎也冒犯了含蓄且神祕的愛貓精神；對於眼冒愛心的貓痴來說，以研究「有益的胺基酸替代物」[23]來剖析貓奇蹟般的夜視力，可能稍嫌掃興了點（更別說極端枯燥）。

然而某些最生動、最有創意的貓形容詞，正是出自期刊論文：貓是「投機取巧、神出鬼沒，以及單打獨鬥的獵人」[24]，也是「得天獨厚的掠食者」[25]和「開朗而花俏的投機客」[26]。我在撰寫本書期間訪問過的科學家之中，有養貓的哪怕不是大多數，也是多數——不論他們研究的是瀕臨絕種的夏威夷動物、寄生在腦部的貓寄生蟲，或是我們人類老祖宗被啃過的骨頭。

這一點畢竟不該讓人意外，因為家貓的適應力最重要的面向，以及牠們最主要的權力來源，就是與人類共存的能力。某些時候，這表示牠們搭上了全球化的便車，把我們對世界做的改變轉化為絕對優勢。譬如都市化對牠們來說就是一項利多。現今全世界有超過一半以上的人口居住在城市，而小型和（理論上）易於照顧的貓，似乎比狗更適合擁擠的都市生活，於是我們買了更多的貓來當寵物[27]。更多的寵物貓也代表會有更多的流浪貓，牠們皆擁有能容忍人類待在活動範圍內的基因，讓牠們比起潛伏在我們嘈雜、緊繃的大都會裡的其他動物多了一分優勢。

不過，談到與人類保持良好互動，貓不光只是順水推舟而已，牠們還大膽採取主動攻勢，而且從最一開始便是如此。在所有被馴養的物種當中，貓是據稱自己「選擇」成為家畜的罕見案例。時至今日，牠們綜合幸運擁有的可愛外貌以及刻意表現的行為模式，接管了我們的家、我們的加大床墊與我們的想像空間。近來橫掃網路的貓風潮只是一場最新的勝利，屬於持續進行中的全球性征服行動，而故事的盡頭仍遙不可見。說真的，我們的家中每天都在上演無數小型的攻城掠地戲碼。多數人在選擇寵物時，必須特意找一隻新狗，但有數據[28]為證，貓經常會在某天傍晚出現在你家後門，然後不請自入。

儘管家貓的生存劇本在這個人類支配的世界裡顯得驚人而獨特，牠們的故事卻有普遍性的寓意。它像是範例般揭示了人類某個單一、細微、看似單純的舉動——親近小型野貓，讓牠們在我們的爐火邊（以至於我們的心裡）自由來去——同時也可能引發全球性的骨牌效應，從馬達加斯加的叢林深處，一路延伸至思覺失調症病房，最後再到線上留言板。

從某幾種角度來說，家貓的崛起是一場悲劇，因為那些對牠們有利的力量同時毀滅了許多動物。家貓是投機客、暴發戶，是地球上除了智人之外最有影響力的侵略者之一。牠們出現在生態系統中的時候，通常就是獅子等大型動物（megafauna）退場的時候。這並不是巧合。

但家貓的故事也講述了生命的奧妙，以及大自然給我們的無限驚喜。它賦予我們機會，暫時將自我中心擺到一邊，仔細瞧瞧我們傾心照顧與保護的動物。牠們的眼界遠遠超出客廳與貓砂盆之外。家貓其實不是毛茸茸的寶寶，而是更了不起的存在：將整個地球踩在粉紅肉球底下的小小征服者。沒有人類就不會有家貓，但我們並沒有真正創造出牠們，也不能掌控牠們。我們彼此的關係與所有權較無關，而是更偏向於教唆犯罪。

用如此冷靜理性的角度來看待我們可愛的夥伴，可能讓人覺得不太講義氣。我們習慣把貓想像成同伴或依靠我們的小傢伙，而不是演化史上的自由球員。我才剛開始向我媽和我妹報告這本書的撰寫進度，就得花心思應付她們的牢騷了。

然而真愛必須建立在了解之上。儘管我們對貓的著迷有增無減，可能還是太小看牠們了。對於奇多這樣的生物，我們該給予的正確回應可能不是「噢——」，而是「哇賽！」

第一章 人貓大戰

洛杉磯市中心威爾夏大道上咕嘟冒泡的拉布雷亞瀝青坑（La Brea Tar Pits），看起來就像一池一池含有劇毒的黑色太妃糖。加州殖民者曾採集此處的瀝青，為自家屋頂做防水工程，但現今這些瀝青泉更加受到研究冰河時期野生動物的古生物學家青睞。各式各樣的珍禽異獸都把自己困在這黏乎乎的死亡陷阱裡：象牙扭曲的哥倫比亞猛獁象、絕跡的駱駝，以及誤入歧途的老鷹。

但名聲最響亮的要屬拉布雷亞貓了。

一萬一千年前，比佛利山至少住了七種史前貓科動物，牠們是現代山貓與山獅的近親，也跟好幾個已經消失的物種關係密切。在這片兩萬八千坪的挖掘場中，已發現超過兩千具一般劍齒虎（*Smilodon populator*）的骨骸——牠們是劍齒虎中體型最大、最威猛的——使它成為地球上這類珍寶蘊藏最豐富的地方。

早晨已過完一大半，隨著氣溫愈來愈高，瀝青也變得愈來愈軟，空氣裡瀰漫著柏油路融化的氣味。瀝青坑表面不斷鼓起的醜陋黑色氣泡，看起來像一頭怪獸躲在底下呼吸。刺激性的蒸氣讓人微微泛淚，我試著把一根樹枝插進黏稠的液體中，結果竟然就拔不出來了。

「要讓一匹馬動彈不得，只需要三到五公分的厚度就夠了。」當地博物館館長約翰．哈里斯（John Harris）表示，「美洲的大地懶會像蒼蠅被黏在捕蠅紙般黏在這上頭。」他的語氣帶有一絲邀功的意味。

要清除皮膚上沾到的瀝青，只能用礦物油或奶油不斷揉搓——當地一些大學兄弟會的惡作劇大王，從慘痛的經驗中學到這招。若時間夠久的話，瀝青甚至能滲透到骨頭裡，完美封存慘死此處的巨大動物遺骸。從坑裡取出的物種甚至尚未真正成為化石，譬如在保存下來的劍齒虎肋骨上鑽洞，會產生在牙醫診所聞得到的氣味：膠原蛋白燃燒的味道。牠聞起來還是活的。

我在混濁的瀝青坑裡搜尋人貓關係的原始線索。在我們看來，人類扮演貓的施恩者是再理所當然不過的角色，但事實上，這項安排發生的時代頗近，也很突然。儘管人類與貓族已經在地球上共存了幾百萬年，卻一向不怎麼合拍，更別說在沙發上相親相愛。我們對肉類及空間的需求讓彼此成為競爭的天敵[1]。在共有的漫長歷史中，絕大部分的時間不是共享食物，而是搶奪對方嘴裡的肉，甚至咀嚼對方殘破不堪的軀體——不過老實說，多半是牠們吃我們。

地球還未被馴化之時，其統治者是拉布雷亞劍齒虎、巨豹及大穴獅等大貓，以及牠們的子嗣。人類的史前遠祖在美洲若干區域與這類巨獸共用棲地，而在非洲，我們和好幾種劍齒虎纏鬥了數百萬年。古代貓科動物的影響力之大，牠們甚至可能對於人類的演進有功。

哈里斯在一間儲藏室裡現寶，給我看一隻斯劍虎（*Smilodon*）幼崽的乳牙，其長度幾乎有十公分。

「牠們怎麼喝奶啊？」我問。

「很小心地喝。」他回答。

成年劍齒虎的上犬齒有二十公分長，形狀讓我聯想死神的鐮刀。我用手指沿著牙齒內側鋸齒狀的弧邊摸過去，起了一身雞皮疙瘩。科學家對這種動物依然所知不多——研究者還曾經製作了劍齒虎下顎的不鏽鋼模型，想弄清楚牠們究竟如何咀嚼。哈里斯也承認，「我們最近才學會分辨牠們的性別。」但應該可以穩當地說，當時的劍齒虎相當駭人，重量約有一百八十公斤，牠們很可能先用粗壯的前肢將乳齒象壓制在地，再用劍齒刺穿獵物頸部又厚又硬的皮膚。

這時我的目光飄到旁邊一具美洲擬獅的骨骸，牠比劍齒虎高出一個頭，活著的時候大概重達三百六十公斤。

原來人類祖先對抗的是這種傢伙。

掠食者這般無與倫比的體型，以及與牠們交手後勢必帶來的嚴重後果，使得此刻我們已經快要讓貓科動物徹底消失在地表的事實，顯得特別值得關注。當今的貓科動物，不管是大型或小型，其勢力每天都在人類的面前節節敗退，數量也多半在銳減中[2]。

不過有一個例外。哈里斯帶我到離博物館大門不遠的一處瀝青泉，那裡正在進行挖掘作業。兩名身穿沾了瀝青的T恤的女人，用鑿子清理一根斯劍虎的股骨。這時，突然有個咖啡色影子擦過我的腳踝，跳了上來——叭噗是一隻沒有尾巴的母貓，有著圓滾滾的肚子和地主般的霸氣。那兩個工作人員嬌笑著告訴我，叭噗是她們從一場車禍中救回來的貓，直到照料牠到康復為止。牠在那場車禍中失去了尾巴。

「再也嚇不到老鼠囉！」其中一名女人說，一邊拍拍叭噗殘缺的屁股。

我很好奇，下列何者比較奇怪：是比佛利山成為當地巨獅的墳場？還是從中東發跡、偷渡而來的不起眼小型貓，如今卻在這裡出頭天？

事實上，家貓的崛起和獅子的衰亡是一體兩面。貓科動物持續沒落的家族故事，能說明叭噗、奇多和所有我們心愛的家貓的真實本質：牠們是配備齊全的掠食者，就像猞猁、美洲豹或任何貓科動物一樣，卻也是生物學上的極端異數。

若沒有人類文明，現在大洛杉磯地區可能仍然是從冰河時期存活下來的原生貓科的主要棲地。目前，有少數零星分布的山獅持續潛伏在聖莫尼卡山脈，可惜牠們彼此隔絕，又近親交配。再加上，幼獅的數量都已經夠稀少了，卻還常常成為高速公路上的輪下亡魂[3]。最近有人拍到一隻被稱為P-22[4]的山獅在好萊塢招牌後頭的山坡閒晃，欣賞五光十色的都市夜景。

但此刻在瀝青坑當家作主的，是叭噗。

拉布雷亞劍齒虎和巨獅大約在上次冰河時期結束時銷聲匿跡，原因不明。但我們可以嘗試拼湊出故事的細節，了解為什麼現存的野生貓科——即使較小型的物種，有些仍看來和我們心愛的寵物十分相似——多數正處於極度險境。故事的起點正是我們許多祖先的終點：在貓嘴裡。

貓科動物隸屬哺乳綱食肉目，顧名思義就是「專吃肉的動物」[5]。從狼到鬣狗，幾乎所有食肉動物都以肉類為主要飲食。肉是一種珍貴的資源，飽含脂肪和蛋白質，容易消化。但取得也相對困難，所以大部分動物，包括幾乎所有的食肉動物，都會以其他種類的食物填飽肚子。以熊科為例，黑熊會用能碾碎植物的臼齒大嚼橡實和塊莖，牠們的臼齒就算長在牛嘴裡也不顯突兀。大貓熊嗜吃竹子眾所皆知，就連長著獠牙的北極熊偶爾也會拿莓果塞塞牙縫。

貓可不一樣。從九百公克的鏽斑豹貓，到兩百七十公斤的西伯利亞虎，共三十幾種貓科動物統統都是生物學家口中所謂的「超級食肉動物」（hypercarnivore）。牠們幾乎只吃肉而已。咀嚼植物用的臼齒在貓嘴裡縮小成發育不良的尺寸，像是孩子會留給牙仙子的乳牙，而牠們的其他顆牙齒都超級長、超級尖，像是一排牛排刀與利剪（貓牙和熊牙的差別好比阿爾卑斯山和阿帕拉契山）。位於貓口腔前端、獵殺用的尖牙雖稱作犬齒，實際上卻比狗的犬齒還大顆，不過這倒不令人意外：成貓需要的蛋白質攝取量是狗的三倍，幼貓更足足有四倍之多[6]。狗甚至能靠吃素過活，但貓無法自行合成必要的脂肪酸，得從其他動物身上取得。

貓牙的單一用途——宰殺——說明了為什麼所有貓科動物的口腔看起來都很像，即使在生物學家的眼裡也一樣。吸食昆蟲的馬來熊，其下顎就長得和灰熊截然不同，但獅子和老虎的下顎有時可是連專家都分辨不出，因為兩者構造的設計理念完全相同。

貓身上的其他部位也一樣。雖然就體型而言，貓家族成員彼此之間的差異很大，甚至大得搞笑——有的貓從頭到尾巴不過三十六公分長，有的卻有四百三十公分——可是在形態上卻微乎其微。

「關於大型貓和小型貓，你要知道的重點不是牠們有什麼不一樣，而是牠們是一樣的。」[7]伊莉莎白．馬歇爾．湯馬斯（Elizabeth Marshall Thomas）在她撰寫的貓科動物史《老虎的部落》中如此表示。的確，老虎有斑紋，獅子有鬃毛；美洲獅有八個乳頭，長尾虎貓只有兩個。但牠們的原始藍圖都是同一份[8]：長腿、強而有力的前肢、彈性極佳的脊椎、具平衡作用的尾巴（有時長度可佔體長的一半），還有專門消化肉類的短腸子。貓的利器還包括伸縮自如的爪子、有感覺力的鬍鬚，以及會轉動的耳朵，能鎖定特定方位聆聽，並盡可能擴大接收聲音的範圍。牠們的眼睛位於面部前端，擁有絕佳的雙眼視覺和夜視力。顱骨上端則隆起，臉圓而短，搭配牢固嵌入的顎肌，把口腔前端的咬合力發揮到最大。

不論獵物是小白兔或大水牛，幾乎所有貓科動物（有個著名的例外是速度出類拔萃的獵豹）都以同樣的方式獵食：跟蹤、埋伏、擒抱、享用。就連懶惰蟲奇多也一樣，牠會興奮地扭擺肥臀，然後撲向一條倒楣的鞋帶。貓科動物是依賴視覺的掠食者，其看家本領就是出其不意地使出致命一咬，把犬齒滑入獵物的頸椎之間，就像（借用動物行為學家保羅・雷豪森〔Paul Leyhausen〕的說法）「把鑰匙插進鎖孔」[9]。貓科動物能摺倒體型比牠們大三倍的獵物[10]，而牠們的野心可能還未必僅止於此：小時候，我曾看見家裡養的暹羅貓尾隨鹿群，並在牠們渾然不覺的情況下，居高臨下地蹲伏守候。

至少一千萬年以來，貓科動物都享受著橫掃全球的勝利，足跡遍及廣大的棲地[11]。牠們偏愛亞洲的熱帶森林，但本能上幾乎可以在任何氣候生存[12]，如喜馬拉雅山的雪豹、亞馬遜河流域的美洲豹，以及撒哈拉中心的沙漠貓等等。幾千年前，獅子不光只住在比佛利山，還有英國德文郡和祕魯——幾乎住遍了地球每個角落，除了澳洲及南極洲。據信獅子是分布範圍最廣的野生陸上哺乳動物[13]，不但是叢林之王，也稱霸沙漠、沼澤和群山。

野生貓科的致勝之道在於空間。因此在自然界中，貓科動物的數量通常會比其他大型食肉動物（諸如熊和鬣狗）來得少[14]。即使是最嬌小的貓科動物也需要相對袤廣的土地，才能獲取不可或缺的動物性蛋白質。根據經驗法則粗略估算，每四十五公斤重的獵物可供養四百五十公克重的食肉動物[15]。但就超級食肉動物而言，比例更加懸殊。牠們沒有任何演化方面的備案，不是索命就是喪命，所以事實上，彼此自相殘殺的情況屢見不鮮，例如獅子吃獵豹，花豹吃獰貓，獰貓吃非洲野貓等等。牠們甚至還會殺害同類。這種敵意——加上牠們鬼祟的獵食風格，以及特定生態系統無法同時供養大量的貓科動物——正說明了為什麼多數時候牠們都是獨行俠。

即便近來人類吃掉的肉量極為可觀，我們卻不是食肉動物家族的一員，而是靈長類。我們的類人猿親戚肉吃得不多，早期的類人同胞也是。後者在六、七百萬年前的非洲開始爬下樹木、移往地面，而當時貓科動物早已站穩食物鍊頂端的位置。

我們不光是不吃肉而已，還大方獻出自己的身體和寶寶給人家吃，然而儘管周遭有巨型的老鷹和鱷魚、跟公車一樣長的蛇，以及古代的熊、肉食性袋鼠，或特大號水獺等一票動物在旁垂涎環伺，貓科動物仍幾乎毫無疑問地，是我們頭號的掠食者[16]。

根據人類學家羅伯特・薩斯曼（Robert Sussman）的說法，人類的始祖在非洲逐漸發展成熟的階段，正值「貓的全盛時期」。其著作《獵物：人類》（*Man the Hunted*）詳盡闡述了我們作為獵物的血淚史。他告訴我，在我們和貓科動物重疊的活動區域裡，「牠們佔盡便宜。」把我們拖進山洞、在樹上啃食我們，或將我們被掏空內臟的屍體儲藏在窩巢中。說實在地，要不是有大貓對我們下毒手，我們可能也不會對人類的演化有這麼深入的了解[17]。全世界最古老、保存最完整、代表人屬的頭骨，稱為「五號頭骨」，出土地點在喬治亞德馬尼西（Dmanisi）的洞穴裡，那些洞穴很可能是已滅絕的巨獵豹的野餐地；在南非的山洞之中，古生物學者滿頭問號地看著堆積如山的原始人類和其他靈長類的骨頭，想釐清這場大屠殺的前因後果。是我們的老祖宗起了內鬨嗎？後來有人注意到，有些頭骨上的孔洞與花豹獠牙的位置完全吻合。

放眼現代的荒野，我們同樣能找到線索，證明貓科動物曾經讓我們的日子有多難過。薩斯曼和同事唐娜・哈特（Donna Hart）研究了現代靈長類動物遭獵食的資料，發現貓科動物必須為超過三分之一的凶殺案負責（犬科動物和鬣狗只佔了百分之七）。針對肯亞蘇蘇瓦山熔岩洞的一項研究顯示，那裡的花豹幾乎只吃狒狒。然而，即使是人類在當今世上最強壯、最聰明的近親，也可能成為體型比牠們小一半的貓科動物的獵物：科學家曾經從花豹的糞便中揀出低地大猩猩又黑又粗又短的腳趾，也從獅糞中找到黑猩猩的牙齒。

科學家開始研究人類從身為獵物的角色中學到了什麼[18]，舉例來說，他們發現我們的辨色能力和距離感，最初可能是為了偵測蛇類而演化出的系統。實驗[19]證實，即使是稚齡的孩子，也善於辨識出蛇的形狀，而非蜥蜴的形狀；他們也能更快看見獅子而不是羚羊。現代人類行為中，仍存留許多抗掠食策略（antipredation strategy）的痕跡，包括傾向在半夜分娩（我們大多數的掠食者在黎明和黃昏時分出動），以及對於十八世紀風景畫的偏好——一望無際的遼闊視野，讓我們能在危險靠近前就先察覺異狀，免除心理壓力，保持心情愉悅。我握著劍齒虎的獠牙時起的一身雞皮疙瘩，可以追溯至遠古時期，當人類感覺到掠食者靠近時，體毛會自然豎立，盡可能地讓身體顯得巨大，也比較可怕（但願如此）。

處於隨時可能被獵食的壓力下，也很可能改變了我們的體型和姿態（直立而高挑的身體能掃視更遠的地平線）、對社群和社交生活的偏好（集體行動帶來美化過的安全感），以及複雜的溝通形式。即使是綠猴這類地位不那麼崇高的靈長類近親，也發展出一種專指花豹的吼聲[20]（但貓科動物也不甘示弱：有人觀察到，亞馬遜流域的小型長尾虎貓在獵食時會模仿靈長類幼兒的叫聲[21]）。

然而，貓科動物對人類演化最主要的貢獻，可能不是掠食者與獵物的關係，而是掠食者與食腐者的關係。這項饋贈讓我們初嘗肉的滋味，造就了重大改變。

人類吃肉的證據，最早可以追溯到三百四十萬年前。在衣索比亞迪奇卡（Dikika）附近發現的有蹄類動物骨頭上，有切割的痕跡，顯示出我們以吃素為主的祖先可是費了很大的勁，才把骨頭上的肉削下來。其他的考古遺址則直指，他們敲開骨頭，享用濃郁骨髓。可是一開始怎麼會有這些美味的骨頭呢？我們的祖先應該還要再過幾百萬年才會發展出打獵技巧啊？

根據在美國國立自然歷史博物館研究人類食肉的專家布萊恩娜・波比納（Briana Pobiner）所言，我們那些手無寸鐵、但又想吃肉想瘋了的祖先，不無可能直接追著獵物直到牠們累死為止，又或者丟石頭砸死牠們。可是波比納——辦公時，會有兩頭巨大母獅從照片裡居高臨下地凝視著她——認為我們更可能是寡廉鮮恥的小偷和食腐者，或該說是「偷竊寄生者」（kleptoparasite）。我們粗野無文的「宿主」應該就是大貓了。當牠們撂倒瞪羚和其他草食性動物、吃飽喝足之後，晃出門散散步，打算晚點再回來吃消夜，而我們惹人厭的祖先就趁這個時候偷溜過來，能拿多少是多少。我們可能把掛在樹上的羚羊扛下來，那是花豹存放食物的位置（也許是為了不讓更強悍的貓科動物發現，例如獅子）。人類學家科特斯・馬雷恩（Curtis Marean）指出，劍齒虎的剩菜可能是最豐盛的，因為牠們的大牙利於殺戮，卻不太適合咀嚼，所以啃過的骨頭上還會剩很多肉。有些科學家甚至大膽假設，由於劍齒虎的廚餘實在太多了，而且正好是早期人類日常飲食中非常重要的一環，以致於我們後來跟著那些大貓離開非洲、進入歐洲，也就是第一次人類大遷徙[22]。

一旦我們的祖先嘗過極具營養、富含胺基酸的肉以後，就回不去了。有些人類學家強烈主張，肉食在根本上使我們成為人類。那絕對是至關重要的一步。

「吃肉這件事重要到我們把石頭工具愈做愈好。」波比納解釋道，「這是一種回饋循環。要得到更多肉，我們必須更善於觀察環境、溝通、預先規劃。要不是有吃肉這件事，我們是不會有同樣的演化軌跡的。」

的確，根據「高耗能組織假說」（expensive tissue hypothesis，這裡指的是涉及大腦發展的組織（tissue），而不是柔軟舒適的面紙），吃肉也許真的拓展了我們的心智[23]。由於吃素的靈長類必須處理大量棘手的植物，所以牠們擁有龐大、極耗能量的腸子（所以瘦巴巴的猴子常常看起來有個啤酒肚）。相反地，能夠固定取得好消化的肉類來源的動物，在演化時就可能有餘裕去縮小腸子的體積，並且把消化工作剩餘的能量作更巧妙的運用：發展超大的腦子。大腦是智人王冠上的寶石，地位舉足輕重，其重量雖只佔了體重的百分之二，卻消耗攝入熱量的百分之二十[24]。我們可能就是因為吃肉，才有辦法能供給得起大腦。

我們祖先的大腦的尺寸在大約八十萬年前有了一次最大幅度的進步。在那不久前，我們才剛懂得如何用火，進而烹煮肉品，讓肉品能保存得更久，也更易於攜帶。又過了二、三十萬年，我們逐漸琢磨出怎麼憑一己之力擊倒大型獵物。時間再快轉幾十萬年，家族樹上的智人分支總算冒出了新芽，那是大約二十萬年前的事了。

這時候，人類和大貓之間最初失衡的權力關係開始轉為不穩定的平衡狀態，我們學習用強化的大腦來制衡牠們發達的肌肉。我們有了新的狩獵武器，有時可能把大貓驅離牠們正在享用的獵物，有時甚至殲滅幾隻大貓，但王不見王可能還是上策。不過顯然地，我們情不自禁地崇拜我們美麗的仇敵。位在南法的肖維岩洞穴（Chauvet Cave）一面具有三萬年歷史的壁畫——可說是全世界最古老的藝術作品——描繪了精緻的土黃色花豹和獅子，繪者對細節的掌握可比生物學家，連鬍鬚根部的斑點都沒遺漏。

然而，大貓與人類各擁法寶，對於共同追求的肉類目標多多少少處於勢均力敵的狀態。這場古老僵局一直延續到約一萬年前[25]，在中東某處，人類因為夠有開創力（或夠幸運），終於想通了該如何永續經營，滿足無限「肉欲」：自己養動物殺來吃。馴化獸群與耕種作物，也就是我們稱作「新石器革命」的演化史上的一大躍進，讓人類從狩獵、採集，轉變成安定下來，建立永久的社群，最終導向文明和歷史的誕生，以及我們現在的地球。

對許多其他生物而言，尤其是貓科動物，當我們所豢養的第一群牲畜及菜園出現時，也揭開了牠們走向終點的序幕。

我們傾向認為野生貓科的保育困境，算是相對來說新近發生的現象，而歐洲人，尤其是英國人，經常承擔殺害大貓的罵名。的確，是殖民者把槍枝引進印度和非洲，並用優渥賞金徵求大貓的毛皮。一九一一年，英王喬治五世率領的狩獵隊伍在一場不到兩周的狂歡活動中，就將三十九隻印度虎打包帶走；維多利亞時代，倫敦的動物園裡塞滿非洲獅[26]，牠們在囚居下奄奄一息，通常不出一兩年就死去（不過有少數幾隻成功拉了一兩匹馱馬陪葬）。針對大貓而發動的皇家戰役，以狩獵探險記的形式留下紀錄，成為一項專門文類，有位生物學家向我形容這是「哺乳動物學狂熱的一面」。英國軍官約翰・亨利・派特森（John Henry Patterson）在其經典之作《察沃的食人魔》裡，冷靜沉著地描述他和一對沒有鬃毛、明顯劣化的非洲獅起爭執的來龍去脈。

不過，英國人雖下手冷血又有效率，他們卻只是加速了流程而已，一切早在農業初萌之際就已經開始了。

「貓科動物非常嬌貴，」專門研究貓科的遺傳學者史提夫．歐布萊恩（Steve O'Brien）告訴我，「如果牠們不能吃到撐，就會餓到死，一翻兩瞪眼。問題不在人類的射殺，而在建立農場和社區。」

就生物學的角度而言，貓科動物便與最廣義的人類文明扞格不入。這種現象打從一開始就存在了：在第一個大型農業文化的發源地埃及，獅群數大量流失[27]；羅馬人──捕捉大貓來遊街示眾，以及將牠們放到競技場中娛樂大眾[28]──早在西元前三二五年就以文獻記載了各地區獅群數量減少的情形。到了十二世紀，曾經能普遍看到獅子的巴勒斯坦，就已經完全沒有獅群的蹤跡了。在歐洲人踏上印度以前，蒙兀兒帝國的皇帝也夷平了一座座森林，把虎群打成一盤散沙。各種野生貓科都有類似的辛酸故事。

英國的狩獵探險記精確描述了人貓衝突發生的地點與情境，往往不是在叢林深處，而是土壤新翻的文明邊緣，諸如緊挨著印度叢林的甘蔗田和咖啡田、蜿蜒穿梭在肯亞灌木叢之間的鐵軌。在這樣的交界處，我們不斷朝貓的領土推進，而牠們也在無意間晃到了我們的地盤。

人類愈是得寸進尺，與野生貓科和平共存的希望就愈是渺茫。首先，我們清理土地，不斷深入雨林和稀樹大草原，吃掉或殺光所有獵物。這對野生貓科是相當嚴重的傷害，包括獅子和老虎，牠們必須直接和我們競爭我們愛吃的大型食草動物。另外，受害者也包括像是非洲金貓這類體型和家貓一樣的動物，牠們的小型獵物不是被消滅，就是被搜括來當野味了。

我們砍倒森林、迅速掃光當地的獵物之後，下一步就是引進我們自己的食用動物，例如牛、羊、雞、魚等等。而大大小小的野生貓科自然會覬覦，因為此刻牠們已經沒有任何肉類來源了。這下換牠們成了「偷竊寄生者」，但人類可不會縱容貓小偷。

有時候，大貓還是沒有放棄想拿我們當食物的欲望。即使到了二十一世紀，駭人聽聞的食人故事仍在邊境地區上演，也就是人類不斷擴張的社群威脅到貓科動物活動的領域。一名獨來獨往的獵人可能在俄羅斯廣大的樺木林中狩獵了一輩子，也不會和西伯利亞虎發生衝突，可是在住了四百萬人的印度孫德爾本斯三角洲，兇猛的老虎就成了公害。另外像是在坦尚尼亞西南方正積極發展的魯菲吉農業區，獅子可以在十年間奪走數百位村民的性命[29]。

時至今日，農藥已取代槍枝，成為我們的武器首選。只需在長頸鹿的屍體上灑一點殺蟲劑，不光能除掉某隻會吃人的獅子，更可以將整個賊眉鼠目的獅群一網打盡，如同對付害蟲般消滅萬獸之王。若是缺乏毒藥，當地人甚至無所不用其極，例如就曾有從保護區跑出來的印度虎，被人用棒子活活打死的前例。

要非難那些遠方的人類殘殺大貓很容易，但試想你得派七歲的牧童看守一片「獅」滿為患的牧草地，或是在自家的廁所裡驚見一頭花豹，又會是什麼感覺？一旦真正醒悟到問題有多嚴重，哪怕是美國人也難有不落俗套的表現[30]，畢竟美國大部分地區都曾有大貓出沒。但早在許久前，拓荒者就已經擺脫了南方的美洲豹和密西西比河以東的山獅——佛羅里達山獅除外，牠們仍在大沼澤地國家公園的陰暗角落，過著近親交配、疾病纏身，以犰狳維生的生活。

基本上，野生貓科與人類誓不兩立。牠們殺害我們垂涎的獵物、我們豢養的農場動物，其中幾隻大貓甚至還會獵殺我們。隨著人口愈來愈稠密，貓口勢必得減少。然而，存活下來的貓科動物被趕到不理想的棲地之後，與人類定居地相關的其他力量又開始大肆迫害牠們：交通意外、貓瘟、狩獵、毛皮生產、旱災、颶風、邊境維安路障、跨國動物交易等等。

部分人類甚至扮演起頂級掠食者的新角色，無所顧忌地吃起大貓來，就像過去牠們曾享受人類的滋味一般。亞洲中藥市場將老虎大卸八塊供消費者挑選[31]：爪子、鬍鬚和膽汁各有所好者，不過最熱門的非可以泡藥酒的骨頭莫屬。若干美國老饕則把獅子的腰肉視為時髦的佳餚，如紐約一個叫作「美食家」（Gastronauts）的團體。據說獅腰肉最棒的烹調方式是用平底鍋乾煎[32]，接著小火慢烤，最後佐以香菜和胡蘿蔔，美味上桌。

現在如果想找野生貓科動物，死的會比活的好找得多。我跑了老遠，來到藏在馬里蘭州郊區商店街的史密森尼學會異地儲存機構尋寶。這些龐大的建築群，存放著所有市中心博物館放不下的醃漬海豚和大猩猩。其中一棟差不多可比擬為停放大如飛機的鯨魚骨的機庫。

保全人員檢查了我的皮包，這座無菌的墓園禁止攜入食物。我偷偷將口香糖吐掉。沒多久，我便跟著負責哺乳類的部門主管，穿過整排金屬櫃之間的走道。他手中的鑰匙發出的叮鈴聲清晰可聞。

「這棟建築裡全是獸皮、頭骨和骨骸。」克里斯．赫爾根（Kris Helgen）回頭告訴我。他拉開抽屜，露出一張皺巴巴的獸皮——來自一九〇九年，前總統羅斯福卸任後的幾個星期所射殺的長頸鹿；長長的睫毛仍附著其上，嫵媚地鬈曲著。我們仔細瞧了已滅絕的僧海豹的黃色鬍鬚，又朝著紀錄中最大的一頭成年公象的象牙凹洞裡頭窺視。

這一堆動物收藏，就像是時光機般，讓人一窺瞬息萬變的地球和生命體。這裡有點像拉布雷亞，只不過絕大部分的動物是被人類殺死後再小心保存起來的。我們憑自己的力量達到了瀝青坑的保值效果。

「好啦，」赫爾根說，「我們要不要來看看幾隻貓？」

他打開左邊的鐵櫃門鎖，小心翼翼地把一隻西伯利亞虎的頷骨和頭蓋骨拼在一起，發出「咔」的一聲。現存的野生西伯利亞虎大概只剩五百隻。赫爾根指出牠的顴骨寬度，以及頭頂隆起的骨頭長度，解釋為何牠們的臉部幾乎能構成完美的橘色正圓形，就像太陽一樣。在我看來，這顆頭骨似乎在咬牙切齒。赫爾根攤開一張稀有的黑色非洲豹的毛皮；我輕撫一頭來自蓋亞那、顏色有如千邑白蘭地的美洲獅，並研究一頭雪豹厚密的底層絨毛。我將一塊薄棉布拿在手中，上頭縫著一隻美洲幼獅的小小毛皮，牠很可能是在紐約州出生的最後一批美洲獅。我甚至還捻著伊比利亞猞猁耳朵尖端的長毛，赫然發現看似嚇人的黑色尖刺，其實是由最柔軟的絲構成的。

赫爾根很年輕，只在下巴看得到一點鬍碴，不像他那些較年長的同事都偏愛蓄著巫師般的大鬍子。我們會面的時候，他正準備展開一場為期三個月的旋風式荒野狂歡之旅，從肯亞一路到緬甸，進行叢林普查，尋找未曾有人發現過的哺乳類動物。他不是一個容易意志消沉的人；事實上，他給我的印象是對環境樂觀看待的類型。

可說到貓科動物，他就樂觀不起來了。「趨勢只朝一個方向在走——人類排擠了野生貓科，」他說，「這種趨勢不會減緩或逆轉，已經迫使某些動物走到了盡頭。」其中包括許多大貓，也有一些小型貓科。他這一輩的科學家深恐必須坐視第一場大規模的貓科動物滅絕事件，尤其是伊比利亞猞猁和老虎——不光是某些亞種，而是所有老虎全部死光。我們回到放置老虎的抽屜邊，他指出十九世紀的標本（很多都彈痕累累）是從現今已經沒有老虎的棲地取得，例如巴基斯坦；後期的毛皮則來自從來就沒有野生老虎的地方，例如紐澤西州傑克森鎮的六旗大冒險遊樂園附設動物園。「二十世紀晚期，就幾乎全是從動物園來的了。」他說。

赫爾根鎖上那些裝著異國獸皮的櫥櫃，穿過走道，取出最後一顆貓科動物的頭骨。這次是小型貓科，不過根據標籤，牠現今仍享有從印度到印第安納州的廣大分布區——大致等同獅子的舊領土，甚至還要再多一些。這種動物是：家貓（*Felis catus*）。

「妳看，」赫爾根掰開牠小巧的上下顎，讓我能望進嘴裡，「像一頭小老虎呢！就某個角度而言，牠也跟老虎一樣兇猛。妳看看這口尖牙。」

根據我前文細述過的歷史，某個自滿的人類可能會把這種數量多得要命的小型貓科——我們多半認為牠們是寵物——視為活生生的戰利品。正如同古羅馬人會在競技場裡拿獅子炫耀、中世紀國王會把牠們養在皇宮的獸欄裡，也許我們也喜歡讓身邊圍繞著屬於自己的小獅子，來證明在人貓大戰取得的最新勝利。我們喜歡笑看貓咪縮小版的野蠻，柔聲安撫牠們的張牙舞爪，但這完全是因為我們假設自己已經贏了。

也許讓一頭獅子在我們懷裡呼嚕，或是在客廳裡飛簷走壁，能激發我們稱霸全球、全面掌控大自然的心理。也許從下列這點就能看出端倪：世界上只有少數幾個地方不愛養貓當寵物[33]，其中一個是印度，而那裡恰好也是大貓仍然造成真實威脅的特殊地帶。

不過另外有一項強力的論點，認為貓科動物其實仍然尚未被征服、仍然高高在上、仍然當家作主。的確，吃人的獅子已經退位了，可是出身卑微的家貓在新的千年期才正要開始要求登上同樣的寶座。

哎，獅子徒有一身力量和威猛，卻不像家貓能走得這麼遠。家貓攻佔的區域從北極圈延伸到夏威夷群島，接管了東京和紐約等世界大城，並肆虐了整個澳洲大陸。在開疆闢土的過程中，牠更攫獲了地球上最珍貴、防衛最森嚴的一塊領土：人心。

第二章

貓的搖籃

我是在復活節那陣子收編奇多的——也或許是牠收編了我。那年是二〇〇三年，我還是紐約州北部鄉間的菜鳥報社記者。我接到的最新任務使我拘謹地坐在一張破沙發上，身旁是一名哭哭啼啼的年輕女子和她的母親。我奉命採訪一起近日在她們社區發生的凶殺案，但我不確定該如何起頭。

突然間，有個柔軟的物體撞上我的腳踝，我於是低頭，瞥見了我平生見過最魁梧、胸膛最渾圓的橘色公貓。牠正準備用牠巨大的紅色頭顱再撞我第二下。我反射性地伸手，撓牠下巴柔細的毛髮。

「牠喜歡妳。」母親說，語氣帶有一絲稱許，「一般牠對誰都沒好臉色。」

我們原本凝重的訪談很快偏離了軌道，變成熱烈討論起社區內的幾十隻貓。牠們像是某種公共便利設施，不屬於特定住戶，從這一家晃到另一家，也許在某張沙發上特別受歡迎。

她們帶我走進拖車的裡屋，一隻苗條的三花流浪貓最近選中這裡作為產房。現在牠的身旁有兩隻喵個不停的橘色小奶貓，這下我僅剩的專業態度也蕩然無存了。

其中一隻幼貓是柔和的蜜桃色，另一隻則是亮眼的橘色——甚至更鮮豔，就像起司粉的顏色。這兩隻小貓的毛色讓我懷疑那隻流連忘返的神氣大貓，與牠們的身世脫不了干係。我撈起橘色小貓，讓牠懶懶地靠在我的掌心。牠頂著一對尖端仍折下來的耳朵，矇矓的小眼睛也才剛剛睜開而已。我是奇多最早看見的畫面之一。

後來，我坐回車上，採訪任務雖尚未完成，卻得到了邀請：六周後，回來接我的新貓咪。這時，我看到奇多體型龐大的父親從拖車敞開的窗戶跳出，準備搜括牠的下一頓飯，或是去征服另一顆芳心。我從沒見過這樣行動自如的貓，完全不是被隔離的寵物，反倒更像自由工作者，藉由人類饋贈的貓食和垃圾廚餘，塑造屬於自己的生活樣貌，隨自己高興，堂而皇之地自由來去。當時的我，覺得這樣的安排頗為開明，甚至前衛，像是貓界的加州世外桃源。

然而事實上，人貓之間的關係最初可能就是在類似的情境下萌芽，只不過是在一座座土屋之間，而不是現代社區。貓被馴化的過程漫長、奇特且極為難得，若不是因為有此般情境，這樣的關係很可能就不會成立了。

有一萬一千六百年歷史的賽米村[1]，位於底格里斯河支流的兩岸，現屬土耳其境內。這個由泥巴搭建的定居地，只住過少數幾個石器時代的家庭。但很可能就是在這麼迷你的地方，展開了人類進入農業時代的重大里程。我們從狩獵、採集轉換到農耕生活，最終為世界上許多超級食肉動物帶來了末日，不過對於幾種即將馴化的動物來說，卻等同拿到了快速通關券一般，其中就包括將成為現代家貓的野生貓科。

考古學家於一九八九年發現賽米村，被視為肥沃月彎東部年代最早的其中一個永久聚落，是由流浪民族所建立的簡單基地。由於當時的環境變化，人們不再需要走得很遠就能找到食物。隨著冰河時期走向尾聲，氣候趨於穩定，天然資源變得豐沛，考古學家所謂的「廣譜飲食」（broad-spectrum diet）因而興起。先民在河裡捕魚、搜括附近的開心果樹林，並在山丘和下方的平原獵捕大型獵物。他們幾乎是走到哪、吃到哪：天鵝、蛤蜊、蜥蜴、貓頭鷹、紅鹿、野豬、烏龜……新石器時代的村民一共留下了約兩噸重的獸骨。

考古學家梅琳達．澤德花了好幾年的時間，把人們烤肉吃剩的骨頭分類[2]。這些骨頭從挖掘現場送到了她位於史密森尼學會的實驗室，該實驗室就位於博物館大貓骨骸存放區的同一條走廊上。澤德的眼睛有時候像是能映射出那許久之前烤肉的火光，她專精研究動物被馴化的過程，以及人類轉為定居的生活模式等重大改變。賽米村的史前村民還沒有開始畜養農場動物——當時馴化動物只有狗而已，相當於幾千年前人類尚居無定所的時候——但他們可能已經開始有意地操控當地獵物的數量，例如野豬。澤德也認為，賽米村的線索指向這批原始農民「無意間」聚集了另外幾種較小的毛茸茸野獸。

我們在澤德的辦公室裡交談時，一名研究生往桌上放了一個小塑膠袋，裡頭裝的乍看像肉桂棒——它們是古老的棕色腿骨，感覺如烤過的黏土一樣脆。這些貧乏的殘骸來自家貓的祖先，我們通常只單純稱之為「野貓」。

目前為止，從賽米村五花八門的古老獸骨中辨識出來的這五十八根野貓骨頭，大概並不足以代表人類最早的寵物貓。我們甚至可能像吃其他動物那樣，把牠們全吃下肚了呢（有一段篇幅不長卻生動的科學文獻[3]，描述一群尼安德塔人和狩獵採集者皆是愛貓人士，但完全出自烹飪層面的愛）。不過，澤德與她的學生對於斑貓（*Felis silvestris*）這種古怪的小型食肉動物——其學名的意思是「樹林裡的貓」——是怎麼放棄森林、決定跟人類同進退的，有一些想法。原來打從一開始，奇多的祖先就頗為欣賞人類定居地的生活模式。

「定居對環境有什麼影響？」澤德喜歡這麼問，「定居如何改變了其他動物的演化軌跡？」人類新的生活模式所影響到的物種，遠遠不止於貓科動物。除了野貓，賽米村還吸引異常數量的其他小型食肉動物，例如獾、貂和鼬鼠等等。尤其狐狸的數量之多，和在食物網中的自然分布不成比例。這種中型獵人過於氾濫的現象，正是現代都會區普遍的特徵[4]。我們生活的城鎮裡充滿浣熊、臭鼬和其他肉食性有害動物——在今日的倫敦，紅狐已成一大公害[5]。

小型食肉動物數量激增的情形稱為「中間捕食者釋放」（mesopredator release），這種現象似乎會在人類消滅生態系統中的頂級掠食者時出現。的確，賽米村出土的花豹和猞猁骨頭顯示村民能成功獵捕大貓，讓那些原本搶食物永遠搶不贏大貓、甚至被牠們當成食物的小型肉食者的日子變得好過一些。人類或許也對諸如狐狸、獾和小型貓等動物沒什麼好感，但不覺得需要花力氣去對付牠們，就像今天生活在郊區住宅附近的浣熊一樣。

人類第一處永久定居地不但是安全的庇護所，也等於是鼬鼠、獾和貓們嶄新的食物來源地。在那裡被烤來吃的大型動物，很多看起來都只經過馬虎切割，這也代表會有大量的腐肉可以偷取（澤德表示，臭味一定直沖雲霄），對小型食肉動物來說，簡直是天上掉下來的禮物。即便有的時候，這些啤酒杯大小、徘徊不去的掠食者會被逮住，成了人類的佳餚，或是被剝下毛皮，不過想必牠們覺得值得冒險，畢竟可能真的肚子餓了。

就這樣，人類無心插柳地迎來了一群各式各樣的小型掠食者。可是，現今在我們客廳裡的為什麼不是獾或狐狸呢？在賽米村，有那麼多野生小動物於家門口來去，為何唯獨貓在我們的身邊永遠待了下來，甚至馴化成家貓呢？尤其貓科動物向來和我們之間有許多陳年舊怨，為什麼還要任牠們登堂入室？

科學家經常把馴化過程形容為一條動物花上數世紀行走——或經常是被引導著前進——的道路[6]，牠們會在途中經歷一連串巨大的基因改變。這條路一般來說是單行道，一旦某個野生物種被馴化了，那麼就算後來，其中部分的個體回到自然中生活，也不會回復原有的野性。「野化」（feral）動物不是「野生」（wild）動物，而是流浪的馴化動物，牠們的後代在生物學上的定義和從未離開過農場的家畜類似（想想奇多失散已久的橘色夥伴，即使後來獨自生活在戶外，牠的基因原料也無異於牠嬌生慣養的兄弟，而牠所生下的小貓—包含接下來無數代的子孫—都可預見會是絕佳的寵物）。另一方面，野生動物可能會在牠的生命中被「馴服」（tame），但不會被「馴化」（domesticate）。前者的意思是，經由學習而對人類產生安心感，但這並不能遺傳給下一代。我們馴服了許多野生貓科，包括獅子、老虎和獵豹，不過家貓是唯一的馴化動物。

馴化的獎勵非常優渥。馴化動物能取得人類豐厚的食物和強大的保護，因而享有前所未見的繁殖優勢，有些動物的數量甚至超越了我們：今日地球上，雞（野生原雞的後代）的數量大約是人的三倍[7]，而在某些國家，綿羊（前身為歐洲盤羊）與人的數量比更是懸殊的七比一。

被人類圈養的動物，必須犧牲自己的肉、毛皮或勞力作為交換條件，外加自由，而且往往得經歷巨大的生理變化，以適應人類生活。馴化動物的外貌通常和野生同類大不相同，這種情形有部分肇因於人類的干預，因為我們會把動物培育成我們想要的特徵，例如更厚的毛或更多的肉。不過也有一部分是與人類共同生活所造成的意外結果。基於一些我們稍後將探討的因素，馴化動物常會具備牠們野生同類的幼齡外形，或是斑點、垂耳等特徵。對於大部分常見的農場動物，我們都可以簡單地研究化石中的清楚差異，追溯牠們馴化的時間軸。考古學家會找尋洩露出馴化祕密的特徵，像是古代豬的臼齒縮小、原牛的牛角縮短等情形。狗是最早一批的馴化動物，在人類的照料下已有徹頭徹尾的轉變。事實[8]證明，科學家很難判定現代五花八門的吉娃娃、黃金獵犬和鬥牛犬等等，是源自狼的哪一個分支，以及牠們的血統何時走上岔路。

然而科學家在家貓身上卻遇到相反的問題。貓在與人類相處的過程中，外形的改變極少，以致於今天，專家都還常分辨不出家中的虎斑貓和野生貓科[9]。這一點，令貓科動物馴化的研究變得複雜許多。拿古代化石左看右瞧，根本不可能找出貓是怎麼進入人類生活的，因為那些化石數千年如一日。「妳不會在裡頭找到項圈或鈴鐺。」澤德提醒我。

由於貓科動物特立獨行，不遵循其他動物的那一套模式，因此大部分科學家乾脆選擇直接忽略：達爾文的書只有幾頁在談貓難度超高的馴化過程[10]，而鴿子的篇幅卻足足佔了兩章。的確，家貓是否具備資格被稱為馴化動物仍是個辯論主題[11]，即使在演化上，牠們已經獲得了和綿羊還有雞一樣的好處。究竟，貓的馴化之路已經走到了終點，還是仍在前進？

有很長一段時間，科學家尚不能確定家貓是從哪一種野生貓科馴化而來。學者甚至懷疑，我們的寵物包含好幾種不同貓科動物的祖傳血脈[12]：這裡一點兔猻的絨毛、那裡一點叢林貓的斑點，在別具特色的暹羅貓身上，可能還有一點亞洲野貓的成分。看起來，家貓的基因裡很可能有斑貓的血統，不過斑貓共有五個亞種，又是哪一種呢？還是全部都有？

二十一世紀初，名叫卡洛斯・德里斯科（Carlos Driscoll）的牛津大學博士生決定找出答案。他懷抱著雄心壯志，騎著摩托車上路，到世界各地採集一千隻貓的遺傳物質樣本，看看能不能鎖定共同的血統。在以色列，他用活的鴿子當作捕貓陷阱的誘餌；在蒙古，他和野化貓交朋友；在蘇格蘭，他剪下路殺貓屍的耳朵；在美國，他巧言誘哄賽級貓育種者答應檢測他們愛貓的ＤＮＡ。

整個計畫耗費他近十年光陰，但結果[13]證明等待是值得的：從高貴的波斯貓到邋遢的流浪貓；從曼哈頓善於在街頭討生活的街貓，到紐西蘭森林裡的野化貓，原來牠們不是源自許多貓科動物的基因大雜燴，而是全然源自於斑貓。更驚人的是，牠們都是非洲野貓（*lybica*）這個亞種的後代，其原生地是現今土耳其南部、伊拉克和以色列一帶，那裡至今仍有牠們的蹤跡。

德里斯科交叉對照了他的基因分析和少得可憐的考古證據，後者諸如賽普勒斯島上一座九千五百年歷史的幼貓墓，顯示人類早在那個時候就對貓情有獨鍾了。此外，還有西元前一九五〇年的埃及藝術品，從中可以看到貓已是人類家中常見的成員。他的結論是，我們與家貓的同居關係開始的時間和地點，差不多等同我們和羊、牛還有其他多數重要的家畜產生連結的時期。也許是一萬或一萬兩千年前，在肥沃月彎某個和賽米村頗為類似的地方，不過大概是在一段不短的期間內、同時於好幾個地點發生的。然後不知怎麼地，家貓從那時起開枝散葉，進而征服了全世界。

我們終於約略地知道了貓的馴化從何時、何地開始，剩下的未解之謎是其原因和過程。最終可能還得問問始作俑者是誰，畢竟我們並不確定人類在這件事上究竟有多少發言權。

從任何理性的標準來看，貓都是差勁的馴化選項[14]。最顯而易見的問題出在牠們的社交生活，或者應該說，牠們根本缺乏社交生活。一般而言，人類控制其他物種的基本策略是奪佔牠們的統治階級，扮演牠們的領頭羊或狗老大等角色，讓這些低人一等的動物乖乖站好，我們就能隨心所欲地為牠們配種、指揮甚至屠宰牠們。可是非洲野貓和幾乎所有的貓科動物（除了獅子，有時候也包括獵豹）一樣，沒有社會階級之分。牠們沒有領袖。在野外，除了交配期，牠們甚至不能容忍與別的成貓待在一起。「牧」貓真的是一件困難的事。

談到貓到底適不適合接受馴化，牠們有限的社交生活還不是唯一的障礙。非洲野貓跟多數貓科動物一樣，喜歡晝伏夜出、領域性強，加上身手極度靈敏，難以駕馭，在在顯示和人類的作息以及生活空間格格不入。牠們在性事方面十分講究，馴化通常包含讓最好的動物交配，藉此強化人類喜愛的特徵。但德里斯科認為，一萬多年來，我們只在最近這一百年才開始插手貓的性生活，而且即便現在，也只操控了極小一部分（多半是培育純種貓時）的媒合而已。

此外，不消說，非洲野貓是極度挑剔的美食家。我們的家畜（例如豬和山羊）很多都樂意吞下任何劣等飼料，但家貓是完全的食肉動物，而且只吃上好的肉。現代人難免仍會覺得這些要求很囉嗦，凡是曾在晚上十一點才發現火雞肉和雞內臟該補貨了的飼主，都應該心有戚戚焉。然而在過去幾千年，肉類比起現在要珍貴許多，加上貓和飼主之間其實都存在著食肉的競爭關係（在某些地區，這種對立狀態仍隱然持續，例如澳洲的家貓每年平均吃下肚的魚比人吃的還多15。）

令人費解的是，就算我們的祖先在對抗飢餓與大貓之餘，還有能耐應付上述這些怪癖，但我們為什麼甘願花這個力氣？人類馴化動物的動機通常十分明確：想得到牠們身上的某個部位、副產品或勞力。不過，家貓究竟能提供人類什麼好處（我們將在下一章探討）實在模糊許多。

就非洲野貓而言，有些個別成員至少還具備了一項「宜室宜家」的重要特質：性情。對於所有參與馴化的競爭者來說，與人類相處時能有最低限度的自在感，是目前為止最重要的先決條件[16]。容易焦慮緊張的動物在被囚禁的狀態下不會交配，甚至可能承受不住壓力而死去。因此不論以積極或消極的方式，人類都會想盡辦法培育出個性溫順的動物，只有牠們才能應付我們混亂的環境。家貓奇妙的一點就在於，牠們似乎是自行培養出這項特徵的。

幾乎所有野生貓科（包括大到能吃人的那幾種）都很害羞、孤僻，經常怕人類怕得要命——包括其他幾種未馴化、但彼此之間幾乎沒有任何差異的斑貓亞種。一九三〇年代，野生動物攝影師法蘭西絲．皮特（Frances Pitt）曾寫道她試圖誘捕歐洲野貓（*Felis silvestris silvestris*，家貓祖先的近親）的經過。「簡直就是惡魔公主嘛！」[17]她如此戲稱被她逮住的幼貓，「牠用最兇猛的方式表達怨念，又是吐口水，又是伸爪子，那對淡綠色的眼睛燃燒著對人類的野蠻與憎恨。我嘗試和她建立友誼的舉動全是白費工夫。」

但是近東地區的野生貓科是值得注意的例外。現代研究人員為野生非洲野貓戴上無線電項圈，觀察結果[18]顯示，儘管牠們多數會避開人類，但三不五時會有一隻異類跟蹤我們、在我們的鴿舍邊遊走，或是和我們的寵物貓眉來眼去，還經常有了愛的結晶。這倒不是說一隻不怕死的野生非洲野貓，能夠做出任何我們在家貓身上會看到的親暱舉動。相反地，牠們並不會在周末早晨陪你賴床，或坐在你肩頭，或要你揉牠肚子。德里斯科解釋，個性是一項可能在家族中遺傳的特質，就像產乳量和肌肉的品質一樣，會藉由DNA代代相傳，有時還一代強過一代。非洲野貓的自然基因庫中有某種怪異的巧合，讓特定個體有了天生的莽勇——這項特徵最終成為助長人貓關係的養分。我們常說的寵物展現出的「友善」，其實某部分應該算是侵略性不足，又或者是缺乏恐懼的表現，也就是天性勇敢。

所以最初在賽米村等地走進我們營火圈的，並不是那種個性怯懦、溫順的貓，事實上牠們帶著一顆如獅子般勇猛的心。一旦那些最無所畏懼的貓滲透成功，便開始利用我們美味的剩菜強身健體，然後和其他同在附近大膽用餐的貓交配，生下更加天不怕、地不怕的小貓咪。牠們不是被馴化的生力軍，而是入侵者。狐狸和獾等其他小型掠食者，只在文明的邊緣徘徊便已心滿意足，牠們直到今天仍在原地踏步；至於膽大妄為的貓呢？則一路殺到我們床上。牠們搶走了正常來說應該由人類主導的汰選過程。

德里斯科告訴我，事實上是家貓馴化了自己。為進一步了解貓科動物關鍵的個性特質如何藉由血脈傳給現代寵物貓，他建議我走訪某一間地下室。

我與梅樂蒂・洛克帕克（Melody Roelke-Parker）初次見面時，她正在國家衛生研究院（National Institutes of Health，NIH）的實驗室裡，用鎚子將一顆冷凍的山獅心臟敲開。她是全球知名的大貓獸醫，曾診斷塞倫蓋提國家公園獅群間爆發的貓瘟熱，並協助找出獵豹基因瓶頸效應的相關證據。而她個人從全球各地野生貓科身上蒐集來的冷凍組織樣品，堪稱世界級水準。

但我感興趣的是另外一類蒐藏品——她家裡頭的住客。

多年以來，洛克帕克都負責管理國家衛生研究院內的一群野生石虎。石虎是原生於南亞叢林內、帶有斑點的小型貓科，科學家讓牠們與一般家貓雜交，藉此研究繁殖力、毛皮顏色的演變等等。當這些實驗的研究經費中止時，洛克帕克——她的心比她冷凍庫裡的那些心臟柔軟得多——領養了數十隻的混種實驗貓，儘管牠們習慣做出中邪般的脫序行為，像是倒立在鐵籠的頂部奔跑。由於缺乏管教，加上擁有石虎的基因，大部分的混種貓多多少少帶有野性。

「真是壞透了。」她的語氣仍有一絲寵溺。

洛克帕克讓牠們彼此交配，也讓牠們與一般家貓交配。過了十年，許多窩幼貓相繼誕生，使得她位於馬里蘭州的地下室看起來有如一座迷你動物園，一個又一個整層樓高的鐵籠裡，熱鬧地裝飾著懸垂的樹枝和吊床。訪客會發現自己被很多很多雙細長的黃眼睛監視著。同時，喵喵聲不絕於耳，和洗衣機堅定的轟隆聲交織在一塊。

石虎與家貓的混種多半看起來和一般寵物貓沒兩樣，有煙灰色的，有穿燕尾服的，有螺旋斑紋的。不過，洛克帕克和她昔日的實驗室夥伴德里斯科，現在更關心潛藏在表面之下的事：動物行為。牠們的行為似乎依循著明確的基因路徑發展。

「我想讓妳看看不同的家族，」洛克帕克說，「我們從奇葳開始好了。」她帶我到一座大籠子前，裡頭全是耳朵平貼、臉孔憤怒的貓。突然間，水碗一陣傾鈴哐啷，是有寬紋的虎斑貓奇葳，以及她已經成年的孩子們連滾帶爬地要遠離我們所造成的。「這是個崩壞的家族，」她說，「奇葳不喜歡我，她根本不想看到我。她的小孩也多半很惹人厭，散發一種『我很不爽，我想殺了妳』的調調。」

奇葳的孩子中，有的是漂亮的銀色，這可能讓牠們特別容易被領養，可惜性情教人難以親近。「那一隻叫白雪巫婆。」她指著某個頑劣份子說。白雪巫婆的外型實在太美了，使得實驗室曾有人愚蠢地同意收留牠，結果牠到新家的第一晚，就把浴室天花板上的抽風機扯了下來。於是白雪巫婆又回到了洛克帕克的地下室。

位於光譜另一端的是波琵。波琵交配的對象中，有幾隻公貓也和奇葳交配過，但不曉得什麼原因，牠生的小貓多數都很友善，而且一代比一代更愛撒嬌。我們見到了其中幾隻——開心果、山核桃和派羅。「有時候我會養到超級黏人精，隨時都想坐在我的肩膀上。」洛克帕克說。

幾乎像是應和她的話，我聽到一聲悲傷的喵嗚，然後驚愕地看著一隻名叫賽普勒斯的鏽棕色公貓（牠是波琵家族的），穿過洛克帕克打開的一扇門，跳出籠子。這是我看到唯一一隻欣然接受這項特權的貓，牠因此而能在洗衣機旁大口享用專屬的罐頭，而且得到洛克帕克的諸多愛撫，甚至親吻。牠似乎很喜歡她，還刻意想與她四目相對。說真的，假如這隻貓最後利用甜言蜜語脫離地下室、進入洛克帕克樓上的客廳，我也不意外。雖然賽普勒斯和其他同類睡在一塊，但牠根本像寵物。牠為什麼這麼與眾不同呢？

原來我不是第一個興致勃勃來此參觀的人。她最近接待了一群科學家，他們正進行有史以來最知名的馴化研究：俄羅斯狐狸農場實驗。超過半個世紀前，西伯利亞的科學家決定培育銀狐，不過他們挑選的標準不是毛皮品質、體型或任何人類可能期待的外在特質，而是著重於性情[19]。結果令人跌破眼鏡：讓這些個性溫順的動物交配才不過幾代的工夫，原本張牙舞爪的銀狐——從未被馴化的物種——竟會像狗一般舔人。造就今日銀狐被當成寵物販賣。

那群俄國訪客好奇地想進一步了解親和的波瑟、陰沉的奇葳和牠們各自的家族。科學家期盼有朝一日能辨認出形塑這類性情差異的基因，那可能就是神祕的馴化過程的潛在基礎。

然而洛克帕克的地下室上演的是一齣極度人工的戲碼，人類在其中扮演監督者的角色。貓被馴化的真實歷史——過程中，野貓經歷了關鍵的個性改變及其他次要改變——是一個迷人的真實世界，與著名的狐狸實驗相似但不相同。在自然界以及與人類共存的歷史中，貓的個性轉變大部分都出現於能夠自主的貓群當中，牠們愈來愈大膽地在我們的定居地劫掠與交配。操控韁繩的並不是人類。

我們可以發現，家貓在真實世界中由野生動物轉變為愛撒嬌的同伴的這個自然過程，發生得非常、非常緩慢。相較之下，銀狐只花了幾十年的時間，而且——儘管一萬年前的新手牧人懂的知識遠不及現代俄國科學家——幾種最常見的農場動物在許久之前的馴化過程，多半也只歷時幾百年而已。反觀家貓，可能直到今日仍在轉變。最近，聖路易斯華盛頓大學的研究人員比較了家貓與牠們的野生親戚非洲野貓的基因組，發現只有少數的基因差異[20]。若將馴化狗身上產生的變化列入考慮，這一點尤其讓人不滿意。「自從貓開始馴化以來，出現強烈選擇訊號（signal of selection）的基因組區域似乎很少。」研究者群如此寫道。

現代家貓的體格也顯示同樣結果。馴化動物多半具有一套共同的奇特身體特徵，包括毛皮上斑塊狀的色素沉澱、小牙齒、稚齡般的臉孔、垂耳、捲尾巴等等。科學家將這些我們仍知之甚少的特徵統稱「馴化症候群」（domestication syndrome）。最初提及這個現象的是達爾文，他特別不解垂耳這一項[21]。在馴化的狗、豬、山羊和兔子身上普遍可看到垂耳，但在野生動物身上完全看不到，除了大象之外。俄國的狐狸變得友善之後，也突然有了具指標性的垂耳，此外毛皮還出現白斑，看起來就像可麗牧羊犬（連人工飼養的鯉魚都有可能在鱗片上出現斑駁的白點）。這種特殊又有點憨傻的馴化模樣，是演化生物學的一大謎題。

有趣的是，家貓並非真是如此。牠們沒有垂耳，沒有捲尾巴；跟野生同類相比，牙齒也不是特別小，而且牠們的臉——以及大部分的身體——看起來不像未成年。換句話說，牠們幾乎和成年的野生非洲野貓長得一模一樣。

家貓的身上確實有不尋常的色素沉澱現象，表現在白色的腹部、臉上的白斑以及其他特殊花紋上。但這些裝飾性的特徵顯然還很新。證據顯示家貓的毛皮僅僅是在最近這一千年左右才開始有了變化[22]，在那之前，貓似乎只有一種顏色。舉例來說，古埃及的墓葬浮雕並沒有描繪到黑白燕尾服貓。當時的寵物貓全是棕色鯖魚斑紋，也就是野生非洲野貓的花色，然而這時候貓已經進入人類社會好幾千年了。德里斯科表示，貓的毛色改變的第一項證據，大約於六〇〇年由一位醫學作家提出。

現代家貓除了換上一身新裝之外，也在其他幾個方面符合了馴化模型。譬如說，有些貓會比野生同類擁有更頻繁的繁殖周期[23]，一年到頭都有小貓誕生，為馴化所容許的生育額度貢獻良多。此外，牠們展現出馴化動物最重要且最特殊的一項特徵：大腦縮水了，比非洲野貓的大腦小了約三分之一[24]。

乍聽到這項數據時，我忍不住聯想我那幾隻比較遲鈍的貓。不過大腦體積減少本來就是動物馴化的標準特性，從火雞到大羊駝都不例外，而且這並不代表牠們會變笨，反而更能適應在人類的定居地生存。一般而言，縮小的是前腦，包含杏仁核和邊緣系統的其他部分，掌管感覺及恐懼。一旦動物的應急反應（fight-or-flight response，又稱打或逃反應）被削弱，就會變得更能適應壓力，也是馴化的主要特點之一。正因為家貓對恐懼的反應降低了，牠們才能這麼厚臉皮，而且——如果趁早在牠們出生兩個月內與人類有足夠的接觸——展現受飼主們喜愛的順服態度，甚至極度友善的行為，如摩蹭你的腳踝、舔你的臉。

不過話說回來，上述過程並不是由人類所引導，貓的大腦可是花了極漫長的時光才縮小[25]。分析僅僅數千年前的埃及木乃伊貓可以發現，牠們的大腦仍然與其野生親戚的一樣大。

現在科學家懷疑，馴化症候群是因為胚胎幹細胞中的神經脊細胞不足而造成，而神經脊細胞有助於決定動物前腦的大小[26]。有趣的是，神經脊細胞在胎兒發展的過程中若移動到身體其他部位，也會產生一連串重要影響，例如頭骨形狀、軟骨結構以及毛色。人類向來偏愛較溫馴的動物，而牠們往往有較小的前腦和較弱的驚嚇反應，因此人類可能在無意間篩選出弱化的神經脊細胞以及伴隨而來的各種副作用，包括奇怪的毛色、垂塌的耳朵，以及捲曲的尾巴。

也許目前，家貓只展現出馴化症候群的部分特徵，意謂著牠們的神經脊細胞還在朝弱化的方向發展，馴化之旅仍是現在進行式。最近，華盛頓大學的遺傳學者嘗試分析家貓的基因組，並拿來與非洲野貓比較[27]。結果確實發現，一些與神經脊細胞相關的基因隸屬少數發生變化的區域。有朝一日，我們可能會看到貓咪有軟趴趴的耳朵和螺旋狀的尾巴，只可惜不是最近。

還有其他幾項可測量的差異，能用來分辨家貓與牠們的野生親戚。家貓的腿稍短[28]，喵聲稍微嬌柔一些[29]，同時也略為調整了牠們的社交生活[30]——許多家貓仍然非常樂意獨居，不過和野生非洲野貓不同的是，牠們可以組成類似獅群、以家庭為基本單位的聚落，並且容忍與毫無血緣關係的貓同居（不過經常不如想像中和樂融融），有時候似乎還樂在其中。我父母家中的緬甸貓和暹羅貓就超愛窩在一塊，形成毛茸茸的陰陽圖形。

此外，不讓人意外地，家貓也把腸子拉長了[31]——這是超級食肉動物的讓步，以適應人類定居地供應的更多樣化、更難消化的蛋白質來源。

在第一批大無畏的貓咪非常、非常漸進式地滲透了我們的社群後——要是讓人類主導的話，絕對不會如此緩慢——某些野生貓科的子代成為更大膽的常客。幾世紀的時間裡，牠們縮小大腦，以忍受與我們生活在一起；牠們加長腸子，好自行取用我們更多的肉類垃圾。也是在這個過程中，牠們身上開始冒出一些漂亮的白斑。

從貓的角度來看，這實在是了不起的一步棋。只要動一動整形手術，原本在許多方面都不適合馴化的貓科動物，就能享有與人類結盟的各種好處。時至今日，這些與生俱來的優勢不限於與我們共享羽絨枕頭和豐富存糧的嬌貴寵物貓，也包括住在暗巷及野外的流浪貓；或者更等而下之，從未接觸過人類的流浪貓同樣因牠們的遠祖決定與我們同行而興旺。

然而，除了上述這些少數的小改變之外，家貓對於適應人類生活這件事，可說是連鬍鬚都懶得動一下。當時如此，現在更是如此。

這又繞回同一個疑問了：我們為什麼要讓牠們留下來？

第三章

家貓無用？

家貓最令人百思不得其解的一項特質，就是牠們運用時間的方式。即使再嬌縱的狗，通常也會以某種形式履行祖傳的職責：對陌生人汪汪叫、撿東西、運送物品、跟在主人身邊跑，以及驕傲地想方設法打獵、牧羊，或盡可能服侍我們。但奇多的生活似乎就是不間斷的日光浴，只在自動定時餵食器送出酥脆的酬賞前才會中斷，並急匆匆地小跑到貓碗前等待。食物和休息——外加少許撫摸（不爽地接受），和偶爾到屋後露台散步——就足以囊括牠一整天做的事了。若說這隻畜生最近沒為我做什麼事，還算是保守到可笑的講法。

或許奇多只是同類之中特別懶散的案例，也或許家貓從來就只是一件毛茸茸的裝飾或會呼吸的奢侈品。但家貓絕對是深藏不露的動物，我一定遺漏了什麼。畢竟牠們已經和人類共同生活了幾千年，一旦巧妙地融入我們的領域，勢必已經找到了更進階的目標，或至少某種上得了檯面的功能，才足以解釋我們為什麼要容忍牠們。

某個九月的早晨，我來到在紐約市賈維茨會展中心舉辦的「遇見純種」（*Meet the Breeds*）活動會場。這場一年一度的寵物盛會標榜引介各式各樣的純種寵物：丹第丁蒙㹴適合你嗎？土耳其安哥拉貓和土耳其梵貓有什麼不同？入門者可以在現場看出貓狗的基本差異，而每天安排的活動更具體而微地展現出這兩種同伴動物的天賦與功用。

狗的展示會場永遠熱鬧滾滾：警犬以整齊的方陣隊形操演；邊境巡邏犬在行李間搜索毒品；機構「無障礙狗幫手」（Educated Canines Assisting with Disabilities）的狗示範操縱輪椅；「神奇的愛斯基摩犬艾卡」（Atka the Amazing Eskie）歡快地表演拿手絕活；喜樂蒂牧羊犬成排跳起康加舞。

與此同時，貓展場的群貓可說無所事事：牠們呼嚕、搔首弄姿、眼神放空，或擺出一張撲克臉，任由主持人高舉過頭，展示牠們有多麼可愛。主持人也會進行瑣碎的益智節目式問答，同時拋出幾個具爭議性的題目，例如我的貓是什麼顏色（節目單上，這場熱烈的公開辯論會預計佔用至少半小時）？當大批人類仰慕者唱起電影《新綠野仙蹤》的主題曲「我是一頭壞心的老獅子」（"I'm a Mean Ol' Lion"）時，貓咪們顯得無言以對。

仔細想想，你很難列舉家貓對於社會有什麼貢獻。家貓不會偵測土製炸彈、救生或引導盲人。那麼，為何現今在地球上趴趴走的貓比狗還要多得多？為什麼美國家庭豢養的貓比狗多了大概一千兩百萬隻[1]？

我們和狗建立起夥伴關係的原因顯而易見。狗的故事獨一無二，跟其他馴化動物相比，我們開始和牠們打交道的時間似乎早了幾千年，甚至可能達一萬到一萬五千年。當時人類還是狩獵採集者，但我們「最初的朋友」（套用英國作家魯德亞德．吉卜林〔Rudyard Kipling〕給狗的稱呼）很快改變了我們的生活，而我們也同樣大幅度改變了牠們的生活。狗幾乎打從一開始就會吠叫示警、拖運物品及狩獵[2]。當人類進入農耕定居，狗便聽令服從，因應我們的生活模式而進化。相對於貓在幾千年來僅有微不足道的改變，狗——在我們的引導之下——則是鞠躬盡瘁，無論體型或性情都作出了無數改變，企圖協助人類[3]。靈提等獵犬品種的起源可追溯到古埃及[4]。羅馬人則很可能使用導盲犬[5]、牧羊犬[6]、獒犬類的作戰犬[7]，以及仕女藏在袖子裡的小型玩賞犬[8]（往後的時代，這種狗顯然能發揮熱水袋的功用）。列舉古代都鐸王朝的犬種名稱，也不難看出牠們五花八門的功用[9]：偷竊犬、獵鳥犬、尋物犬、撫慰犬、轉肉叉犬（Turnspit）、跳舞犬。

時間快轉到近代，我們給狗穿防彈背心[10]，用降落傘將牠們送上戰場。狗能撫慰大規模槍擊事件的受難者[11]、協助逮捕賓拉登[12]、鎖定稀有動物的糞便以進行科學考察[13]、找出南北戰爭士兵佚失的墳墓[14]，或支援有學習障礙的兒童等等。

「狗能發現初期的腫瘤[15]，並分辨多種癌症的類型與階段，有時甚至單憑嗅聞飼主的口氣就能辦到。」大衛．葛林姆（David Grimm）在他講述動物權利運動的著作《貓狗的逆襲：荊棘滿途的公民之路》中寫道，「狗也能從公眾供水中聞出像是大腸桿菌這類危險的細菌，以及醫院病房裡的『超級細菌』。」

那貓呢？「貓的呼嚕聲，」[16]葛林姆臆測，「也許可以增加骨頭的密度並預防肌肉萎縮。太空人身上常有這樣的問題，不過目前為止還沒有人提議讓貓上太空。」他把這項潛在的應用方式列為「軼事性證據」（anecdotal evidence）。

我被「太空人呼嚕療法」的概念給迷住了，所以開了一個命名為「貓的用途」的檔案，表列出幾世紀以來，我們曾為找出這種動物的實際用處所作的嘗試：印尼人為了祈雨，會讓貓繞著農田遊行[17]；十七世紀的日本樂師在多方嘗試後，判定最適合製作三味線音箱的動物皮就是貓皮[18]（顯然連現代的塑膠都比不上）；中國人用貓眼瞳孔擴張的程度估算白晝的時辰[19]——一位名叫古伯察（Père Evariste Huc）的法國傳教士滿懷敬佩，向歐洲人描述了這項「中國新發現」，不過他有點猶豫……因為這毫無疑問地有損鐘錶業的利益。

貓也是好幾種歐洲酷刑的重要元素[20]。中世紀的殺人犯有時會和十二隻貓一同被裝進布袋中燒死，好讓苦難程度達到最高。還有一種刑罰稱作「拖貓刑」，方法是拉著貓的尾巴從受刑人的身體拖行而過。

高科技時代中，至少已有過一次先例，我們許多人都擺脫不了的貓毛，成了凶殺案審判用來定罪的ＤＮＡ證物[21]；法律的另一端，囚犯則將貓當作運毒闖關的「毒騾」[22]。此外，貓除了擔任人類膀胱、助聽器等研究中的醫學實驗品，也是一種名為熱帶性海魚毒（ciguatera）的罕見疾病的關鍵指標[23]——珊瑚礁魚類在吃下某幾種海藻後會毒化，因此人類讓對於該毒素極度敏感的貓先試吃每日漁獲。在地球上的某些角落，貓肉仍然是一道料理[24]，但味道顯然不怎麼樣，也很少有人穿戴貓皮製的物品[25]。不過，把梳下來的貓毛做成貓毛氈手工藝品倒是愈來愈流行[26]。

或許有時候，富想像力的軍事領袖真的很想放出「戰爭之貓」（一本十六世紀的德文火砲手冊[27]中，生動地描繪著火的攻城武器貓），不過鮮少有人付諸行動。一九六〇年代，美國中情局確實嘗試展開「竊聽貓行動」[28]（Operation Acoustic Kitty），讓身上裝有麥克風、無線電收發器和天線的貓間諜竊取情報。但這個計畫在首次任務進行到一半時就無疾而終，因為顯然第一次出征的偵察貓實在太神出鬼沒了，以致於一位計程車司機看到牠時已經來不及轉向。

在一連串不甚愉快的貓任務中，只有一項顯得理所當然，甚至讓人稱道：貓應該為人類殺老鼠。有些人甚至主張，這項成就可是比逮到恐怖份子還要有功勞。「在靜默、隱密及黑夜中，貓與人類的頭號天敵——齧齒動物，持續展開亙古以來的戰爭。」[29]歷史學家唐諾．恩格斯在《古典貓：神聖的貓的崛起與衰落》中寫道，「馴化貓保障了西方社會的防線……幾千年來，對許多農業家庭來說，穀倉裡有沒有貓經常決定了人類到底是會餓死，還是存活。」

為民除害的確是家貓能提供的可信互惠服務，換取在地球上比其他動物高出一等的地位。齧齒動物，尤其是牠們身上挾帶的病菌，仍然是全世界共通的困擾。同樣一場農業革命，為家貓多數的野生親戚帶來厄運，卻讓牠們自己一飛沖天，成為穀倉——更別說還有人類的免疫系統——最堅強的守護者。這種概念具有一種令人滿意的相對性。

但這些都是真的嗎？貓真的讓害鼠不敢再造次了嗎？這事曾經發生過嗎？我決定向一位老鼠科學家詢問，查明真相。

為了報導約翰霍普金斯大學公共衛生學院進行的齧齒動物生態學專案，而在巴爾的摩一條瀰漫惡臭的後巷裡踩來踩去時，我頭一回對貓鼠互動有了多一點了解[30]。這項持續了半世紀仍在進行的專案，其研究對象為挪威鼠，別名褐鼠、溝鼠、碼頭鼠，是美國和世界許多地區主要的入侵鼠種。牠們非常惡劣，會傳染瘟疫、漢他病毒、鉤端螺旋體病，以及其他諸多恐怖又拗口的疾病。一九八〇年代初期，一位年輕有抱負的約翰霍普金斯大學研究生提出了一個很少有人想過的疑問：巴爾的摩龐大的街貓數量對當地的老鼠有什麼影響？

某個冬天的日子，我和該名研究生在他位於康乃狄克州紐哈芬市的公寓裡碰面，現在的他已是耶魯大學公共衛生學院的高級研究員。傑米・柴爾茲（Jamie Childs）安坐於豹紋圖案的沙發床上，雪花不斷飄落在上方的天窗。柴爾茲在巴爾的摩求學的日子結束後，為了從事流行病學研究，行遍世界各地。他的公寓裡擺滿哺乳動物的頭骨，包括人類。

當談話轉向柴爾茲昔日的貓鼠研究時，他離開沙發床消失了一會兒，又帶著像是黑色封皮電話簿的東西回來。那是他的博士論文，他掰開來，翻到照片區[31]。

照片是黑白的。也許是因為拍照的時間在晚上，這些照片有種不見容於社會的幽晦氛圍。然而在其中某些場景，事實的確相去不遠——這些照片的主角是躲在陰影處的貓和老鼠，彼此相安無事。某張照片中，「保障了西方社會的防線」的那一方，顯然不理會從牠幾公分距離外小跑而過的「人類的頭號天敵」。牠們靠得近到彼此能互相碰觸。

柴爾茲說，這樣令人錯愕的畫面一點都不稀奇，牠們連口角都很少有。「我從來沒看過貓殺死老鼠。在那個環境裡，牠們不是敵人，牠們共享資源。」資源甚至充足到牠們不用爭奪，而這裡的資源指的是人類製造的垃圾。

柴爾茲發現，巴爾的摩的貓確實會到老鼠聚集的地方站崗——正是你我期待忠心捍衛人類文明的動物所該做的事。可是現實生活中，貓潛伏在老鼠附近純粹是因為那裡的垃圾最多。「老鼠的食物也是貓的食物。」柴爾茲說。即使現代公共衛生設施有多麼先進，廢棄物還是多到人人有獎。柴爾茲用了三年的時間，藉由老鼠的殘骸發現僅有少數貓吃老鼠的案例，而且被吃的全是小型的年輕鼠。

也許我們不該為貓愛吃垃圾感到詫異。在賽米村以及其他人類早期的定居地，貓本來就很可能是被垃圾吸引過來的。史前時代和貓是難兄難弟的狐狸，直到今日仍以吃垃圾維生[32]。一項實驗中，在實施垃圾不落地的地區，狐狸的數量呈現直直落，而任由垃圾腐敗發臭的地區則「狐」丁興旺。由此可見，既然輕輕鬆鬆就有好康可撿，哪隻動物還會浪費體力、冒著受傷的風險去抓老鼠？

我必須澄清，家貓確實是優秀的獵人，也顯然會殺老鼠，就像牠們會殺各式各樣的小動物一樣，有時候是為了吃，有時候是為了玩。一般的貓飼主或多或少都曾在家裡的地毯上發現身首異處的老鼠，而有時候光是家貓身上的氣味就足以讓害蟲退避三舍。我養過一隻名叫席維斯特的黑白燕尾服貓，牠酷愛折磨老鼠。夜深人靜時，我會悚然驚醒，聽到廚房傳來牠的呼嚕聲和駭人的吱吱叫。這時我只能用被單蒙住頭，龜縮起來，拿不定主意是該援救在油地氈上被撥來撥去的半殘受害者，還是讓我的變態捕鼠貓完成牠幹的好事。後者可能要花上令人痛苦難耐的十分鐘以上。

在賽米村和類似的早期遺址，幾乎可以確定貓會吃齧齒動物。對中國中部一些具有四千年歷史的貓殘骸進行同位素分析之後，發現了粟米的蹤跡，表示貓可能吃了曾吃過粟米的老鼠[33]（不過貓的腸子變長了之後，也有可能直接品嘗粟米的滋味）。今日的挪威鼠頗為嚇人，其體型比起歐洲中世紀盛行的黑鼠要大得多，而且黑鼠還算是比較好處理的獵物。直到二十世紀，滅鼠業者還會出租貓來當作消滅害蟲的手段之一[34]。

但重點不是貓到底會不會拿老鼠來打牙祭，而是牠們吃的老鼠數量足不足以影響人類文明。除了仍在進行的巴爾的摩專案之外，只有少數幾項研究[35]旨在探討究竟家貓能不能替我們看緊食物櫃。其中一項研究始於一九一六年，麻州農業委員會在一連串的調查後作出結論：很多有家貓巡邏的農場依然鼠滿為患，僅三分之一的貓會認真抓老鼠。一九四〇年，一位英國科學家奉命保護戰時的糧食庫存，他觀察了牛津郡的農場，發現家貓確實能遏阻老鼠住進室內，但前提是要毒死所有原先已經在裡頭的鼠輩。此外，為了防止家貓跑去找尋其他更愉快的獵場，每天還要餵每隻貓半品脫的鮮奶（還跟人家談什麼戰備存糧）。近代加州一項研究[36]則顯示，住在都市公園裡的貓偏好獵食田鼠等原生物種，而不是家鼠這類入侵種害蟲。

事實上，同一項研究還發現，其實貓口與家鼠的數量攀升具有相關性。研究者群指出，家鼠可能與家貓共同演化，學會如何智取貓。這一點十分重要，有助於區分囂張興旺的入侵種（如家鼠與街鼠），以及家貓經常威脅且脆弱許多的野生齧齒動物（我們將在下一章探討）。雖然這些無所不在的齧齒類入侵者並沒有被馴化，卻是人類身邊另一樣毛茸茸的跟屁蟲，順應了我們的生活模式而改變牠們原有的生物性。科學家將這類纏人而固執的動物稱作「共生體」（commensal，舉例來說，老鼠針對城市生活而作出的其中一項共生適應行為，就是火力全開、一年到頭不間斷的繁殖周期，製造出數量驚人的子代[37]）。

因此，若說到家貓對於控制害蟲的效果差強人意這回事，其實並不是喵星人太遜，而是狡詐的耗子們實在太頭好壯壯了。我們不禁試想，就算家貓不能完全抑制老鼠的數量，但牠們三不五時除掉家中幾隻鼠輩，是不是就能保護我們免於某些齧齒動物帶原的疾病呢？很可惜地，柴爾茲發現，家貓只專殺小型的年輕挪威鼠，這對傳染病學研究意義重大，因為這些受害的弱小幼鼠並不是主要的疾病散播者，帶原者多半是成年大老鼠，即有健全免疫系統的生存者。

換作中世紀歐洲呢？當時惹人厭的過街老鼠是較為可口的黑鼠，更何況我從科普書籍（以及多位動物權利提倡者）得知，針對黑鼠及其身上的跳蚤所帶原的腺鼠疫，家貓曾經有效發揮防疫作用。甚至有理論[38]主張，是因為天主教教會撲殺貓隻，才會引發歐洲毀天滅地的黑死病。

故事是這樣的：一二三三年，教宗額我略九世寫下詔書《羅馬之聲》（*Vox in Rama*），描述女巫在狂歡聚會中與路西法化身成的黑貓過從甚密。雖然這份文件也提到了青蛙和鴨子，但對於貓的偏見卻席捲整個歐洲，無以計數的家貓因此被懷疑是惡魔而遭網羅並處死。緊接著下個世紀，老鼠帶原的瘟疫便失控蔓延，奪走數千萬條人命。

可是宣稱這場悲劇是因貓口減少而造成的，未免有點愚昧。首先，沒人知道獵巫者究竟殺了多少隻貓，但家貓（與牠們身陷險境的野生貓科親戚正好相反）是適應力高到不可思議的強韌動物，不但很難抓到，而且數量驚人（多虧牠們與人類結盟）。加上家貓的繁殖速度幾乎和老鼠一樣快，就算把牠們從鐘樓上丟下來，或丟進篝火裡燒[39]——這些都是宗教裁判員別出心裁卻未必有效率的手段——對於廣大的歐陸而言，只不過是貓口總數的小小缺口而已。

再者，一部分新的考古學證據顯示，科學家懷疑到頭來黑死病並不是因為老鼠身上的跳蚤而引發[40]。在黑鼠數量很少的地方，例如斯堪地納維亞，黑死病同樣猖獗，於是科學家開始認為，至少以某些地點來說，黑死病其實是由飛沫或人類身上的跳蚤，以人傳人的方式散播開來。此一說法等於整個把老鼠和家貓從等式中剔除。

最後，家貓本身也可能是主要的瘟疫宿主[41]。就算家貓真的成功消滅了數量不詳的染病黑鼠，牠們自己也很可能因此染病上身，進而把疾病帶入我們的村莊和家園。根據美國疾病管制與預防中心的瘟疫專家肯尼斯・蓋吉（Kenneth Gage）所言，這種情形在當代仍然相當普遍。他對此進行的研究結果指出，在美國西部某些孤立但爆發瘟疫的地區，幾乎有百分之十的人類患者是直接從家貓身上感染。倒不是說黑死病是由家貓引起，只不過牠們大概沒有阻止疫情蔓延，反而偶爾還推波助瀾。畢竟我們喜歡摟摟抱抱的對象是貓，不是老鼠。

關於這件事還有最後一筆附注。中世紀獵巫者懷疑各式各樣的野生動物，包括螃蟹、刺蝟和蝴蝶，都是與惡魔有所牽連的禍害。但分析超過兩百場在英國進行的女巫審判，可以發現家貓是最常被指控為「小惡魔」[42]的動物，許多村民跳出來作證，表示女巫的貓折磨他們，害他們的孩子生病。針對此種偏見有幾派不同的理論，包括貓是夜行性動物，因此容易被人與午夜的巫魔會（Sabbath）聯想在一起。不過賓州大學的動物學家詹姆斯・瑟培爾（James Serpell）也提出另一項極具說服力的醫學解釋：貓過敏。對貓毛產生呼吸道反應是極為普遍的現象[43]，約有四分之一的現代人都受其影響，而且症狀可能相當嚴重。因此，要說許多人在與家貓共處時所經歷的潮熱[44]是由巫術引發的，似乎也不算誇大其詞。也或許，家貓是因為挾帶了殺傷力才招致惡名。

隨著一九六〇年代高效毒鼠藥問世，針對貓鼠研究的資金無疑變少了，因為多數人都贊同毒鼠藥的功效要比家貓好得多。就目前而言，「家貓對共生的齧齒動物的數量影響可能並不大，」[45]最近出版的一本漫談都市食肉動物的書作出結論，「因為齧齒動物繁殖力強，而且大多住在下水道或建築凹洞等不易捕捉的地方。」

柴爾茲的人生也已脫離貓鼠領域，轉換跑道。他隨時待命，準備應付伊波拉病毒、出血熱和其他高危險性人類疾病的大爆發。若在旅程中遇到老鼠太過猖獗的情況——他遇到這種事的機會比大部分的人多——他建議請捕鼠㹴幫忙，牠們能用甩咬的方式連續殺死數十隻老鼠，而不會中途停下來用餐或作日光浴。

儘管柴爾茲曾目睹小巷中不同物種間狼狽為奸的骯髒事，最後他還是從研究的區域收養了一隻流浪貓。

「牠的毛色灰白相間，我叫牠靴靴，」他露出寵愛的笑容，「是一隻超棒的貓。」

感覺起來，家貓的存在超越了實用價值。馴化貓的理性動機實在太過薄弱，我們大概根本不曾嘗試用這種角度去思考。打從貓完成自我馴化後，就鮮少提供什麼實質上的服務，非但沒能拯救人類免於饑荒，也沒能拖慢歐陸上黑死病的腳步。然而——石器時代的村民縱容牠、埃及人尊崇牠、千禧世代將牠數位化——家貓通過了時間的考驗，現今許多人承認極度享受有牠們為伴。從某方面來看，牠們確實蠱惑了我們。

家貓之所以能大獲全勝，關鍵在於人類的心血來潮與惺惺相惜。

「一般人常以為人類總是目標導向，做什麼事都有意為之。」研究動物馴化的學者葛雷格．拉爾森（Greger Larson）告訴我，「嗯……胡說八道。未必每件事都有經濟上的目的或合邏輯的典故。迷思、疑心、不落人後的比較心態，以及各種奇奇怪怪的事，都可以是驅動我們的理由。這跟文化、審美觀和巧合有關。」

其中一項非常重要的巧合，就是儘管家貓與人類擁有共同始祖的年代，最晚也得追溯至九千兩百萬年以前，但牠們長得和人類異常相似[46]。更妙的是，牠們長得像人類嬰孩。人們開口閉口總說貓有多可愛，這並不是偶然，而是出自一套極為特定且強烈的生理特徵，讓科學家不惜花費心力去梳理並研究。家貓得天獨厚地擁有奧地利民族學家康拉德．勞倫茲（Konrad Lorenz）所謂的「嬰兒釋出器」（baby releaser），意思是牠們的生理特徵會讓我們聯想年幼的人類，並啟動一連串荷爾蒙噴發。上述生理特徵包括渾圓的臉形、肉嘟嘟的雙頰、飽滿的額頭、大眼睛和小鼻子。

我在腦中清點自家的寵物，發現我對於這種長相似乎也特別把持不住。「哇，」我的小姑第一次見到奇多時便說，「牠的臉好像人喔！」的確如此。

其他動物的嬰兒釋出器的作用，就和人類柔弱無助的新生兒一樣[47]，會喚起成人體內愉快、如毒品般的「催產素洋溢」，進而啟動養育行為，包括提高精細肌肉運動的協調度[48]，以作好將嬰兒抱在懷裡的準備。因此有人形容，豢養寵物是「父母本能的錯誤投射」[49]，或者如同演化生物學家史蒂芬・傑伊・古爾德（Stephen Jay Gould）所說，我們「被我們對自己孩子所產生的演化反應所愚弄，於是將反應轉移到擁有同樣面貌的其他動物身上」[50]。

當然，很多動物都我見猶憐，尤其是年幼的時候，而馴化動物更是特別傾向於將嬰兒時期的面貌帶入成年階段。這類稚氣的長相，有些是源於篩選出容易受教的性情的結果，不過另一方面也反映出我們的偏好，例如有長臉和尖鼻子的狼一點都不可愛，但許多品種的狗都令人愛不釋手。我們對嬰兒釋出器的難以抗拒一定影響了巴哥犬這類動物的養成。說實話，許多賽級犬也都長得超級像貓，例如博美。

家貓，包括成貓，甚至原始的野生非洲野貓，都正好天生長得與人類嬰孩相似，完全沒有經過任何加工。一部分與牠們的體型[51]有關——平均體重約三點六公斤，恰好和新生兒相仿（很多人知道，我會像抱嬰兒般把我家較老實的貓抱在懷裡）；另一部分與聲音[52]有關——貓的喵叫讓人聯想嬰兒的哭聲，而且研究顯示，貓可能還與時俱進地調整過發聲，好更準確地模仿嬰兒哭聲；還有一部分與關鍵的臉部特徵有關，這其實反映出貓科動物致命的解剖結構——短而有力的下顎造就渾圓的臉形，而小小的塌鼻子則顯現牠們和狗不一樣，因為氣味並不是牠們獵食策略的基礎。

但真正的祕密武器可能還是牠們的眼睛。

貓眼有狹長的瞳孔[53]和超級敏感的視網膜，能在夜晚像月亮一樣發光，與我們的眼睛構造大不相同，不過貓眼與人眼在幾個重要地方仍看來十分類似。譬如，貓眼超級大顆，成貓的眼睛幾乎和人類的一樣大[54]，而幼貓的眼睛在小臉上看起來更是水汪汪的。或許是因為我們潛意識中，會聯想到自己濃眉大眼的小孩，間接促成動物的眼睛也能發揮強大的商業廣告號召力[55]。像是貓熊的黑色眼罩，就讓牠們相對而言小得像豆子的眼睛有了放大一百倍的效果，因而脫穎而出，成為世界自然基金會的保育代言人。不過，依家貓——儘管一點都稱不上瀕危動物——的人氣來看，牠們的募款功力大概跟貓熊有得拚了。

貓的眼睛不但大，擺放的位置更是巧妙。其他許多可愛小動物（例如兔子）的眼睛大多長在頭部兩側，讓牠們能擁有更寬廣的視野，就連狗的眼睛也都微微偏離中央。然而貓是伏擊式的掠食者，為了撲倒快速移動的獵物，尤其在晚上，牠們必須精準拿捏距離遠近，因而演化出獨霸所有食肉動物的絕佳視覺[56]。這種視覺策略必須仰賴雙眼的視野重疊，所以貓眼才發展成面向前方、位於頭部前端的中央。

人眼亦是如此，但靈長類動物不是伏擊式的掠食者[57]，而是素食者，我們利用位於臉部中央的眼睛來達到截然不同的目的：掃視近處的樹叢，尋找成熟果實；或從近代來看，用來判讀其他人的表情。貓眼的位置是讓牠們的臉看起來如此像人的主要因素（另一種依賴視覺的夜行性掠食者——貓頭鷹，其臉部的配置也很類似人類。這或許能解釋，為什麼跟禿鷹相比，我們比較喜歡貓頭鷹）。

貓的五官完美融合了各種可愛元素，然而牠們看起來還是很像曾經屠殺我們祖先的大貓。所以說，貓有著一張強大掠食者的臉，但同時也有一張如孩子般的臉龐。這樣的組合營造出令人眩惑的張力，對女性來說似乎尤其如此。

事實上，嬰兒釋出器帶來的催產素效應，在生育年齡的女性身上似乎特別顯著。波斯貓貓迷和救援團體等貓界的核心均以女性為主，儘管這已經算是基本常識，我卻對那種斬釘截鐵的母性氛圍毫無心理準備。像是在最高檔的貓展會場中，名字和血統可以寫滿一整頁的冠軍貓仍舊被單純稱作「小少爺」或「小公主」。人們會情緒激昂地說，「妳能相信嗎？那個俄國評審竟然直接把我的小公主往地上丟！」此外，從有機肉泥到高級推車，很多嬰兒用品都有推出貓咪版，而空前成功的貓用品網站「奧斯潘德」（Hauspanther）的創辦人，正是從嬰兒用品起家的[58]。

倒不是說石器時代住在近東地區的太太小姐們，會把貓放在膝頭上逗弄。這種媽咪型衝動，是從漫長、緩慢、複雜且經常令人費解的歷史累積而來的奇怪產物。但是牠們實實在在的可愛外貌，加上天生過人的膽識，有助於解釋為什麼當有那麼多其他物種待在寒冷的門外時，家貓可以將爪子伸進我們的門內。

對人類來說，擁有假寶寶——「虛擬親屬」（fictive kin），套用演化心理學家的行話——究竟有什麼意義與好處尚不明確。有些學者揣測，一方面可能是練習撫養自己的孩子，一方面可能是向潛在的伴侶展現我們為人父、為人母的技巧[59]。其他人則聲稱，家貓更趨近於一種「社會寄生物」[60]，剽竊了人類的養育本能，掠奪本該屬於我們親生骨肉的時間、關注以及其他資源。

就目前而言，應該可以這麼說：家貓結合了演化後的行為與天生美貌，對我們發揮了某種輕度控制力。我們以豢養牠們的同等程度成為牠們的禁臠。牠們吃我們的食物，卻沒有太多可以回報。牠們正醞釀著更偉大的征服計畫。

貓雖然會向人撒嬌，會美美地坐在我們的定居地，會大口品嘗垃圾，會避免與溝鼠狹路相逢，但牠們卻「不見得」要待在我們的身邊。畢竟，牠們仍然是貓，永遠都能退回已經今非昔比的野外。如今，家貓不再是中級獵人，在這個人造世界裡，牠們是頂級掠食者。

第四章

吞了金絲雀的貓

好幾次，我在觀察鄰里間的某隻貓昂首闊步地穿過屋前草坪，或偷偷摸摸地繞過牆角時，總讚嘆地心想，牠長得可真像奇多……結果卻（驚恐地）醒悟到，那就是奇多，牠不知怎麼地將龐大身軀擠過後門廊的木板縫隙，成了在逃嫌犯。我已經花了太多時間在鞏固好幾棟公寓和大廈的露台周邊，以保護我珍貴的貓寶貝不受外頭險惡的街道傷害。

然而，在世界上愈來愈多地方，圍籬的作用不再是把備受珍寵的家貓「留在裡面」，而是將牠們「擋在外面」的最後一道防線。在這類地方，家貓在人們的眼中非但不是寵物，還是有如惡魔般可怕凶殘的入侵者。牠們有能耐劫掠整個生態系統，徹底消滅所經之處任何較為柔弱的生命體。

到了大礁島後，我在遇上的第一間加油站買走最後一把傘，然後在雷霆萬鈞的暴雨中抵達鱷魚湖國家野生動物保護區。這不是在樹林地毯式搜索一種極度瀕危的齧齒類亞種的好日子，但坐在拖車上的三個男人，似乎沒把傾盆大雨當一回事。事實上，保護區經理傑瑞米・狄克森（Jeremy Dixon）還戴著太陽眼鏡呢；博士生麥克・寇夫（Mike Cove）則任由肥大的雨珠砸進他的晨間咖啡。來自密西根州的志工拉爾夫・德蓋納（Ralph DeGayner）是個高齡七十好幾的季節工，他從凌晨四點就開始在大雨中工作，檢查設置的貓陷阱，而他的一天才剛要開始而已。

這三個意志堅定的樂觀主義者，可能是大礁島林鼠（Key Largo wood rat）徹底遭世人遺忘前的唯一屏障。即便連影業鉅子華特・迪士尼與著名動保人士珍・古德博士都阻止不了家貓吞下僅存的珍貴林鼠，但男人們拒絕讓步，他們正積極物色買得到的最佳防貓圍籬。

我撐開新買的雨傘時，稍微縮了縮脖子，因為我這才發現傘面是虎斑圖案。於是，我跟著他們走進雨中。

大礁島林鼠這種東方林鼠在官方文件中簡稱 KLWR，是有一對憂愁大眼的可愛肉桂色小動物。和挪威鼠以及其他身強體壯、哪裡都能住、不太害怕家貓的害鼠不同的是，牠是一種原生種動物，堅持住在特定類型的佛羅里達乾旱林。這種林相稱為硬木群落（hardwood hammock）。生活在此，林鼠只會滿懷熱情地做著同一件事：建造超大、拜占庭式的樹枝窩巢，再用蝸牛殼、麥克筆筆蓋和其他寶物來美化它。

林鼠曾經普遍分布在整座大礁島上，現在卻只在幾處公共保育區才會現蹤[1]，加起來也不過幾百萬坪的林地。林鼠的悲歌很可能是從一八〇〇年代開始的，當時的農民夷平了硬木群落，種植鳳梨樹。情況到了二十世紀更是惡化，大規模建案將這片昔日的珊瑚礁徹底改變。

接著度假的人帶著家貓來到這裡，剩下的林鼠便幾乎都作古了。

狄克森是個不苟言笑的北佛羅里達人，曾在威奇塔山野生動物保護區工作，該處的聯邦政府科學家救回了幾乎滅絕的美洲野牛。他來到鱷魚湖後，守護了好幾種籍籍無名卻面臨險境的當地生物（例如蕭氏鳳蝶、史托克島樹蝸牛），不過他是特地來此支援林鼠的。他上任後率先做的其中一件事，就是在九〇五郡道旁設置一塊「讓貓待在家裡」的閃光指示牌。這道指令在保護區靜止的綠樹中間，顯得非常吸睛。

德蓋納瘦骨嶙峋、一頭白髮，銳利的目光善於發現遠方受傷的水鳥（他有時會利用閒暇時間照料牠們）。他沒有學術文憑，但這位退休的泳池大亨救助林鼠的資歷，幾乎比任何人都還久。他是全保護區最足智多謀的陷阱獵人，已經活捉了幾十隻家貓，送進當地的動物收容所。

然而家貓仍然穩居上風。儘管林鼠脆弱的分布地，如今大部分都屬於人類難以企及之處，但自從一九八〇年代該物種緊急被納入聯邦保護以來，數量仍直線下滑。狄克森和他的團隊說，這是因為當地的貓並不遵守保護區的邊界規範，也不甩《瀕危物種法案》（Endangered Species Act）。目前的林鼠總數估計在一千隻左右，不過一度傳出可能只剩幾百隻的憂心之言。腹背受敵的林鼠甚至放棄了建造有牠們正字標記的窩巢，也許是因為在這麼多家貓環伺的情況下，拖著粗樹枝緩步徐行似乎是一種自殺行為。

「林鼠活在恐懼之中。」寇夫說。他是一名博士生，先前研究過南美洲的美洲豹以及虎貓，因此當他見到超級掠食者的時候，絕不會有眼不識泰山。

不過儘管家貓是獅子和老虎的近親，卻也和扁蟲、水母等簡單有機體不無相似之處，因為牠們同樣擅長接管生態系統。國際自然保育聯盟將家貓列在世界百大入侵種之內。在由真菌、軟體動物、灌木和其他無腦、盲目的生物所構成的冗長而討人厭的名單中，家貓無疑是一項迷人的附注。這份令人望而生畏的名單少有食肉動物，更別說超級食肉動物了，但家貓的超強適應力、非凡繁殖力，以及因馴化而轉變的體格、與人類的特殊關係，在在都使牠成為難纏的外來生物。此外，人類常逃避式地佯裝只有流浪貓才會給大自然添麻煩，但事實上，我們抱在懷裡的寵物貓就和髒兮兮的野貓一樣嫌疑重大。

家貓的祖先侵入我們位於肥沃月彎的定居地後約一萬年，便像蒲公英的絨絮般擴散開來。現在全世界約有六億隻像這樣不起眼的貓科動物，有些科學家甚至認為真實數字應該逼近十億。光在美國就有將近一億隻的寵物貓，這個數字顯然在過去四十年間翻了三倍[2]，而流浪貓的數量可能也不相上下[3]（流浪貓超級懂得搞失蹤。我住在華盛頓特區。我是在開始帶我的小孩到後巷探險之後，才偶然發現住在我這個社區的貓群）。

凡你想像得到的棲地都有家貓的蹤跡[4]，從蘇格蘭石楠荒原到非洲熱帶叢林、澳洲沙漠。牠們在都市中的聖誕布置區、海軍飛彈試射場，或路易斯安納州立大學的老虎體育館聚眾集結，不管在沼澤或布魯克林區的飯店皆如魚得水。除了入主市中心外，就連沒有人類敢住、只有直升機才到得了的荒郊野嶺，也都被牠們佔地為王。

牠們躲在這些邊邊角角裡，幾乎把所有活的動物吃乾抹淨[5]：星鼻鼴鼠、麗色軍艦鳥、狼蛛、鴞鸚鵡、螽斯、淡水螯蝦、葉蜂幼蟲、藍頭黑鸝、尖尾兔袋鼠、蝙蝠、草原袋鼠、扇尾鷂、金龜子、小魚、紅喉北蜂鳥、雞、加氏袋狸、褐鵜鶘雛鳥……牠們甚至對動物園裡的動物虎視眈眈。

「牛排、蟑螂、」[6]十九世紀一段描述一隻橘色家貓飲食的文字如此寫道，「飛蛾、水煮蛋、牡蠣和蚯蚓……牠的肚皮實現了諾亞方舟。」而且既然貓科動物一向對我們的族類心嚮往之，那麼我們對於以下事實也不必太訝異：家貓甚至獵食過靈長類動物[7]——維氏冕狐猴，或許還有馬達加斯加島上的其他狐猴。

家貓絕對有可能導致物種滅絕，尤其是在島嶼[8]。西班牙一項研究發現，在世界各地的島嶼上，所有滅絕的脊椎動物中有百分之十四都可歸咎於家貓。作者群表示，這還是極度保守的估計。澳洲科學家最近發表一份洋洋灑灑的報告——《澳洲哺乳動物之行動計畫》（*Action Plan for Australian Mammals*），直指在一百三十八種滅絕、瀕危及近危的哺乳動物當中（很多是當地特有種），有八十九種和家貓脫離不了關係。澳洲大陸的哺乳動物滅絕比例無疑是全球最高，而科學家宣稱，家貓對於當地哺乳動物的生存是唯一且最大的威脅，比棲地消失和全球暖化都還嚴重（另一方面，有關當局派出馴化狗[9]去護衛一些瀕危的澳洲物種，例如小藍企鵝）。

「如果我們必須許一個願來推動保護澳洲的生物多樣性，」[10]作者群寫道，「那就是有效地控制——換言之就是消滅——家貓。」澳洲環境部部長向全世界最熱門的寵物宣戰，形容「牠們帶來暴力和死亡的海嘯。」[11]

長久以來，愛鳥人士尤其不滿家貓的嗜欲。二〇一三年，聯邦政府的科學家發表一份報告[12]，暗指美國的貓——包括寵物貓和流浪貓——每年殺死十四到三十七億隻鳥，成為與人相關的鳥類死因榜首（尚未提及牠們同樣辣手摧殘的六十九億到兩百零七億隻哺乳動物，以及數百萬隻爬蟲及兩棲類動物）。幾個月後，一份來自加拿大政府的研究報告[13]，也顯示了類似的沉重結果。

當然，家貓是廣大世界中嬌小而鬼祟的獵人，你很難準確證明牠們到底都吃什麼點心。但是野生動物復育中心的紀錄能提供一些概念：加州一所機構回報，在他們幾千隻的鳥類傷患中，幾乎有四分之一都是被家貓弄傷的[14]，傷患從山雀、連雀到三聲夜鷹，應有盡有。被當作獵物的動物在被發現時，常常「身受重傷、抓傷、肢解、開膛剖肚、挖出內臟，而且都是活活受到折磨」[15]，獸醫大衛．傑瑟普（David Jessup）寫道，「就算牠們能捱過攻擊，也經常死於敗血症。」

現代新科技帶來更清晰且血腥的畫面，近來許多研究者為家貓戴上遙控攝影機或其他數位化工具。二〇一二年，喬治亞大學進行的「貓攝影」[16]研究，利用超過五十隻飽食終日的郊區家貓（正式名稱為「獲得資助的掠食者」〔subsidized predator〕）錄製了搖晃得十分厲害的影片。影片中，可看出幾乎半數家貓都是活躍的獵人，不過牠們鮮少將獵物帶回家，而是留在原地，所以飼主並不會看到。澳洲科學家錄到一段難得的紅外線影片[17]，內容是一隻家貓打盹到一半突然爬起，一把逮住一隻當地蜥蜴；該攝影機就裝在毛茸茸的下巴處，只見牠若有所思地咀嚼著，而蜥蜴的細尾就像一條義大利麵，一段一段地消失。夏威夷研究員則錄到家貓從鳥巢裡拖出一隻羽翼未豐的夏威夷圓尾鸌幼雛[18]。這是家貓獵捕瀕危物種的有力證據。

大礁島林鼠的捍衛者也正努力取得類似鏡頭，目前有眼睛發光的家貓企圖染指林鼠窩巢的夜間照片，還有另一張，隱約顯示附近某隻寵物叼著林鼠的屍體，但非常模糊。他們沒有家貓等現行犯殺害林鼠的照片，否則不僅可被視為目擊證人，更是潛在的法律利器。保護區的工作人員都希望能藉由《瀕危物種法案》來起訴貓飼主。

我們走在硬木群落濕漉漉的樹蓋底下，遇見了由褐色樹葉和樹枝構成的長形矮堆，看起來就像一座不深的墳墓。但事實正好相反，它是一艘救生艇。被迫害的林鼠睹咒再也不造窩了以後，德蓋納與哥哥克雷（Clay）便立誓為牠們築巢。碉堡般的初代型窩巢是用舊水上摩托車做的，因為在佛羅里達礁島群，就數這玩意兒最多。德蓋納兄弟細心為這些「入門款寢室」加上自然保護色，然後翻過來放在食物來源附近。這款窩巢甚至還有個艙口，可以讓迪士尼的科學家往裡頭窺探。

你沒聽錯，正是迪士尼的科學家。二〇〇五年，美國魚類及野生動物管理局憂心林鼠數量將下降到難以挽回的程度，因此與奧蘭多迪士尼動物王國主題樂園的生物學家以及其他「角色」（cast member，迪士尼員工的專屬稱謂）通力合作，捕捉林鼠並於養大後野放[19]（這項合作乍聽突兀，不過仔細想想，迪士尼的經銷商一向忠實擁護齧齒動物，而旗下最知名的幾隻寵物貓，例如《仙履奇緣》的魯斯佛和《愛麗絲夢遊仙境》的柴郡貓，多少都帶了點邪氣）。

「拉飛奇的星球守望者」（Rafiki's Planet Watch）是遊樂園內一座以動畫電影《獅子王》為主題的保育中心，多年以來，迪士尼的科學家在此不計成本地照料捕捉到的林鼠。他們用移動式電熱器替林鼠保暖、以電風扇替牠們降溫，千方百計地仿照出近似於大礁島的宜人氣候。此外，還餵林鼠吃蘿美生菜，提供牠們松果當玩具。牠們的便盆則是鋪了蠟紙的托盤。即便是沒有家貓的環境，野生林鼠也活不長；不過，這裡的林鼠在接受煞費苦心的醫學檢查之後，最長壽者可活到四歲。

不久後，遊客得以觀賞以林鼠為主角的影片，並聆聽牠們發情時的沙啞叫聲。動畫電影《料理鼠王》上映時，迪士尼還邀請孩子們戴上廚師帽，為林鼠準備豐盛的餐點。珍・古德博士甚至親自蒞臨，並在她的網站「動物及動物世界的希望」（Hope for Animals and Their World）發表與林鼠相關的專題報導。

終於到了該把林鼠送回大礁島的時候了。人類給牠們戴上小巧的無線電遙測項圈，提供營養均衡的當地食物，然後將牠們放進人造窩巢籠子，靜待一周適應。

「剛開始一切都很順利，直到將牠們放了出去。」狄克森說。德蓋納夜以繼日地捕捉家貓，但速度還是不夠快。「我有不祥的預感。結果我們把林鼠放出去之後，隔天晚上一切就結束了。」他說。研究員追蹤到林鼠的屍體時，經常發現牠們被吃掉一半，然後埋在樹葉底下。這完全是老虎貯藏獵物的手法。

「你該怎麼訓練大礁島林鼠害怕家貓呢？」迪士尼的生物學家安．賽維吉（Anne Savage）告訴我，林鼠的天敵是鳥和蛇，而心狠手辣的貓科動物「不是牠們在原始環境中應該遇上的動物。如果大礁島林鼠連一步都不肯踏出窩巢，那麼再多的訓練都是白搭。」

迪士尼的育種計畫在二〇一二年宣告廢止。現在保護區正加倍努力建造幾百個人工強化窩巢，同時捕捉入侵的家貓，包括住在當地的寵物以及附近的野化貓群。對科學家來說，這當然只是嚴格定義下才有的區別。懷抱保育理念的生物學家未必會把家貓區分成寵物貓、流浪貓和野化貓，因為在他們眼中，所有能在戶外自由活動的家貓都一樣危險。

大礁島的雨停了，不過硬木樹林仍舊滴滴答答，狄克森也還不急著戴上太陽眼鏡。「告訴妳我們想要什麼吧。」他瞇著眼睛說，「我們想要林鼠自己打造牠們那該死的窩，還有這些家貓能離我們的保護區遠一點。我們正努力拯救一種瀕危動物。」

先知道家貓在最一開始是怎麼進入生態系統的，有助於了解牠們在後來是如何伸出魔爪。

水以河流與海洋的形式，成為哺乳動物開枝散葉的主要障礙。鳥可以飛越海洋，但哺乳動物必須仰賴游泳，或乘植物製成的筏子擺渡，最好還是成雙成對行動，或是以更詭異的方式飄洋過海。馴化狗是用刻苦的方式進入新大陸的——跟著主人穿過結凍的陸橋，長途跋涉而來。有些偏遠的小島甚至從未有過哺乳動物，例如紐西蘭沒有任何原生哺乳動物，除了三種蝙蝠之外，而蝙蝠與鳥類的發展模式有異曲同工之妙。即使在本土，食肉動物也比食草動物稀有，而掠食者在島嶼上更是經常缺席。

但在這條「防水」的規則下，家貓成為一大例外，儘管都說牠們恨透了水，卻總能瞞天過海。這事有很大一部分是因為家貓將自己推銷成完美的船伴。首先，牠們有善於抓老鼠的美名，而或許像船上這樣的封閉環境，是人類可以寄望牠們做出成效的罕見狀況。的確有紀錄顯示船上的貓會殺老鼠，有時候飢不擇食的水手還會把鼠屍充公，當作晚餐。一位十八世紀的航海家在驟然失去好幾隻貓之後，悲嘆地表示貓「在我們這種鼠滿為患的船上不可或缺（當然，如果那艘船一直都有鼠害，或許消失的那幾隻貓也就沒那麼了不起了）。」[20]有些貓除了吃老鼠外，也樂於享用船上廚房的精選口糧[21]。一段十九世紀的記述甚至提到，一隻貓從軍官食堂膳務員的嘴裡搶走一小塊羊肉。

撇開獵捕的本領不談，這些來自經常缺水的中東地區的動物，竟異常合適海上生活[22]——這聽起來可能是奇怪的巧合，但開闊的海域常被拿來類比成沙漠。基本上，貓不需要很多水，就算完全不喝水也能活很久。牠們也不需要維他命C，所以不必擔心得壞血病。

不過古時候的船員未必總有這麼實事求是的動機。也許從前的航行者，從商人到海盜、從甲板水手到船長，他們想把家貓帶上船的理由和你我沒什麼不同，只因為牠們可愛的一舉一動能讓人暫時逃離煩悶的心情。水手利用毛瑟槍彈丸和細繩發明貓玩具[23]，有些人甚至巧手搭起迷你吊床[24]。幾世紀以來，貓成為船艦文化極為典型的一部分，以致於許多迷信的討海人若發現船上沒有貓就不肯上船。有時候，沒有貓的船也會根據海事法而被判定為無主船。即便到了今天，航海術語仍充斥著貓：九尾鞭（cat-o'-nine-tails，最初被英國皇家海軍及陸軍用作體罰的工具）、貓爪結（cat's paw knot）和窄道（cat-walk）。

我們從古代幼貓的墓得知，家貓早在九千五百年前就搭船到了賽普勒斯島，那也許就是牠們第一個停靠的港口。幾千年後，牠們到了埃及，不過埃及人大概在某種程度上讓牠們的散布模式原地踏步[25]（埃及人不但是航海的門外漢，還制訂了嚴格的法律限制家貓出口）。較為可能的是，以航海為業的腓尼基人將家貓帶到地中海盆地的大部分地區，並引進義大利和西班牙。古希臘人分布廣泛的殖民地也把家貓當作增色之物，因而讓牠們進駐巴爾幹半島和黑海附近[26]。在古希臘的貿易海港馬西利亞（即現今馬賽），有時貨幣上會有行走的獅子，但真正利用這座城市當作征服大陸的準備區的應該是家貓才對。牠們像是毒品注入靜脈般沿著隆河向上游走，後來搭了便船抵達塞納河，並很可能地閒來無事就跳船逛大街。

希臘人的後繼者羅馬人是死硬派的愛狗人士。不過家貓還是設法掛在帝國軍的衣角上，隨他們蹂躪歐洲，這點從多瑙河邊境區散布著貓的骨骸就能看出。在進軍不列顛的漫長征途中，羅馬人甚至輸給了家貓：鐵器時代蠻族酋長戍守的丘陵要塞，已有家貓躲藏其中，也許是幾世紀前買賣錫的腓尼基商船帶過去的[27]。到了基督時代，家貓就大概已分布到整個中歐了。

正如同家貓不需凱撒的垂憐便能飛黃騰達，牠們也不把教宗的賜福視為必需。對家貓而言，中世紀天主教徒的疑心病僅是打嗝——或應該說像吐毛球還比較貼切——程度的小困擾。不論宗教法庭對家貓的鎮壓範圍有多廣，許多修士和修女還是無視於教宗詔書，繼續把寵物留在身邊[28]。埃克塞特座堂一三〇五到一四六七年的支出紀錄中，都將貓食特別列入，還設置了專屬貓門。

當然，在所謂的異教徒之中，也有許多家貓的朋友。由於先知穆罕默德是愛貓人士，因此湧入北非和西班牙的穆斯林大軍以貓為尊，鄙視「不潔」的狗。額我略教宗的《羅馬之聲》上架後僅僅過了幾十年，一位富有的開羅蘇丹就設立了可能是全世界第一座的貓庇護所[29]。維京人也將家貓視為珍寵[30]；根據遺傳學研究，大約在一〇〇〇年左右，這群頭髮火紅的劫掠者對於他們在黑海附近發現的橘貓愛不釋手，迅速把牠們帶到位於冰島、蘇格蘭和法羅群島的前哨站。因此，今天這些地方住著特別多奇多的薑黃色夥伴。

縱觀古今帝國，包括基督教國家和非基督教國家，托著貓臀、推了牠們最大一把的是有史以來最威風的海上強權——英國。一九一四年，探險家恩尼斯特·薛克頓甚至拖了他的愛貓奇皮夫人（Mrs. Chippy）一同到南極[31]（但後來，也許是有人意識到即將來臨的艱苦磨難，而深思熟慮地把牠趕下船）。英國皇家海軍直到一九七五年才宣布禁止攜帶家貓登船。

英國船隻將家貓帶到了美洲。儘管詹姆斯鎮飢餓的拓荒者吃了自己的貓[32]，仍無法阻止牠們落地生根，往西擴散，在邊境駐防地和美國舊西部的前哨站裡安身立命。礦工把牠們載送到加州和阿拉斯加[33]，並賣了換取金粉。一如往常，人們期望家貓能鎮壓那些在新興都市中橫行的入侵鼠，不過種種蛛絲馬跡顯示，牠們並沒能勝任這項工作。在堪薩斯一座要塞中的貓「其狀甚慘」[34]，一八五〇年代一位陸軍中士如此抱怨，「牠們消化老鼠的程度不足以對抗跳蚤的反撲，每天都垂頭喪氣地到處遊蕩。」有些貓顯然已棄守滿是跳蚤的人類定居地，轉往大草原去碰運氣了，至少那裡有很多美味的原生種小動物。

不過從保育的觀點來看，最關鍵的是英國殖民者在各個太平洋島嶼上都藏了家貓，還因此讓澳洲門戶洞開，歡迎這群小小征服者。早在一七七〇年，英國皇家海軍上校詹姆斯．庫克（James Cook）帶領的奮進號停泊在北昆士蘭時，就有一位旁觀者表示，「若說有人會以任何方式監督那些貓，未免是太不切實際的想法。」[35]今日雪梨屹立著一尊特靈銅像[36]，牠是第一艘環行澳洲的船上的貓，其飼主是英勇的英國人馬修．弗林德斯（Matthew Flinders）。閱讀他的航海日誌，難免可以感受一點貓痴的味道。他厚臉皮地把特靈上岸時的種種逾矩行為全都詳加記錄下來，「牠在各種不同的學科上作出許多奇妙觀察，尤其是小型哺乳動物、鳥類和飛魚方面的博物學，因為牠們特別合牠的胃口。」[37]

英國人對家貓打擊齧齒動物的技巧深具信心，因而貼心地把牠們放逐到有殖民潛力的偏遠無人島上[38]，包括大溪地島上的二十隻貓。家貓在少數幾個殖民地的登場方式倒沒那麼蓄意，牠們是發生船難後游上岸的[39]。

最引人注目的航海紀錄，可能要屬家貓在已有人居的島上得到什麼樣的歡迎儀式。從未見過任何貓科動物、想都沒想過會有這種動物存在的原住民，與家貓有了第一次的親密接觸。牠們征服人心的力量，在這樣的地方尤為顯著。

「我們的貓……讓他們大感驚奇，」[40]殖民官約翰．尤尼亞克（John Uniacke）寫道，一八二三年，他所屬的英國皇家海軍美人魚號於昆士蘭停泊，而一開始有幾名土著上船參觀，「他們……停不下來地撫摸那些貓，還將牠們高高舉起，給岸上的族人欣賞。」

薩摩亞人「興起一股愛貓風潮」[41]，美國探險家蒂希安．皮爾（Titian Peale）寫道，「他們用盡各種方法，把造訪薩摩亞群島的捕鯨船上的貓弄到手。」在哈派群島，原住民偷走庫克船長的兩隻貓[42]；在澳洲小鎮伊羅曼加，原住民用一批批芬芳的玻里尼西亞檀香木來換取探險家的貓[43]。

少數有先見之明的原住民對貓心生畏懼，不過最普遍的反應仍似乎是讚嘆。隨著基督教傳教士的到來，他們迷人的寵物無疑招來許多皈依者[44]。到了一八四〇年代，有人觀察到某些澳洲原住民會把成貓或幼貓裝在包包裡帶著走[45]，猶如小天后泰勒絲對待她的愛貓一樣。到了二十世紀末，土著已將這群美麗的入侵者視為原生種了。

當然，家貓並不真的需要迎賓禮車。不論牠們從何處登陸，都是以最腳踏實地的方式。

這種自立自強的態度是貓和狗的另一大區別。在許多開發中國家的城市中，流浪狗仍是一大問題，有時牠們會展現入侵種掠食者的行為。譬如二〇〇六年，就有十二隻野狗疑似殲滅了某一種稀有的斐濟扁手蛙[46]。事實上，狗在人類群體中得到生物學上的重生，極度適合受我們左右[47]。但這也表示狗若離開了人類，恐怕日子會變得不太好過，畢竟牠們已經遠離野外太久了。反觀家貓，始終腳踏兩條船，因而成為更有彈性、更厲害的入侵者。

舉例來說，野化犬是不及格的母親，牠們在街頭出生的幼犬死亡率相當高。街犬數量之所以能維持，憑靠的是新加入的流浪狗，而不是新誕生的小狗。

相反地，家貓不管在人類的居住範圍內或外，都是溺愛的母親和優秀的繁殖者[48]。母貓在六個月大時便性成熟，自此之後的繁殖力與其說像老虎，不如說像兔子。這是一項關鍵性的生態優勢，部分源於牠們嬌小的體型以及靜不下來的繁殖周期。說真的，牠們繁殖的速度甚至能超越某些野生齧齒動物（大礁島林鼠不要低頭，我就是在說你！）。一項計算結果顯示，一對貓可以在五年內產出三十五萬四千兩百九十四隻的子代[49]，前提是每隻貓都存活下來的話。現實生活中，有五隻貓被帶到環境險惡的馬里恩島（當地山頂終年積雪，還有活火山，完全不是貓咪天堂），結果在二十五年內生下超過兩千隻存活下來的後代[50]。

而且就連小貓都懂得殺戮。野化犬似乎不會重拾成群獵食，也不具備古老狼性，幾乎完全以翻垃圾維生。家貓雖然也樂意享用一頓美味而便利的垃圾大餐，但不全然仰賴垃圾也能活下來。牠們可以脫離這個系統，靠著打獵養活自己（反正聽說貓本來就比較喜歡溫熱、濕潤、會扭動的主菜）。認真的貓媽媽早在幼貓幾周大的時候，就會帶回活的獵物（如果找得到的話），傳授打獵知識[51]。就算貓媽媽跑了，幼貓也會自己琢磨出該怎麼跟蹤和撲擊。「幼貓在玩耍時的舉動，」[52]伊莉莎白·馬歇爾·湯馬斯在《老虎的部落》寫道，「完全就是獵食行為。」

就掠食者而言，家貓簡直像有神功護體。牠們能看見紫外光、聽到超音波，對三度空間也擁有不可思議的理解力，可作出許多判斷，例如聲音的高度。除了上述天賦外，牠們還結合親感身上罕見的美食接受度。牠們不像某些野生貓科，專挑特定的絨鼠或野兔來吃，而是將獵食對象擴及超過一千項物種[53]，這還不包括垃圾堆裡各式稀奇古怪的雜食。

家貓的生活方式同樣具有彈性，能在自然環境中獨居，亦能接受團體生活。牠們可以統領百萬坪的疆域或套房公寓，可以在大圓石上漫步或穿梭車陣之中[54]。家貓基本上是夜行性動物，但也可以順應獵物的類型、當時的氣溫和季節而規劃日間狩獵行程[55]。牠們甚至能調整生理結構。曾任野生動物學會會長的行為生態學家麥可．哈欽斯（Michael Hutchins），向我說起他在加拉巴哥群島的見聞。加拉巴哥群島雖然因許多野生珍稀物種而馳名，但其缺乏淡水的環境對很多陸生動物而言卻不適合居住。不過這當中不包括家貓。根據哈欽斯所言，在這片群島上日益壯盛的外來貓群依靠喝「血和露水」存活，發展出明顯大一號的腎臟。如今，這群健康狀態良好的生存者靠著某種瀕危的海燕當食物，甚至還獵殺一種知名的達爾文雀。

目前為止，馴化貓身段最柔軟的一個面向，大概就是與人類的關係了。由於家貓在我們的眼中有著特殊地位，牠們才能享有各種選擇的機會，那是其他哺乳動物——尤其是食肉動物——所沒有的。我們透過壓艙水或鞋底把一些入侵種動植物帶到世界各地，但不常刻意提升它們的地位。然而面對家貓，人類的偏袒有目共睹。我們不光是把牠們引進牠們根本不該存在的地方，甚至還慷慨餵食、替牠們打預防針，或讓牠們在我們的家或門廊住上一、二十年。要是任由家貓自生自滅的話，牠們很可能早就英年早逝了。

這些優勢讓家貓等掠食者能蔑視大自然的基本法則。一個生態系統可支持的掠食者數量，通常取決於獵物能供養的上限。只要超過一定數量，掠食者就會餓肚子。不過在部分地區，尤其是都市中，家貓的數量反映的是人類的數量，而不是獵物，原因在於人類習慣在家豢養寵物貓，並有大量的流浪貓經常光顧我們的垃圾場。在布里斯托，平均每平方公里有三百四十八隻家貓[56]；在羅馬和耶路撒冷等大城市，以及日本某些區域，更曾創下每平方公里有兩千隻家貓的高密度紀錄[57]。這些額外的頂級掠食者對當地的獵物物種造成很大的壓力。在某些地方，家貓的實際數量比成鳥還多[58]，這有點類似獅子比牛羚還多的極端情形。

令人費解的是，在一些人類稀少的區域也出現了如此荒謬的貓口密度。這是因為就許多我們將家貓引進的偏遠地區而言，我們同時也意外放進了其他獵物物種，尤其是馴化的兔子或跳船的老鼠。這些依附人類生活的狡猾動物——就某種角度來看，牠們和家貓一樣聰明能幹——侵入新的生態系統，以令人咋舌的速度繁殖後代，其數量足以支持大量的家貓。家貓光是吃兔子和老鼠就飽了，還不會減損牠們的整體數量，因此也不需要倚靠柔弱而稀少的原生種動物活命。結果卻造成家貓一開始只是為了打牙祭或找樂子而隨機獵捕，最後卻與瀕危物種狹路相逢，一隻隻地消滅牠們，直到滅絕。

這就叫作「超掠食現象」[59]。

時至今日，家貓已進駐幾千座島嶼，而且多虧了遊輪旅行、原住民遷移，甚至科學考察（這是生態學家難以洗刷的恥辱），其擴張仍在進行。長期孤立的島嶼是生物多樣性的避風港。缺乏當地掠食者的結果，使得家貓能輕易空降食物鏈頂端，獵物根本無處可逃。或者牠們也不見得想逃，因為純真的島嶼動物經常缺乏抗掠食策略，甚至連恐懼也沒有，即所謂「島嶼溫馴現象」（island tameness）。牠們多少可算是坐以待斃的鴨子——或者更貼切的說法是：不會飛的鳥。

家貓在一八〇〇年代晚期被引進南非的達森島，牠們在那裡獵捕非洲黑蠣鷸、冠鴴和珠雞。一九五〇年代，一支駐軍把家貓帶到墨西哥的索科羅島後，當地一種鴿子就此絕跡。

在西印度洋的留尼旺島，家貓大口吞下瀕危的留尼旺圓尾鸌；在格林納丁斯群島，牠們盡情享用極度瀕危的格林納丁裂足虎；在薩摩亞群島，牠們一開始為當地掀起一股愛貓風潮，後來卻開始攻擊齒鳩；在加那利群島，牠們追殺三種瀕危巨蜥和一種瀕危鳥類——加那利群島黑喉鴝；在關島，牠們將目標鎖定關島秧雞，那是一種形跡隱密、不會飛、極度瀕危的禽類[60]。「因為家貓掠食的緣故，」美國魚類及野生動物管理局寫道，「據信關島目前已無關島秧雞。」

斐濟、開曼群島、英屬維京群島、法屬玻里尼西亞、日本……名單愈列愈長，不過每個生態系統都有其獨特的辛酸故事。亞南極的凱爾蓋朗群島強風肆虐，連昆蟲都無法生存，因而被庫克船長命名「荒蕪島」[61]（Desolation Island）。然而島上盛產富含維生素C的凱爾蓋朗甘藍，又可有效預防壞血病，長久以來都是水手的主食（凱爾蓋朗甘藍具有一種「特殊風味」[62]，一八四〇年助理船醫約瑟夫·胡克〔Joseph Hooker〕曾細膩描寫道，這種甘藍不會引起胃灼熱或一般甘藍容易誘發的「任何令人不愉快的症狀」——在船艙這樣的密閉空間可說是令人欣慰）。可是不久後，吃下滿肚子甘藍的水手們開始渴望來點兔肉了，所以他們決定引進兔子。島上兔子的數量一路暴增，於是一九五一年時，一座法國研究站的科學家嘗試放出幾隻家貓來制衡牠們[63]。到了一九七〇年代，幾隻貓變成了幾千隻貓，每年約略吃掉一百二十萬隻當地鳥類，等於是吃白頭圓尾鸌和南極鋸鸌吃到都膩了。

夏威夷的貓災也是現在進行式。一八六六年，愛貓人士馬克·吐溫曾觀察這片群島上有「貓排、貓連、貓團、貓軍隊和貓大軍」[64]，但一百五十年後，證實他難得有這麼一次獲得言論太過保守的評語。就連海拔三千公尺的冒納羅亞火山上都住著貓[65]。不幸的是，我們的第五十州同時也是好幾種不怎麼上進的鳥類的家——有時還是唯一的家。譬如長尾水薙鳥，牠們要長到七歲才會開始下蛋，而且一年只下一個蛋[66]；瀕危的夏威夷圓尾鸌在十五周大之前都無法離開牠們位於地面的洞穴；在考艾島上，紐厄爾剪水鸌與城市燈光之間的關係好比飛蛾與火，牠們深受吸引卻又困惑不已，之後突然精疲力竭，就這麼從天空摔了下來。當地政府鼓勵善心人士拾起這些鳥送到救助站去，但家貓早已學會在燈光下守株待兔。

在紐西蘭，家貓吃的是蝙蝠——這個島國中唯一的原生哺乳動物。據說一八〇〇年代晚期，光是一隻名叫緹波絲（Tibbles）的貓就讓史蒂芬島的異鷯滅絕。儘管現代科學家直指其他好幾隻貓替牠分擔罪名，但對於被滅族的鳥類來說，這都只是枝微末節。牠們也被暗指造成灰水薙鳥和鷸鴕的數量減少。一九七〇年代，家貓把最後一批鴞鸚鵡逼到牆角，如今這種不會飛的巨型鸚鵡只剩下一百出頭隻了[67]。上述這些鳥類若非慘遭毒手，有些甚至能享九十五年的壽命。

家貓除了讓島嶼鳥類不再唱起黎明之歌，還把焦點擺在安靜的鱷蜥身上。鱷蜥是紐西蘭一種稀有的爬蟲類，在本島上落地生根的時代可追溯至恐龍剛出現的時候。不過現在多虧了家貓，鱷蜥的終身職也到了盡頭。

然後還有澳洲這個案例。澳洲既是島，也恰好是完整陸塊，必須應付許多胡攪蠻纏的入侵者，包括蟾蜍、椋鳥、光滑歐冠螈、紅狐、駱駝、黑莓和水牛。不過在許多人的心目中，家貓才是最惡劣的犯人，是澳洲野生動物保育協會（Australian Wildlife Conservancy）會長口中「生態界的邪惡軸心」[68]。

澳洲約有三百萬隻寵物貓和一千八百萬隻左右的野貓，使得這片大陸上的人貓比例大致相等。澳洲生態學家伊恩．艾伯特（Ian Abbott）拼湊出一七八八到一八九〇年間，家貓藉由幾次沿海的引進而登陸，到攻占整座大陸的來龍去脈。他發揮了頗為英勇的學術研究精神[69]，細細爬梳殖民時代的日誌，尋找提到家貓的字句，並搜尋先前的歷史學家鮮少編入索引的關鍵字。一八〇〇年代早期，家貓多半都是被附帶提及的：家畜的目錄冊裡有貓這個項目、一隻貓將一隻脂尾袋鼬拖進屋子、有人為了打賭而吃掉一隻貓……諸如此類。可是到了一八八〇年代，來自澳洲內地的敘述文字變得更加具有警示意味。在一些最不可思議的地方，開始有來路不明的家貓從陰影裡走出，加入披荊斬棘的開路先鋒身旁，共享營火。一八八八年，一位觀察者聲稱貓已經「分布到整片國土，連偏遠的阿洛伊修斯山（Mount Aloysius）都數量可觀。」一九〇八年，另一位探險家記錄道，「四面八方都看得到為數眾多的家貓足跡。」

家貓似乎是尾隨著礦工和牧場主人進入內地的，而在人類與他們的牲畜走到快不能忍受的極限時，家貓仍頑強地繼續前進。不過家貓還是過了數十年才滲透荒野最深處。有鑑於牠們強大的入侵能力，艾伯特不禁好奇牠們為什麼花了這麼久的時間。他後來認為，那是因為澳洲和大部分的島嶼不同，這裡確實有少數難纏的原生種掠食者——像是斑袋鼬、楔尾鵰——有能力將家貓當作獵物。一直得等到我們射死、餓死或用其他方式搞死這些肉食性競爭者後，家貓的數量才呈等比級數激增。

此外，要怪就怪澳洲人擁有英國血統，總之他們不停地刻意縱「貓」歸山。他們派出家貓保護果樹不被鳥啄食、防止海鳥在採珠船上築巢，不過最常執行的任務還是跟入侵種兔子一決勝負。不意外地，那些兔子從燉鍋裡跳了出來，大肆破壞當地植物，更別說還有殖民者的作物了。在一八八四年頒布的《兔害防制法》（Rabbit Suppression Act）中，政府正式與家貓結盟，連殺貓都突然被視為犯罪。澳洲政府在帕魯河附近的東戈（Tongo）大牧場上放出四百隻家貓，還在阿得雷德市為兩百隻家貓「贖身」，帶去雷格特山周圍的曠野。此外，他們將家貓送到新南威爾斯州西部，並從伯斯買貓帶到尤克拉野放。

在某些地方，人類為這群貓公僕搭建迷你屋，從「維多利亞的貓屋山」（Victoria's Cat House Mountain）等地名就可看出這段歷史的痕跡[70]。但適應力超強的家貓能憑藉著一身本領，自己找地方住。就像愛麗絲闖入的仙境一般，現在你可以在兔子洞底部找到家貓，因為牠們學會了霸佔理應消滅的兔子所挖出的洞穴。「兔子提供了食物和……住處，因而幫助〔貓的〕擴散。」[71]遭到背叛而且很可能已心力交瘁的永續環境、水、人口及社區福利部，在一份備忘錄中如此聲明。到頭來，家貓非但沒能擊退兔子，還順便拿原生種動物來填飽肚子。早在一九二〇年代，奮力對抗兔子「瘟疫」的博物學家就開始談到貓災[72]。據說，背信棄義的家貓甚至勾結另一項環境威脅——野火——躲在被火燒過的地方，將逃命逃到虛脫的倖存動物一網打盡[73]。

這場大屠殺至今仍未止歇[74]。被家貓當作獵物的很多都是體型小、離群索居、夜行性、名不見經傳的動物，像是袋食蟻獸、侏儒岩袋鼠、袋鼩和長鼻袋鼠。大刺巢鼠和大礁島林鼠說來不無同病相憐之處[75]，牠們曾坐擁百萬餘里的自然棲地，可是後來部分因為家貓的緣故，被限制在一座方圓僅五公里的小島上。但這還是遠勝過牠的同胞——小刺巢鼠——的命運，因為牠們已經從世界上徹底消失了。

澳洲人嘗試把瀕危物種集中藏到近岸島嶼，保護牠們不受家貓攻擊。於是他們架起高科技防貓圍籬，全面應戰家貓的高強功力：耐電擊、挖掘、攀爬垂直面、跳躍至少一百八十公分高[76]。翁格拉拉野生動物保護區內，還有少數倖存的滕氏家鼠難民[77]。在這類保護區裡，保育員通常會帶著探照燈和狗在防貓圍籬周圍巡邏。

可是相信你也聽過，長尾彈鼠（現已滅絕）和人類千算萬算，還是不如天算。

兔耳袋貍為澳洲一種正處於生存危機的哺乳動物。牠們是天性害羞的灰色有袋動物，外形像是老鼠和兔子共結連理所產生的結晶，又長著有點奇怪的長鼻子，其實看來相當討喜。牠們的近親小兔耳袋貍是澳洲野生動物保育協會的吉祥物，就像世界自然基金會的貓熊一樣。令人難過的是，小兔耳袋貍已在一九六〇年代滅絕，部分原因是遭家貓獵食。然而兔耳袋貍還在苦撐，但牠們的分布區——曾經涵蓋整個大陸的百分之七十——已經向內壓縮了。

然而不尋常的是，兔耳袋貍這項「貓食」和家貓一樣，有專屬的廣大粉絲團，最近在澳洲更有全國性活動，主張以包著錫箔紙的巧克力兔耳袋貍慶祝復活節[78]，取代兔子——討人厭的入侵種——的糖果複製品。幾年前在昆士蘭，拯救兔耳袋貍基金會（Save the Bilby Fund）用價值五十萬美元的防掠食者圍籬保護了幾千坪的兔耳袋貍棲地[79]，並將數十隻珍貴的倖存者放進裡頭細心豢養。眾人欣喜地發現這種稀有有袋動物開始繁衍。到了二〇一二年，牠們一共產下超過一百隻新生兒——和野生兔耳袋貍的數量相比，這真是個上不了檯面的尷尬數字。

可是兔耳袋貍援助者並不知道，後來豪雨和淹水讓高級圍籬被鏽蝕出了一個洞，等到科學家再進入已有了缺口的保護區時，找到二十隻貓以及零隻小袋貍。

許多地方的生態學家都注意到，一味把焦點放在家貓的掠食行為，實際上低估了這群入侵者對生態的改變與衝擊。不止一項研究[80]指出，光是有家貓在附近的環境，都可能嚇得鳥類不敢繁殖，也會讓牠們草木皆兵到沒辦法好好哺育幼雛。例如鳳凰群島的鬃腿杓鷸就學會了徹底避開家貓的領域，安然度過不能飛的換毛期[81]；尤金袋鼠光是聞到貓尿都能呼吸困難。

與家貓同為掠食者的競爭對手也感覺被打壓了。馬里蘭州的一項研究[82]發現，家貓吃掉了太多花栗鼠，使得當地鵟鷹轉而獵食鳴鳥，可是鳴鳥較難獵捕，最後就是落得鵟鷹雛鳥的存活率降低的下場。家貓很可能地把貓白血病傳染給了僅剩的佛羅里達山獅[83]，而牠們也是狂犬病的帶原者。此外，對多不勝數的各種動物來說，包括白鯨、家豬、夏威夷烏鴉（野外已經沒有了）甚至人類，家貓都能傳播一種可能致命的猛烈疾病——弓漿蟲感染症（toxoplasmosis）。

貓科超級掠食者的存在甚至危及植物。在巴利阿里群島，家貓的掠食行為讓一種吃種子的特有種蜥蜴加速消失[84]，而對於一種同等珍稀的當地植物來說，這種蜥蜴是它們散布種子的唯一機制；在夏威夷，受到威脅的海鳥族群所產生的糞便，是當地一項重要肥料[85]。

在美國本土，針對家貓掠食行為的研究較沒那麼深入，部分原因是家貓和潛在獵物的數量之多，讓研究主題變得太過龐雜。二〇一三年，由史密森尼學會和其他政府部門的科學家所執行的掠食行為整合分析，導致許多保育團體連署一份請願書，希望能移除聯邦土地上所有的無主貓。科學家由針對小型研究區域所得到的（立刻就引發爭議的）發現來推斷廣大的本土地區，讓結果能涵蓋「廣大的分布區和不確定因素。」[86]《紐約時報》如此寫道。俄亥俄州立大學的生物學家史丹利．傑赫特（Stanley Gehrt）告訴我，運氣好的話，另一樣重要的本土掠食者郊狼——一種大型食肉動物，其分布範圍正擴張當中——可能有助於抑制家貓的數量，程度超過史密森尼學會研究結果的數據。許多保育生物學家都接受了那份資料。

與此同時，島嶼生態學帶來的教訓，也愈來愈適用於美國本土[87]。有些科學家形容，美國正邁向「島嶼化」，我們的定居地有較高的氣溫、較亮的燈光、較多的噪音，以及充足的水和食物，是獨特而極度不穩定的生態系統，與周遭區域差異甚大。

同樣地，多虧了棲地零碎化（habitat fragmentation）的現象，剩餘的荒野地帶也形同孤島——隔絕棲地的是道路及小型住宅區，而非河流與海洋，但對動物居民來說，效果大同小異。就很多案例來說，要這些野生動物必須適應二十一世紀的生活，其處境就和在太平洋上面臨船難沒什麼兩樣。

世界各地部分的生態團體，因無法守護脫隊的瀕危倖存物種，而全面展開家貓大屠殺。人類以具針對性的病毒和致命毒藥轟炸家貓的巢穴，並使用獵槍和獵犬為家貓帶來浩劫。澳洲是這場戰役的領軍者。儘管在澳洲，對寵物貓施行去爪手術是違法的，政府卻提供資金進行毒貓的開創性研究，包括開發一款名為「滅貓」（Eradicat）的有毒袋鼠肉香腸[88]。澳洲人也嘗試使用「暗殺貓籠」[89]，在家貓被誘入金屬隧道後，釋出毒霧。科學家還考慮把塔斯馬尼亞特有的袋獾（俗稱塔斯馬尼亞惡魔）引入本土[90]，將家貓大卸八塊。

麻煩的是，家貓一旦侵入某個生態系統，就幾乎是請神容易送神難了。毒餌其實根本沒用，因為牠們偏好吃活的動物。加上牠們的繁殖力驚人，只要有一對漏網之「貓」，就能從生物戰爭中東山再起，重新補齊損失的貓口。

在土地面積小得多的島嶼，將家貓驅逐出境的計畫是可行的，不過費用可能高達每二點六平方公里十萬美元[91]。整體過程大致如下[92]：為了擺脫無人島馬里恩島上的幾千隻貓居民，一九七七年，南非科學家引進一種名叫貓泛白血球減少症（即貓瘟）的致命病毒，把貓口數減少到約六百一十五隻，但這還遠遠不夠。所以反貓聖戰士持續夜以繼日地祭出各種陷阱、獵捕行動、毒藥和槍彈。一九八六到一九九〇年之間，共八組獵人執行四次以八個月為單位的部署行動，在苔原上交叉掃蕩。他們一共花了一萬四千七百二十八個小時，射殺八百七十二隻貓，捕捉八十隻貓。一九九一年七月，最後一隻貓也被殺死，但為保險起見，十六名獵人在接下來的兩年內繼續在島上徘徊。對於某些入侵種而言，此種做法可能被視為過度殺害，但不包括家貓在內。

無獨有偶，加州近海的聖尼古拉斯島在對抗家貓上所取得的艱難勝利[93]，根據負責監督島上飛彈試射基地的指揮官所言，是美國海軍「留名青史的成就」[94]。總計耗費數年的計畫、十八個月的捕捉、三百萬美元的費用，才解救了島上的特有種鹿鼠和一種受聯邦法保護的夜蜥，免受家貓獵食。滅貓任務執行時，必須小心不要破壞原住民的考古遺址，還要使用特殊的無線電頻道，以免意外觸發軍艦上的軍火。同時，身經百戰的家貓採用游擊戰術，迴避狗群和客製化的電動陷阱，並唾棄「貓科動物語音裝置」，也就是預錄的喵叫音檔。最後還是靠著一名專業的山貓獵人出手，這場戰役才告捷。

目前被清理過的島嶼已有將近一百座[95]，讓西印度群島長嶼的巴哈馬圓尾鬣蜥，以及加利福尼灣科羅納多島的科羅納多鹿鼠，都能擁有劫後重生的機會。加拉巴哥群島也正進行滅貓行動。然而還有更多嚴重瀕危的動物正在等待救贖，包括瑪格麗塔島更格盧鼠、阿島信天翁和聖羅倫佐倉鼠。另一方面，這類大規模的驅逐行動，大約有百分之二十徹底失敗。一九六八年，在紐西蘭小巴里爾島釋出的貓泛白血球減少症病毒被島上的家貓輕鬆擺脫，雖然牠們的數量一度減少了百分之八十，但到了一九七四年又恢復成原有水準。有時候苦於貓患的生態系統已經崩壞得太過徹底，以致於把家貓移除後的壞處還大於好處：二〇〇〇年，麥夸里島執行了成功的家貓肅清行動，但數量隨之暴增的兔子卻吞食掉島上百分之四十的植被[96]，造成土石流將企鵝的聚居地淹成水鄉澤國（從太空都能看到慘重災情[97]）。

然而，除了家貓本身無與倫比的恢復力之外，滅貓行動的最大障礙還是愛貓人士。

有時候，我們對這類行動的反對理由頗為理性，而且有所本。在美國，不論島嶼或本土，誰都不希望他們吃的肉被空投的毒貓藥汙染，也不喜歡時時看到獵貓人帶著獵槍隨意走動。

不過這件事最主要還是涉及所謂「社會接受度」[98]的敏感議題。對我來說，家貓是最熟悉不過的動物，也是我打娘胎出生以來生命中的固定角色，所以當我第一次聽到家貓被定位成入侵種時，覺得頗受到冒犯。顯然我並不孤單。我造訪鱷魚湖的時候，曾隨手拿起一份政府文宣，上頭描述了各種危險的佛羅里達特殊物種，像是異國紫水雞、非原生種甘比亞巨鼠，卻絕口不提迫害林鼠的家貓，也許正是因為這個話題太具爭議性了。

人們單純就是不想家貓被殺死，光想像整座島上橫陳被屠殺的奇多屍體，已足以讓一般貓飼主感到不舒服或怒火中燒。的確，輿論和行動主義的風向往反方向吹，將源源不絕的家貓視為身陷險境的動物，必須嚴加保護，避免生態學家荼毒。因此，從加州海軍基地收集來的貓隻並沒有被施放毒氣、射殺或餵食動過手腳的袋鼠肉香腸，而是被送到一間本土的貓收容所。

不過，就連這種不濺血的做法都可能遇上阻力。「我真的感覺自己好像加入了擁槍派似的。」

蓋瑞斯・摩根（Gareth Morgan）說。他是一名慈善家，發起一場名為「請貓走路」（Cats to Go）的運動，旨在透過絕育和自然淘汰的方式，除掉在他老家紐西蘭自由行動的家貓，「每種動物在世界上都佔有一席之地，但無疑地，家貓已經受到太好的保護，根本是氾濫到極端的程度了。」

「我們為什麼對某些動物展現出如此強烈的情感與關懷，卻對其他動物的福利置若罔聞？」澳洲生態學家約翰・沃納斯基（John Woinarski）在信中對我說，多數澳洲人對於當地大部分的動物毫不疼惜，「因此認為失去牠們相對而言無足輕重。」

「我們通常不會對所有生物一視同仁，」保育生物學家克里斯多夫・萊普切克（Christopher Lepczyk）從夏威夷向我發話，「我們會挑選自己的心頭好。」

而我們的心頭好就是家貓。

第五章
擁貓派

我認識安妮的時候，牠獨自待在收容所籠子的最裡邊，蜷縮於一個著條盒之中。我媽養在家裡的那群貓近年來凋零不少，所以我自告奮勇，要幫她找個生力軍。這隻八周大的虎斑貓，在亮晶晶的綠眼睛邊緣有著像埃及豔后的眼妝記號，還有個尖尖的小下巴。

「我要那一隻。」我宣布。

收容所人員互看了一眼。「但牠是野化貓。」其中一人終於說道。另外那個人從一窩馴服的幼貓中抱了幾隻過來，讓我瞧瞧牠們是不是親人得多。相較之下，那隻虎斑貓不停閃躲我的手，還鐵了心不跟我有眼神接觸。工作人員解釋，牠可能不適合被領養，因為牠最理想的社會化時期已經幾乎結束。牠的媽媽同樣在附近的樹林裡被誘捕籠捕獲，已經被安樂死了。

這番話的原意是要我打退堂鼓，可事實正好相反，「安樂死」三個字正是我所需要的唯一動機，於是我把安妮裝進戳出通氣孔的紙箱帶回家。過了將近十五年，牠仍然是備受珍寵——儘

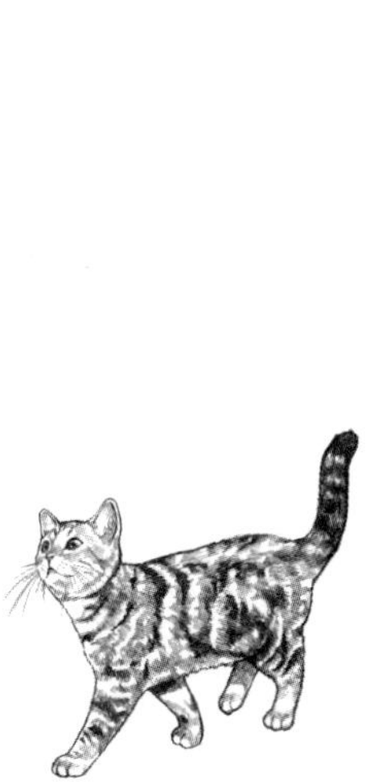

管超級孤僻——的家庭成員。我很慶幸有這個機會能夠選中牠，我覺得自己做了一件好事。

然而某些致力於動物福利的人士，在聽了這個故事後可能會直搖頭。他們認為未經社會化的家貓屬於野外，打從一開始就不該被囚禁在收容所裡，至於安樂死則根本不會是選項。在完美的世界裡，安妮和媽媽應該不受打擾地一起留在樹林中。

若要理解這乍聽有些違反直覺的愛貓觀點，就必須進入另外一種設定。在這種設定下，家貓身旁的工作人員就不只是餵食者和獸醫而已，還包括律師和說客。而一隻貓的價值不是藉由牠是不是好的寵物來界定的。倡議者主張，家貓對我們的感情有更高的要求，正如同那句名言：愛牠，就放牠自由。

水晶城希爾頓飯店早已見過無數次這樣的陣仗：名牌、麥克風，以及多元主題的研討會、專題座談、交流場合，還有宴會、展覽廳，加上高級會議常見的各種標誌。只不過今天女性洗手間外頭排隊的人龍，似乎比以往來得更長一些。仔細想想，放眼望去幾乎沒有男性。屈指可數的幾個男人躲在擁擠的大廳一角，滿頭大汗地試著播放開場用的報告影音檔。現場眾多女性的監督令他們有些困窘，更別提還有多雙來自四面八方、清澈而有催眠效果的細長綠貓眼，從低處的節目單和高處的海報上緊緊環伺。

突然間，有個女聲單薄地響起，填補了尷尬的靜默，「軟軟的小貓，暖暖的小貓！」這是超人氣影集《宅男行不行》當中知名的貓歌，等到她唱到最後一句「呼嚕！呼嚕！呼嚕！」的時候，場上已有幾百名女性加入合唱。

於是，第一屆全國街貓聯盟大會（Alley Cat Allies National Conference）正式展開。這場盛會的主題是「為貓創造改變」，吸引了全國各地數百位家貓擁護者，甚至還有人遠從加拿大和以色列而來，要在與華盛頓特區只隔著一條河的維吉尼亞州阿靈頓郡度過秋日連假。選在這個地點舉辦，或許有展現政治勢力和授權許可的雙重意味。近年來，眾所皆知地，我們的首都開始實踐數百個貓聚落，以及慷慨待貓的整體方針。

街貓聯盟及其成員被稱為「擁貓派」（cat lobby），有時他們還私下戲稱自己為「貓手黨」（cat mafia）。擁貓人士來自各行各業，從修女到姊妹會成員、從退役海軍將官到監獄警衛。有些是不定期的志工；有些則全職投入這份工作。並非所有人都加入了聯盟，但這個團體傲稱擁有數千名會員，影響力遍及全國。其中的名人包括波蒂亞・德羅西（Portia de Rossi）、安潔拉・金喜（Angela Kinsey，在NBC電視台影集《辦公室瘋雲》中飾演知名貓痴），以及黛碧・海倫（Tippi Hedren，在導演希區考克的電影《鳥》中飾演被鳥襲擊的女主角，還在後來創立了一間野生大貓庇護所）。

街貓聯盟以為所有家貓爭取權益作號召，不過尤其重視為流浪貓發聲。整座飯店掛滿這群無主動物的圖像，其左耳尖端多半都被剪除；不知怎麼地，這小小的缺陷更加深牠們「懾人的對稱性」。

現今美國有好幾千萬，甚至多達一億隻自由行動的流浪貓。這個數字與有飼主豢養的家貓相比，幾乎旗鼓相當，哪裡都有牠們的身影，從停車場到自然保育區。在美國以及大部分已開發國家，流浪狗多半都被消滅了[1]，可是該怎麼處置流浪貓——在人貓互動的歷史中，多數時間牠們都被忽略了——已是當今愈來愈重大的爭議。我們到底該把這些貓當作野生動物還是本質上的馴化動物來對待？

我出動獵捕可加在咖啡裡的奶球，卻只找到豆漿。在這個極肉食動物的大會上，人們的飲食嚴格遵守素食主義。走廊上，許多身穿印有標語「問問我的貓聚落」的T恤的女人，正壓低音量講電話，關心她們家鄉的那些貓可好。主辦方請來的愛貓界美男子——動物星球頻道《為貓痴狂》主持人約翰．佛頓（John Fulton）在現場某處遊蕩，大會節目單上有他與一隻幼貓的合照，兩者的眼睛都是同樣深淺的榛果色。他似乎刻意避不露面，但也許這才是明智之舉，讓娘子軍們能夠專心討論誘捕籠，以及到底鮪魚與鯖魚哪種誘餌比較好。

大會上還談論到許多像是奶貓潮的救援技巧、「全國『貓』事詢問處」（National Cat Help Desk）以及監獄計畫「完美喵伴」（Purrfect Pals）的最新消息等諸如此類的議題。但這些實務面的花絮、閒談、笑聲和偶爾流下的淚水，往往還伴隨著扎實的政治擬策。人們會提到「革命」、「事業」、「運動」，以及「典範轉移」、「使命漂移」、「倦怠」和「願景」等關鍵字。與會者惡補《權利法案》（Bill of Rights），學習如何將獸醫塑造為貓運人士、贏取市議員的支持，或動搖市長的心意。

擁貓人士的主要目標是改造美國動物收容系統，並停止對貓施行安樂死。現今家貓已被證明是機智的生存者，以致於我們要定期處決牠們。美國每年處死數百萬隻健康卻無家可歸的貓，包括收容所將近半數的家貓[2]，以及幾乎百分百未經社會化的野貓[3]；後者特別難找到飼主。

那麼擁貓派覺得更好的解決方法是什麼呢？就讓貓留在外頭吧——但要阻止牠們瘋狂繁殖。儘管大會建議，不要公開使用首字母縮略字，但大家私下還是把這種策略稱為TNR：捕捉（Trap）、絕育（Neuter）、釋放（Release），或是放回（Return，很多人比較喜歡這種說法）。擁貓派有時會稱流浪貓為「社區貓」或「野貓」，先是使用誘捕籠捕捉牠們、施行結紮手術（並剪耳證明），接著再將牠們放回「歸屬之地」安享天年，「成為自然場景的一部分。」[4]

TNR的做法正席捲美國[5]，近來有很多主要城市都採用了：繼華盛頓之後加入的有紐約、芝加哥、費城、達拉斯、匹茲堡、巴爾的摩、舊金山、密爾瓦基、鹽湖城等等。現今全國各地已有約兩百五十條贊成TNR的法令，根據街貓聯盟，這個數字在二〇〇三到二〇一三年之間上升了十倍。另外還有約六百個有註冊的非營利組織正式出面執行這項工作[6]，而檯面下的團體更是不計其數。海外則有國家——例如義大利[7]——全國都採行這項策略。

街貓聯盟的共同創辦人貝琪．羅賓遜（Becky Robinson）是個苗條的中年女子，一頭俏麗的精靈短髮讓她走起路來輕盈而流暢，令人忍不住要拿她與其他物種作比較。大會上，羅賓遜比起貓界美男子更加受歡迎，我只能遠觀她，因為她總是眾星拱月。不過在整個假期之中，我有好幾次機會聽她演講，聽她暢談超過二十五年前，她在她探索的第一條小巷裡發現的野化幼貓「蜜糖熊」與「小精靈」；她也談真理和公義。

「最重要的是，」她在開場時說道，「我們是人類，我們有強烈的情感，我們有道德的羅盤。」談論到家貓時，人們總想做正確的事，卻不知道什麼才是正確的。

「這就是我們要讓他們明白的事。」

現代的動物福利運動，發軔於維多利亞時代的英國[8]，當時的人民正在從農業社群遷移至都市。不論是荒郊野外的種種危險，或是每天要計較穀倉動物生老病死的農場現實生活，都離人們愈來愈遙遠，於是他們開始用新的目光來看待動物。

儘管英國人在海外屠殺老虎，又把爭強好勝的家貓像種子般播撒到太平洋諸島，但在家鄉他們卻培養出一種感性的居家氛圍——「家的伊甸園」[9]，歷史學家凱瑟琳．葛里爾（Katherine Grier）如此稱道。在這個理想化的生態圈裡，除了極為端莊賢淑的妻子之外，還要有豢養在家裡的動物必須獲得仁慈的對待，否則男主人的教養會遭受質疑。這種概念很快地穿越大西洋傳到了美國，媽媽手冊開始強調教導孩子善待動物有多麼重要：一本給母親看的可怕讀本就曾警告，獨立戰爭時期的重要軍官班尼迪克．亞諾（Benedict Arnold）在幼年的時候，有多麼愛「折磨安靜的居家動物」[10]。

葛里爾解釋，美國最早的一些動物權利組織是在南北戰爭結束不久後形成。然而這些先驅主要關心的對象不是貓，也不是狗。舉例來說，一八六六年創立的美國防止虐待動物協會（American Society for the Prevention of Cruelty to Animals, ASPCA）一開始是為了保護拉車的馬。

很難說在這個注重動物福利的美麗新世界裡，家貓從何時佔有一席之地。部分是因為雖然人貓之間的合夥關係已存在數千年之久，牠們仍然不被視為正式的同伴，不像其他動物愈來愈受到認同。葛里爾提到，十八世紀時的費城曾有一家人在黃熱病大流行時帶著一隻寵物貓逃難，但多數家貓被留了下來自求多福[11]。我們對家貓好歸好，但牠們也是背景的一部分，我們並不會對牠們管東管西。換句話說，牠們比較像是家中的擺設，而不是寵物。美國早期的寵物飼養指南經常沒有把家貓列入[12]，不過也許是因為牠們不怎麼需要被照顧，牠們大部分或全部時間都住在室外。在十九世紀的寵物購買型錄中，家貓的篇幅也明顯不足[13]。有一本型錄誇耀擁有三十四種品種的狗、七種松鼠、四種猴子，卻只有兩種貓。這可能是因為家貓已經隨處可見，以致於要特地花錢買貓似乎是很瘋狂的事。

人們傾向於用泛稱來稱呼家貓[14]，像是「虎斑」和「貓咪」，而狗則能獲得明確而稍嫌華麗的名字，例如「龐貝」。飼主們也比較喜歡給狗拍照。況且一九〇〇年代早期，美國最受歡迎的寵物似乎既不是狗，也不是貓，而是籠中鳥[15]。牠們的歌聲娛樂了寂寞的家庭主婦。

除了被嬌養的寵物貓之外，多數家貓或多或少與人疏離，因此二十世紀初期，許多市政當局直接忽略流浪貓的問題，放任牠們隨著新興的大都會以及後來的郊區一同茁壯[16]。即使許多城市雇用了捕狗人，並起草以減少野化犬為目的的相關法令，但仍然沒有捕貓人的存在，畢竟自由行動的貓和狗比起來，不顯眼又不危險得多，更別說也難抓得多。牠們廣為人知的免費滅鼠服務可能也對牠們有利無弊。

大家習慣稱呼流浪貓為「遊民」[17]。隨著流浪貓的數量暴增，易於爆發流行傳染病的大城市確實偶爾會緊張。人類錯誤地指控家貓是傳染小兒痲痺症等疾病的媒介[18]，以致於一九一一年一次大恐慌時，紐約防止虐待動物協會以毒氣處決了市區內的三十萬隻貓。

不過當時倒是有許多愛貓人士支持這樣的殺戮行為。身兼反蓄奴運動人士與早期動物權利推動者的哈麗葉・比徹・斯托（Harriet Beecher Stowe）也毫不手軟地淹死了許多幼貓。她曾經說過，殺死沒人要的家貓是一項具「真正勇敢人性」[19]的範例。縱觀當時的動物權利時代，人們聲稱為了街貓自身的利益而大肆屠殺牠們，也許他們深信若不能生活在嶄新、美好的居家環境中，根本毫無生活品質可言。一九三〇年代，一群群「立意良善」的女人在紐約市的街頭遊走，出於善心地把貓圍捕起來，送進毒氣室[20]。當時的動物福利風氣正是如此。

少數幾位早期的愛貓人士試圖尋找，除了讓流浪貓窒息以外，還可以怎麼幫助牠們。一九四八年，美國貓科動物協會（American Feline Society）會長羅伯特・肯道爾（Robert Kendell）披露了一項計畫[21]，要把美國數量過盛的貓用飛機運往歐洲，對抗在戰後面臨的鼠患（肯道爾認為大戰讓歐陸的貓口歸零，不過這個假設似乎太放肆了——據說倫敦最早的貓聚落，有些還能追溯至倫敦大轟炸時期[22]，因為家貓才不懂得撤退出城）。當時，國務院拒絕為這項行動出資時，外國政府並沒有提出抗議。

二十世紀下半葉，把貓當作家庭寵物的熱潮真正開始之後，貓口過剩的問題也隨之惡化。科技可能是讓這項轉變加速發生的因素之一：一九四七年，貓砂的發明讓家貓得以更優雅地住在室內[23]，成為人類常伴左右的同居人，而不是偶然的訪客（在街貓聯盟看來，貓砂的問世具有跨時代意義，就像人類發明了青銅和車輪）。也大約在這個時期，強效老鼠藥永久解除了家貓理應承擔的捕鼠義務，而我們的爐火邊可能正好是牠們退休後的最佳去處。

同時，更加全面的社會變化也推動著這股潮流[24]。都市化方興未艾，嶄新的摩天大樓拔地而起，衝上一百層樓，俯瞰著附近的狗狗運動公園。家貓成為愈來愈具吸引力的寵物。女性開始進入職場，意謂著家裡沒人餵狗，這對貓來說是另一項利多。再者，和西方社會急速邁入高齡化也有關（就連耄耋之人都有力氣打開貓罐頭）。因此一九七〇年代以降，寵物貓的數量便一飛沖天。

這群幸運的動物在今天已累積了可觀的法定權利。在美國，許多州都允許家貓繼承財產，有時候獸醫和鄰居也會因為傷害了我們的貓家人而吃上官司。不過與此同時，有更多的寵物就表示有更多數量過剩的成貓和沒人要的幼貓。嚴格的寵物絕育運動和收容領養計畫，有助於降低暴增的貓口帶來的衝擊：現今約百分之八十五的有主貓都已結紮[25]。唉，但流浪貓則只有約百分之二結紮[26]。長久以來，美國一直用安樂死來解決貓口過剩的問題。光是加州，每年就會殺死約二十五萬隻貓[27]，甚至在部分轄區內，據稱這項數字還在攀升。

另一項「人道」替代方案，是把沒人要的貓集中到零撲殺的動物收容所。但是不難理解，愛貓人士認為對他們珍視的夥伴而言，這是惡劣的選項。高收容量可能造成環境擁擠、嘈雜，瀰漫濃郁的飼料和消毒劑氣味[28]。這類收容所主要是二十世紀留下的產物，最初設計給狗使用，因此在很多方面都與貓的性情相左。

TNR則是戰後英國發展出的解決之道，似乎是最可行的第三種方法。此法將人類在能力範圍內的掌控程度，以及我們不希望殺害可愛家貓的信念結合，聽來頗合邏輯：替貓絕育以防微杜漸，放牠們一條生路。TNR也常被比擬成人類的「回歸」——回歸到一種更古老、更美好、更自然的人貓相處模式，讓牠們能自由進出人類文明，在我們的領域邊緣逗留。牠們沒有成為寵物的義務。

「容許家貓或任何生物在牠們已經適應的環境裡生存，」[29]獸醫凱特．赫里（Kate Hurley）在一場網路研討會上暢談這項政策，「並不算遺棄，就像我們沒有遺棄長耳大野兔一樣。」

一九九三年，舊金山成為率先贊同公開管理貓聚落的大城市，不過真正鋪天蓋地的變化一直要到近幾年才發生。各地的法規不盡相同，有些地方政府僅容許受管理的貓聚落存在，有些則撥款贊助。不過時至今日，即使在沒有正式立法的城市，也到處都有貓聚落，像是超級市場後方、鐵軌旁、修船廠和後院。在華盛頓特區，一共有數百個經管理的貓聚落[30]；在加州奧克蘭，有個女人憑一己之力監督著二十四個貓聚落[31]。

管理貓聚落的官方宗旨是大規模絕育，但在現實中，貓聚落的管理者可能很享受與貓之間的各種互動。有些人在帶貓結束結紮手術後，隔天就把牠們野放，從此不再見面；不過有些人會給貓取名字，而且每天聯絡。

擁貓派表示，在戶外生活的貓應該有權利依照自然之母所規定的方式生活及死亡。但正如同流浪的家貓不是真正的野生動物，馴化的成果始終烙印在牠們的身體、大腦和DNA。在TNR的模型裡，自然之母從未能徹底掌管一切。除了食物以外，貓聚落的管理者還可能提供貓緊急醫療照護、隔離式庇護所、逃離郊狼用的柱子，以及其他凱特・赫里提到的長耳大野兔鮮少有得用的便利設施[32]。在嚴寒的天候下，聚落管理者也可能提供打水機，防止水源結冰，甚至在室內鋪好貓床。

倒不是說居住在氣候較暖地帶的家貓就少了人類關注。最近入住邁阿密海灘的旅館時，我看到一群流浪貓在木棧道上——精心樹立了禁止動物進入的標示牌——曬太陽，結果有人為牠們奉上放在裝飾性大片熱帶樹葉上的豐盛早餐，那份贈禮看起來比度假區任何餐廳裡的早午餐都還要澎湃。

然而面對一些令人不愉快的天氣時，例如颶風和龍捲風，街貓聯盟還會協助發起全國性救貓行動，甚至教導沿海的貓聚落防禦暴潮侵襲[33]。所以自然之母，祢還是閃邊去吧！

新的貓聚落法令愈來愈受歡迎之際，動物福利社群對這項策略卻有極為分歧的意見。善待動物組織（People for the Ethical Treatment of Animals, PETA）反對利用貓聚落放養家貓，因為擔心牠們沒有辦法接受定期的醫療照護以及其他福利（然而部分批評貓聚落的聲浪則表示野化貓的生活品質已經夠好，甚至「太」好了）。美國人道協會（Humane Society of the United States）表態支持貓聚落，並希望多加上一些考慮到生態問題的限制；美國獸醫協會（American Veterinary Association）則不予置評。「獸醫同業們正在努力應付這件事，」獸醫布魯斯·孔萊克（Bruce Kornreich）表示，他同時是康乃爾貓科醫學中心副主任，「從事TNR的那群人非常熱血，說起他們的意圖，全是來自人道和愛心。」

在熱愛動物的世界裡，最猛烈的反對者不意外地要屬愛鳥人士了。談起生活在戶外的貓，這兩派人馬至少打從一八七〇年代起就掐著對方的喉嚨不放[34]。當時所謂的「護鳥大軍」要求美國學童在一份點名冊上簽名，認同「讓鳥類得到完全的平靜」，並建議讓四處遊蕩的家貓吃到撐死或被射殺。儘管從那時起，某些華麗而傲慢的動物就把鳥兒趕下寶座，躍升為美國最有人氣的寵物，不過戶外賞鳥仍是人氣扶搖直上的休閒活動，光是美國境內就有近五千萬名賞鳥愛好者[35]。賞鳥人士透過雙筒望遠鏡觀望，忍不住注意到當今已絕育的家貓比起昔日被安樂死的，仍有一大顯而易見的致命缺點：牠們還是會打獵。

為了對抗日益高漲的養貓熱潮，美國鳥類保護協會（American Bird Conservancy）執行了一項「室內貓」計畫，該計畫的唯一負責人是個名叫格蘭特・賽斯摩（Grant Sizemore）的年輕人。「我很難向人介紹我的職業。」賽斯摩說。我們在他位於華盛頓特區的擁擠辦公室會面。為了展現外交禮儀，美國鳥類保護協會的網站上所放的賽斯摩的照片，是他與他養的室內貓艾米莉亞・貝戴利亞（Amelia Bedelia）的合照（嚴格說來，牠是他女友的貓，雖然搗蛋卻很黏人）。他稍微向我說明了計畫面臨的難處，「有很多人真的、真的、真的很愛貓，只要有人做出任何可能把他們的貓從身邊帶走的事，就好像拿槍指著他們似的。」

賽斯摩的職責包括在入侵種關注日（Invasive Species Awareness Day）出去跑行程、拍攝公益廣告，以及發放反室外貓的文宣。他遞給我兩份室內貓小手冊，看來似乎是針對頗為不同的族群而設計。其中一份畫著腳蹬紅色高跟鞋的漂亮女人，帶著她的三隻貓從窗戶望著一個餵鳥器。「門外的世界對你心愛的寵物來說可能很殘酷，」[36]文字寫道，「有些狠心的人蓄意傷害動物。每年收容所和動物醫院都必須救治被射傷、刺傷甚至燒傷的家貓……」

另一份手冊則不那麼溫和地說明室內貓為何有其必要[37]。眼前沒有時髦的紅鞋，也沒有任何漫畫，而是直接秀出被打下來的鳥和殘缺不全的兔子，還有大快朵頤的貓掠食者。

賽斯摩本人給人的印象有點過勞，一點也不激進，不過有時候愛鳥人士會非常極端。最近這幾年，加爾維斯敦鳥類學會（Galveston Ornithological Society）會長被控告射殺一隻室外貓，而史密森尼候鳥中心的一名研究員則因為試圖屠殺一整個貓聚落而被判刑[38]。雜誌《奧杜邦》[39]一名專欄記者提到，可以拿一種常見的家用止痛藥當作便利的毒貓藥而引起眾怒。

另一群野生動物科學家在期刊上發表了以下這段某些生態學家只敢關起門來偷偷講的話：管理貓聚落只是「以天地為家的貓囤積症。」[40]

孔萊克則更為含蓄地表達反對，「數學模型和論文顯示，這未必是最好的解決之道。」

問題出在家貓實在太懂得生存之道了。絕育政策若要有效，以特定數量的貓口來說，估計得捕捉百分之七十一到九十四的流浪貓施行手術，實際上還必須包括所有母貓[41]。只要低於這個數字，貓聚落就不會縮水，因為保有完整之身的家貓可以更加把勁地繁殖，直到環境中再度填滿它能承受的貓口上限。

「貓是繁殖機器，」塔夫斯大學的獸醫羅伯特・麥卡錫（Robert McCarthy）說，「你只要把公貓和母貓放在一處就行了。我讀遍每一份報告，能證明TNR有效的資料筆數是零！是零！這種方法實在沒能達到應有的效果，假設你有一百隻貓，而你給其中三十隻結紮，並不表示問題就改善了百分之三十。TNR根本沒用，完全沒有任何幫助，問題改善的幅度是零。」

當你的院子裡只有一兩隻流浪貓，或者甚至是在有確切邊界的大片區域內，例如大學校園，TNR就有可能成功。獸醫茱莉・雷維（Julie Levy）已投入了近二十年的時間，不辭辛勞地在位於蓋恩斯維爾、佔地兩百四十五萬坪的佛羅里達大學校地實行TNR。她透過有魄力的管理方式、源源不絕的志工、免費的手術和開放式領養策略，成功地減少校園貓口，並發表雖屬鳳毛麟角的幾份展示出良好結果的TNR研究報告。

「只要下定決心把份內的事做好做滿，兩百多萬坪的土地也難不倒你。」她說，「我們的困難在於將成效擴及整個社群。」她所屬的動物醫院以校園動物為主要業務，每年要施行約三千次手術，但她估計蓋恩斯維爾周邊的城鎮有約四萬隻野貓。這表示儘管她的成績很亮眼，可是若把範圍拉到整個地區來看，簡直毫無意義，因為數字遠低於生態學家所提出的目標。

即使像蓋恩斯維爾這樣的小城市，想達成目標都幾乎絕對遙不可及。要捕捉並閹割這麼多家貓實在太難、太貴、太花時間了，而且已絕育的家貓雖然會死去，但又一直有未絕育的新貓進場（佛羅里達市有七萬隻寵物貓，即使全國平均百分之八十五的寵物貓都結紮了，表示還有超過一萬隻潛在的繁殖者存在）。不妨想像這樣的場景若擺到規模更大的都市會怎麼樣吧。雷維估算自由行動的家貓數量時，是用人類數量除以六——其他團體則用除以十五來計算——表示光是在紐約市就有大概一百四十萬隻流浪貓。意思是，若在「大高譚區」想讓TNR的成效有感，就必須捕捉和結紮超過一百萬隻家貓才行。

懷疑論者也堅決主張，TNR在實際操作時，可能讓貓口過剩的問題惡化[42]。已絕育的家貓的荷爾蒙降低了許多，行為也隨之改變。回到街頭以後，公貓變得比較冷靜，母貓也不再承受如影隨形的交配壓力。當包含這些侵略性較低的已絕育貓在內的貓聚落無可避免地又有幼貓誕生時，幼貓的存活率便會增加。再加上貓聚落的餵食者往往對於附近的貓，不分大小、已絕育或未絕育，一律都提供營養豐富的免費餐點（也有人猜測，正因為餵食者會提供免費食物，不滿意現狀的飼主便有了藉口棄養寵物，讓室外貓的數量又多了一項與繁殖無關的來源）。

正如同貓聚落的幼貓存活率可能攀升，已絕育的貓本身也經常能活得更久——現在的牠們已性致缺缺，所以也不再爭風吃醋。麥卡錫在針對這項議題發表的論文當中，闡述了「貓日子」（cat days）的增加使TNR對環境造成了什麼影響。對擁貓派來說，貓日子得以延長是頗為令人愉快的前景——街貓聯盟經常宣傳他們由五十四隻黑白燕尾服貓所構成的元老級貓聚落有多麼長壽，活到最後的三隻貓各活到十四、十五和十七歲，遠超過僅有幾年的流浪貓平均壽命。

但是當然，對於已絕育的家貓來說，儘管某些欲望永遠不會在牠們的腦中重現，可是牠們終其一生都還是會打獵。

為了切身感受一下現實情況，我跟著街貓聯盟出過幾趟任務。第一次是在某個冬天午後，結果非常成功，部分原因是目標都受到良好的掌控：馬里蘭州近郊有一家人，長期餵食一窩聚集在他們後院泳池邊的毛茸茸野化貓，牠們好像把泳池當成了塞倫蓋提國家公園裡的飲水坑。若是早幾個月，這批幼貓或許可以接受社會化訓練並送養，但拖到現在，牠們已經變得兇猛，而且幾乎準備好繁殖下一代了。街貓聯盟的工作人員一共放置了六個誘捕籠後，我們就退回溫暖的日光室裡，與那對夫妻和他們家的暹羅貓一同靜觀其變。「希望牠們以後還會回來吃飯。」太太邊等邊發愁。暮色降臨，種在泳池周圍的假花開始散發人造燈光，誘捕籠一個接一個啪地關上。「來啊，毛茸茸的小屁股！」其中一位設置陷阱的人欣喜地低語，看著最後一隻貓躡手躡腳地爬進誘捕籠。

第二趟捕貓之旅的地點是巴爾的摩的貧民區。一夥人花了好幾天、好幾趟工夫，想要搞定一整個郵遞區號的範圍。我加入一群工作人員，他們才剛離開一個貓囤積症患者的家，在那裡必須切開一個沙發才能把兩隻幼貓抓出來。我們集合之後，一同駛向城市裡較為荒涼的一個鄰里，邊開進一條遍地垃圾的小巷，邊左顧右盼。我們的車隊由一輛 Volvo、一輛 Prius 和一輛瀰漫著鹽水和鯖魚味的鮮黃色貓囚車組成。

我們要來帶走一群由一位姓莫霍克（Mohawk）的老先生所管理的流浪貓。他不確定最近煎的漢堡排究竟要餵飽多少隻貓，也許十來隻吧？他把牠們全都取名菲菲，除了一隻名叫肥肥的巨大灰色虎斑貓。莫霍克是肥肥的大恩人，牠原本是隻體弱多病的幼貓，莫霍克用優生嬰兒配方奶將牠養大（我在巴爾的摩見識到了許多給家貓補身體的創意食品，包括中國菜、感恩節大餐剩菜，以及肉桂吐司脆片）。

莫霍克餵貓的小巷盡頭是一座用鐵鍊鎖起來的木材堆置場，看起來有點像森林。他告訴我們，裡頭住著蛇和鷲鷹。外頭雖然冷得要命，但我能看到幾隻流浪貓在爆滿的大垃圾箱頂端看風景；附帶一提，我一開始還以為那個垃圾箱是骯髒的雪堆。莫霍克刻意把一袋多力多滋搖得咔啦響，於是吸引更多貓狂奔而來——肥肥、肥肥的兄弟、肥肥的另一個兄弟，還有許多菲菲。

「你這裡的貓可能比你預料得多。」其中一位救援者說。

「這會是大工程喔。」莫霍克表示贊同。

救援者們把貓整批整批地運上廂型車。「你們會送牠們回來吧？」莫霍克問，「牠們就像我的家人一樣。」救援者保證會的，也說會帶著素食披薩和更多誘捕籠回來。幾個鐘頭後，一部分的貓已經被拘押成功，中間還有一段插曲：救援者和一名鄰居為了一隻名叫雪球的寵物貓起了激烈爭執，因為工作人員想要順手把牠也給結紮。不過說到底，我們無從確認圍籬後頭還潛伏著多少隻莫霍克的家族成員。

巴爾的摩市的人口超過六十萬，根據雷維的計算公式，流浪貓大約有十萬隻。雖然在這條巷子挖到寶，但因為這裡的貓受過訓練，很配合地一聽到多力多滋袋子的摩擦聲便紛紛現身，然而為期數天、動員好幾個單位的圍捕行動——加起來是幾十個「人日子」的辛苦奔波——卻也只交出給一百出頭隻貓結紮的成績而已。

如果說給貓聚落結紮的效果未必像宣傳的那麼好，為什麼美國的主要自治區，甚至整個國家都同聲贊同這項措施呢？部分原因可能和輿論有關。根據二〇一一年美聯社的一項民調，美國的寵物飼主有七成只希望生病和有攻擊性的動物被安樂死[43]。這樣的偏好有其實務上的意義：TNR與安樂死皆花費甚鉅，兩者也都很需要志工人力，但動物愛好者更偏好能讓貓活下來的數量控制計畫。此外，政客們也不想提出反對貓的法律，或以其他方式惹毛愛貓人士。超過四千萬戶美國家庭都有養貓[44]，貓派擁有強大的集資力量和基層民眾的支持，根本不需有所顧忌。口袋很深的TNR贊助者包括聰明寵物慈善組織（PetSmart Charities）和梅迪基金會（Maddie's Fund）；後者是為了紀念一位億萬富翁的雪納瑞犬而創立的零撲殺動物救援團體。街貓聯盟的年度預算大約是九百萬美元，支付包括多人組成的法律團隊、全職平面設計部門、一位公共關係管理師、一位社群媒體總監，以及其他服務。

參加完大會之後，我登記訂閱了街貓聯盟的電子報。他們的郵件很快成為我的最愛，很多是由貝琪．羅賓遜本人親自撰寫，結尾語都是簡簡單單的「為了貓」。有的內容很溫柔，有的很悲慘，卻全透露著堅定的決心。我讀到「緊急情況下的幼貓安全公告」，還有許許多多募款請求：「只有藉由這種方式，我們才能救助每個地方的幼貓。懇請點選這個連結，捐贈三十五美元以上。」當有人發現紐約州揚克斯市的一棵樹上掛了二十幾隻死貓時，街貓聯盟在紀念祈禱會上發送白花，當作「貓的純潔象徵」，而我也收到一朵可以用郵件轉寄的電子白玫瑰。

儘管經常被批評心腸太軟，街貓聯盟和其他為貓發聲的團體卻不會迴避衝突。他們要求先前在《奧杜邦》專欄提到毒貓藥的記者泰德．威廉斯（Ted Williams）撤職查辦（他曾一度被停職，不過後來又復職了）。史密森尼愛鳥團體發表了關於家貓在美國本土的掠食行為及其整合分析後，羅賓遜親自在國家廣場對該「垃圾科學」表達抗議，並秀出超過五萬五千人怒簽的連署書。

對於那些試圖應付失控的貓口、做法卻不符合街貓聯盟期望的私人企業和公民，擁貓派也會運用影響力來對抗他們。二〇〇八年，維吉尼亞州尚蒂利市一處社區在施行了五年的TNR後，仍然有生生不息的兩百隻貓，因此該地居民決定攆走那些貓。《華盛頓郵報》[45]被找去，經過三天來自當地及全國的負面關注[46]，社區的管理階層屈服了，讓那些「野貓」（wild cats，報紙標題是這麼寫的）得以被送回，繼續在拖車公園的金魚草花圃裡拉屎。「我們收到的謾罵信件最遠有從歐洲寄來的。」我去拜訪時，物業管理櫃台後的男人這麼告訴我。

其他招惹到擁貓派怒火的對象，還包括老人公寓、混凝土工廠以及位於奧蘭多的洛伊斯飯店；後者距離迪士尼科學家為命途多舛的林鼠打造的庇護所不遠。

如果私人團體拒絕退讓，擁貓派經常會聯繫民選官員。政客非常認真看待這類服務，而街貓聯盟大會強調的重點，就是妥善打理好正確的政治渠道，其網站還提供相關工具包[47]。這類事件不見得只是小鎮層次的事務：最近，時任加拿大總理史蒂芬・哈珀（Stephen Harper）的妻子在一場為貓舉辦的慈善晚會上發言。「哈珀夫人，為家貓的福利振臂疾呼，看來對您夫婿即將迎接的選戰可真是一步好棋啊！」[48]一名抗議者——這次是人本主義者——在她演講到一半時大喊，「但您不覺得支持調查本國原住民婦女失蹤和謀殺的案件，會讓他更有面子嗎？」

「那是個重要的議題，」哈珀夫人回應，當時她還戴著貓耳朵，「不過今晚我們是為了無家可歸的貓而站在這裡的。」

一般而言，美國有關貓的法律都是於市或郡的層級裁定，像是街貓聯盟這樣的全國性組織便常常涉入地方政治，對於政客來說，與擁貓派發生衝突是頗為新奇的體驗。

我和麥可・泰勒（Michael Taylor）談過，當時他是密西根州史特林高地的代理市長。泰勒年齡三十出頭，不久前才由其母校的青年共和黨分會培植出來，他習慣處理的是圖書館採購和修補路面坑洞這類敏感議題。他本身也有養貓。可是當馬科姆郡立動物收容所宣布他們要改採TNR措施時，泰勒和市議會的其他成員沒有考慮太久，就決定雇用另一間願意把麻煩的貓直接帶走的收容所。事實上，泰勒最先湧現的衝動是政治性反應：他能想像如果「在鄰里間為非作歹的貓」被帶走、結紮後，馬上又放回原本的社區安享天年，選民的反彈會有多大。接著他和市議會成員檢視了大規模絕育行動背後的科學論證，對其結果並不滿意。「根本就沒有證據嘛，」他說，「我看到的其實全是情感訴求。」

仔細衡量過這件事，並聽取當地愛貓人士的主張後，市議會表示「我們不會把任何野貓放回去。」他回憶道。過沒多久，在他幾百公里之外的家，收件匣裡冒出了一封通知，表示有一場「對野貓施加的狂暴行動」正在上演。「請了解我們街貓聯盟，」另一封郵件這麼說，「當家貓面臨危險時，我們絕不退縮，不管是在馬科姆郡還是美國哪裡都一樣。我們會趕到現場為牠們的生命和安全搏鬥。」

隨後泰勒在和某些擁貓派在推特上唇槍舌劍時，泰勒卻開錯了玩笑，失策地稱呼他們為「食人妖」[49]。有人立刻通知當地電視台，「一位民選官員出言騷擾擁貓人士。」泰勒說，「那還用說，記者馬上撲了上來。」報導隨之散布開來，於是這位年輕的代理市長很快就收到來自海內外的憤怒郵件。有些郵件的署名者是貓。「我由衷希望你種下的因會得到相同的報應！那就是死亡和毀滅！」有個女人如此寫道。

有些人在網路上詛咒泰勒得愛滋病。有個選民當面告訴他，她寧死也不要讓她的愛貓待在這個會殺貓的城鎮裡。泰勒面臨被罷免的威脅，還被告知有個政治行動委員會正在籌組，準備阻止他尋求連任，以及針對到史特林高地旅遊的抵制行動很快就會展開。

「有時候人生真比小說還詭異，」泰勒說，「要不是他們無所不用其極地找上我，我絕對不會相信這是真的。我想他們是認為『他們全都一起上』，我就會舉手投降。」

史特林高地沒有認輸，不過幾個鄰近的自治區卻屈服了。這讓泰勒很失望。「我跟他們說，『堅守陣地！』但壓力實在太大了。如果你像街貓聯盟一樣人多勢眾，就能對民選官員發揮很大的影響力。只要你一個社區、一個社區地擊破，就能讓法規在一個接一個的城市中通過。這方面我真的很佩服他們。」

史特林高地的貓醜聞發生在二〇一四年年初。二月十四日，泰勒大排長龍的收件匣裡出現另一封電子郵件。「有人透過街貓聯盟寄給你一張電子賀卡喔！」信件主旨這麼寫道。

那是一張情人節卡片，上方的照片中是一隻斜躺在紅玫瑰花叢裡的毛茸茸白貓。文字則寫著：「請不要殺我！我只想活下去。喵？」外加微笑的表情符號。

街貓聯盟的總部位於馬里蘭州貝塞斯達市美麗的市中心，在一棟辦公大樓裡佔據了一層半的空間，與格蘭特．賽斯摩在美國鳥類保護協會擁有的孤單小隔間形成強烈對比。入口處裝飾著許多黃銅紀念牌，上頭刻著米色塔菲、達斯維德、害羞鬼以及其他應該已經去世的貓名，如「獻給灰色贊恩、晚安及甜蜜王子」、「我的國王：黑傑克．哈特維爾」。入內之後，辦公室裡到處都是前衛派的貓家具，不過顯然沒有被「皇室」（Royals，這是大家對坐鎮辦公室的三隻家貓的尊稱）佔據——今天牠們都窩在檔案盒裡。辦公室周圍每隔一段距離就掛著像是枕頭套的袋子，若是發生火災，每個員工都受過訓練，要用這些袋子把皇室裝起來，送到安全的地方。即使不是在火燒屁股的情況下，這項任務都很困難，因為牠們在理想時機結束後不久才接受社會化訓練，既不聽話，心眼又多。

我來這裡與貝琪．羅賓遜會面。

過了約定時間一小時她才姍姍來遲，身穿一件飄逸的橘色外套。她看起來謹慎、疲憊、優雅。她為我奉上水杯，以及讓我有點窘的薄荷糖。我很快就察覺到，她顯然是我見過最有魅力的人之一。她的笑聲爽朗而憨傻，棕色的眼睛晶亮，說話技巧一流。

她堅持要我事先寄一份提問列表給她，不過我們並沒有討論表上的內容。起碼一開始沒有。羅賓遜想談談她的童年：她在堪薩斯州鄉村的農場區長大，母親早逝，父親後來再婚，她大致上一直待在原來的家，有時候會讓奶奶和姑姑照顧。這是所謂放牛吃草式的童年原型，她花了大把時間監視著土撥鼠的洞穴和觀察鷲鷹獵食。

羅賓遜家是社群裡的中堅份子：教會長老、醫院志工。他們也全都是背負重責大任、想挽救所有事物的那種人，就連鎮上的舊歌劇院也不例外。他們會在一年一度的獵響尾蛇活動登場前，先把響尾蛇抓起來藏好，等到風頭過了再放掉。

她的姑姑特別菩薩心腸。當她帶著羅賓遜家的小蘿蔔頭進城採購時，第一站總是先到十元商店「達克沃雜貨店」。「那是中央大街上的一間小店，」羅賓遜說，「妳猜猜他們店後頭賣什麼？」她淡淡笑了一下，「動物。他們賣寵物。有鳥和大老鼠、小老鼠。那裡是我們每天第一個去的地方，而你還沒看到牠們就會先聞到味道了。我們可能會帶著購物清單，但會一直放在褲子口袋裡，等到去過雜貨店後頭再說。」羅賓遜的姑姑每一次都會要求見到負責人，她堅持那些籠子該清理，動物也該餵食。「料理好動物之後，我們也會給所有植物澆水，」羅賓遜回憶道，「因為它們也有生命。」

羅賓遜最終取得了社工相關學位，並投入社會福利體系，但虐童的恐怖讓她難以承受。「實在太過分了，」她解釋，「我沒辦法繼續擔任社工。我走了，辭職了。」她找上動物權利團體，搬到華盛頓，然後在一九九〇年創立街貓聯盟，發起全國性運動推廣TNR，使之蔚為主流。她說這是她「一生的志業」。

我要求羅賓遜為這項措施受到的諸多批評提出一些辯護，她說若考慮到人類對世界做了什麼好事，要用全球環境災難的罪名來強力制裁家貓，還真是有點說不過去。與此同時，她用強而有力的論述說明人性光輝有多麼重要。她讓我看網路上一段介紹影片，我在其中看到一張事後在我腦海縈繞好幾天的照片[50]：由僵硬的成貓和幼貓屍體堆成的毛茸茸、五顏六色的小山，這是加州單單一間收容所在一個上午就能達到的工作成果。我們最愛的同伴動物所面臨的最大威脅不是疾病，而是我們的毒藥與火葬場[51]。在羅賓遜看來，很多收容所不比屠宰場好到哪裡去。

她說，美國人是很有同情心的民族，不應該提供資金給制度化的暴力行為，而且多數人甚至對這種暴力茫然不知。「所以我們必須存在，」她提起她的組織，「我們得把真相公諸於世。我們必須說，『讓家貓留下來，讓牠們住在外頭。』牠們都是家人啊！不是只能有一種去處。」至少至少，她表示，應該要求當地的行政單位公布他們殺了多少動物。

但她最強力的辯護是，即使為貓聚落絕育未必總能達到承諾的成效，但安樂死同樣無效。批評方有時也承認，要抓到足以影響貓口總數的家貓並結紮儘管難如登天，但若改成抓住後並殺死牠們也同樣困難。模型[52]顯示，致命的控制手段若要成為最佳管理工具，必須得消滅高達百分之九十七的貓才行。美國的流浪貓絕大部分和動物管制員的活動範圍沒有交集。「他們『絕對』抓不完那些動物的，」羅賓遜提高音調說，「外頭的貓有幾百萬隻哪！」

「不管你喜不喜歡，」她繼續說，「不管你接不接受，不管你有沒有養貓、喜不喜歡貓，牠們都是環境的一部分，這是拗不掉的。牠們一直都是環境的一部分。然而人類竟有改變這件事的念頭，真是異想天開、狂妄自大，以為我們能在一夕之間扭轉乾坤，想要除掉所有的貓。說實在這還挺荒謬的，甚至有些歇斯底里了。」

針對TNR的反對聲浪興起，洛杉磯和阿布奎基都有與環境相關的訴訟正在進行。即使是華盛頓特區——街貓聯盟的主要根據地——最近都在重新考慮以貓聚落為原則的政策，有人在新提出的野生動物保護行動計畫[53]中，把流浪貓視同鳥體一類的可怕入侵種。

動物福利行動主義者、獸醫和科學家仍持續尋求其他控制貓口數量的方法。有人提出替代方案[54]，對無主貓僅施以輸精管切除和子宮切除，而非完整絕育——雖然輸精管切除手術更為昂貴也更為複雜，不過這樣一來可以讓家貓保有荷爾蒙分泌，也許能平衡牠們在絕育手術後取得的生存優勢。獸醫羅伯特．麥卡錫告訴我，日本已經討論此法在福島地區的可行性，該地歷經大海嘯和核災後，顯然成為家貓繁殖的溫床。

「夢幻逸品」（Holy Grail）是一種避孕疫苗，跟有時會用在鹿身上的也許有點像，不過家貓的生殖器官防護得頗為嚴密，僅僅癱瘓一條荷爾蒙渠道似乎不足以讓牠們清心寡欲。支持TNR的茱莉．雷維表示，她曾努力發展這項技術，「整體來說，生物學建立在繁殖的基礎上，」她說，「我們其實想克服生命的原動力。」

各種避孕方式都列入考慮之際，有一些動物福利團體開始試著與野生動物生態學家合作，一同研究貓口數量帶來的影響。但這樣的關係經常很緊張，部分是因為許多生態學家始終質疑貓運人士不是真心想要縮減貓口總數。

他們這樣想也情有可原。根據TNR的核心思維，新生幼貓應該讓人一看到就喪氣，因為牠們是行動失敗的毛茸茸證明。但是對很多人而言，尤其是擁貓派，幼貓簡直是世界上最可愛的東西了。我並不訝異知道擁貓派會傾己所能地拯救哪怕是病入膏肓的幼貓，把牠們塞進胸罩裡保暖，或是用藥用酒精替牠們因發燒而滾燙的耳朵降溫。

在街貓聯盟大會上，我坐著聽完一場非常技術性的演講，內容提到誘捕籠的踏板原理、手術後的室溫控制，以及其他TNR技術面的事務。嚴肅的投影片簡報檔播放到將近結尾處，演講者突然秀出一幅惹人憐愛的幼貓照片。「這是我家的雷克斯！」她說。現場立刻爆出滿室心花怒放的嬌喊聲。

這種感覺有點像在聽一場向毒品宣戰的演講，結尾的圖片卻是點燃的快克煙管——部分證據顯示，家貓就和毒品一樣弱化了人類的腦波，這可是經過臨床實驗證明的。

第六章
電腦斷層掃「喵」

我有一次差點成為貓食。

那是二〇〇九年，在坦尚尼亞。我為了雜誌採訪的工作，跟知名的塞倫蓋提獅群保育計畫的研究員，一起乘著 Land Rover 休旅車在凹凸不平的路面上趴趴走。儘管我想擺出公事公辦的態度，看到他們懾人的研究對象時盡量憋回興奮的尖叫，但還是忍不住讓幾聲讚嘆脫口而出。不過多半時候我都能讓自己安靜地待著，和大家一起在安全的車內細數牠們鬍鬚根部的斑點及監看飲水坑。

待在此地的最後一晚，我們把休旅車留在後頭，步行爬上位於草原中央的一座大石堆。我們想要趁日落前欣賞一下稀樹大草原遼闊的美景，並且仔細瞧瞧一棵變得灰白的老樹——數百年來，它都被獅群當作貓抓柱。

可是登上小山以後，我們發現了更美妙的東西：石塊間的一個凹處，窩著兩隻嬌小、無人

看管的幼獅。我們誤打誤撞地闖進了獅巢，而母獅目前不知去向。

你並不需要有生物學博士學位甚至野生動物方面的寫作背景，也能體會眼前的狀況不怎麼安全。儘管當地的獅群多半用厭倦而輕蔑的目光看待這些科學家，但介入母獅與牠嬌弱的後代之間仍隱然是滔天大罪。趁著憤怒的母親還沒從陰影中衝出來前，輕手輕腳（而且迅速）地回到休旅車上，應該才是明智的選擇。我們沒帶武器，連科學家有時會拿來朝大膽的獅子揮舞的雨傘都沒有。

然而我卻絲毫不想急著離開，有種奇怪的愉悅感控制了我。突然間，一頭淌著口水的母獅即將現身的可能，似乎一點也不讓人感覺驚慌。我煞費苦心地在石塊間擺姿勢拍照，而幼獅們就在幾公尺外越過我的肩膀探頭探腦。我央求著科學家們再多待一下下就好，幾乎像是想要被吃掉。

長久以來，貓科動物與催眠能力密不可分。正如同神奇的家貓是西方巫術傳說和迷信的主要元素，獅子也是多項非洲傳統中的薩滿巫醫。美洲豹則是亞馬遜流域的預言家。以此類推，貓似乎能擾亂我們的邏輯。或許幾千年來，貓科動物能幹掉這麼多人類，還在其他方面對我們予取予求，全是因為牠們能用巫師般的手法讓我們著魔。

也或許這一切能有科學解釋。我那算是獨一無二、挑逗死於獅口的經驗，在我第一次讀到弓漿蟲（*Toxoplasma gondii*，也有人稱「貓寄生蟲」）時湧現心頭。這種神祕的微生物以貓為散播媒介，現在全世界咸認有三分之一的人大腦中都有這種寄生蟲[1]，包括約六千萬名美國人[2]。此寄生蟲若進入齧齒動物體內，似乎會催化怪異的行為，讓受到感染的動物失去牠們對貓與生俱來的恐懼，甚至被貓「吸引」，因而增加牠們成為獵物的機率。有些科學家認為在人身上也會出現類似的奇怪效果，讓我們傾向冒險犯難，提高我們死於暴力的機率，甚至把我們逼瘋。

我回想起我在塞倫蓋提的魯莽之舉時，忍不住好奇，莫非在我的窩巢裡，有種貓疾病透過奇多傳到我身上，把我引誘到一隻更大的貓科動物的窩巢裡，讓自己成為晚餐？再進一步思考，我大腦裡的一隻蟲，能不能詳盡說明我長久以來對貓的執念。例如說，我強烈喜愛託人為奇多拍攝正式的沙龍照，或是我有個怪癖：夜裡不睡覺，躺在床上思考要是牠被綁架了，我願意付多少贖金？

我絕不是唯一有這項懷疑的人。許多愛貓人士在反省他們對一隻野蠻的小型超級食肉動物何以如此盲目崇拜時，都偷偷想過自己會不會是腦袋有點問題。然後他們在晚間新聞或全國公共廣播電台上聽到一些片段，說目前我們許多人的腦袋瓜裡，都住著以貓為帶原者、無所不在，又會隱形的小東西。新聞標題可能帶有恐怖片的味道，暗示家貓甚至能施行「思想控制」。

毫無疑問，弓漿蟲——或許是有史以來最成功的寄生蟲[3]——的全球大流行，是人類與家貓之間的關係所帶來的最奇怪結果。但這種寄生蟲對人類行為的衝擊，其理論是否建立在正統的科學上？抑或只是我們為了合理化家貓謎樣的魔力所作出的有瑕疵的最新嘗試？

這樣的疑問佔據了全國各地好些研究者的思緒，尤其是因為他們的腦中也常住著這種神祕寄生蟲。

緊靠在華盛頓特區擁擠車陣外圍的地方，有一小片典型的美式地貌：大片的玉米田、筒倉和乳牛。這片古雅的風景屬於美國農業部馬里蘭研究中心，我在那裡找到了杜貝（J. P. Dubey）的實驗室。他是全世界研究貓寄生蟲的第一把交椅。

杜貝是名矍鑠的長者，說起話來帶點淡淡的印度腔。他從一九六〇年代就開始研究弓漿蟲了，當時的研究者都很清楚有這種寄生蟲的存在，已經因為造成人類胎兒的先天缺陷而惡名昭彰，不過大家都還不知道傳染途徑到底是什麼。杜貝所屬的國際科研團隊率先發現，貓就是帶原者。

儘管弓漿蟲可以感染任何一種溫血動物，牠卻只能在貓的體內繁殖。這種寄生蟲所有的

「中間宿主」，包括駱駝、臭鼬、座頭鯨、人類等等，都只是貓與貓之間的休息站，只有受感染的貓的腸子裡，才是寄生蟲縱欲狂歡的場地。牠們狂熱的繁殖行為會製造出十億隻新的弓漿蟲，然後隨貓糞進入生態系統。

只要是貓科動物，從老虎到虎貓，都是這種單細胞生物的「最終宿主」。不過弓漿蟲發生令人目眩的大蔓延，關鍵很可能在於家貓的馴化和全球擴散。現今牠們或許是全世界分布最廣的寄生蟲，感染了從亞馬遜到南極洲所有地方的鳥類和哺乳動物。比起擁有家貓的人數，感染弓漿蟲症（即弓漿蟲造成的疾病）的人數遠遠更多。

經過了將近五十年的研究，杜貝仍然在探索這種寄生蟲在我們的食物網中扮演什麼角色。弓漿蟲有兩大傳染途徑，除了貓糞中會挾帶十億隻蟲體，而被人類和動物不自覺地吃進肚裡之外，我們若吃了中間宿主受感染的肉時也會幫助牠擴散。前者的效率遠高於後者。理論上，十億隻寄生蟲可以感染十億隻新的動物，而吃肉只會將病症從單獨一隻獵物轉移到掠食者身上（這有點像機關槍與刺刀的差別）。不過，兩者結合後產生了多種傳染模式，使得弓漿蟲很難研究，更遑論遏止。

「這是一種非常聰明的寄生蟲。」杜貝帶著飄忽的笑容說道。他從一九六九年開始受到感染。會在大腦裡鑽洞的寄生蟲幾乎全都極具毀滅性[4]，例如罕見會侵蝕大腦的阿米巴原蟲，牠們潛伏在美國南部的戲水區，每年夏天都會害死一些人。弓漿蟲聽起來也同樣恐怖，牠會在動物的大腦和肌肉組織裡形成無法治癒的囊腫，除了會傷害家畜之外，也對許多野生動物產生致命性，包括烏鴉和沙袋鼠。

弓漿蟲症是不治之症，當最初感染的症狀自行消退後，大腦和身體裡的囊腫永遠不會消失。然而對健康的成人來說，這種超級普遍的疾病長久以來都被視為無害的。感染最嚴重的階段，通常也只會造成輕微、類似單核白血球增多症（mononucleosis）的不適感，或經常完全沒有任何症狀，然後弓漿蟲就會穩定下來，進入休眠狀態。最受此病威脅的是尚在發育的人類胎兒，他們缺乏強健的免疫系統，所以懷孕婦女才會被警告要遠離貓砂盆。簡單的血檢——我很快會去檢查——就能告訴你是否感染此症，不過大多數健康的人根本懶得知道。

然而近來科學家對這種貌似良性的寄生蟲起了疑心，開始調查腦部長期受感染，是否會改變人的神經系統和行為。

杜貝並沒有在等這些研究的結果出爐，他的目標是在半途攔截這些寄生蟲。他帶我逛了一圈擁擠的實驗室，我遇到了從西班牙、印度和巴西來交流的科學家。放眼全世界的感染比例，會發現隨著氣候和地方文化而有高低。舉例來說，某些飲食習慣，尤其是慢慢培養出對半熟肉類的喜好——特別是豬肉和羊肉——幾乎可保證會讓寄生蟲散播得更廣。南美洲、南歐和部分非洲的感染比例最高，有些國家甚至有百分之八十的人口受到感染。美國的感染比例介於百分之十到四十之間[5]；南韓則或許是弓漿蟲最不猖獗的國家，感染比例低於百分之七[6]。

附近一處檯面擺著幾個攪拌機，裡頭裝滿像是美味的草莓香蕉冰沙的東西。這些是從格瑞那達空運來的雞心，實驗室把它們打成粉紅色濃湯是為了檢驗有沒有弓漿蟲。我也瞥見一隻全身呈大字形、已經被剝了皮的老鼠。杜貝解釋，這隻確定感染弓漿蟲症的齧齒動物已被摘除了大腦，很快就會被餵給一隻研究用的貓吃。幾天之內，剛被感染但大致健康的貓就會開始排出幾百萬個隱形、卵狀的弓漿蟲卵囊，杜貝和他的團隊將蒐集這些卵囊來研究。

「我可以看看你的貓嗎？」我問杜貝。

「我建議妳不要這麼做，」杜貝說，「我們有很嚴格的安全規範。妳還得換衣服。這些蟲、這些卵囊非常容易傳染，而且生命力強健，根本殺不死。就算丟到漂白水裡也不會怎樣，牠們會活得好好的。」

即使只待在實驗室裡，也要遵守一板一眼的程序。「這裡所有的東西都要送進焚化爐。」杜貝揮手指向鼠屍和揉皺的紙巾，「從這裡送出去的一切，統統都要燒掉。」

一九三八年，紐約市婦幼醫院的病理學家給一個出生三天後出現抽搐反應的新生兒作檢查[7]。他們透過檢眼鏡窺看，發現嬰兒的眼睛裡有損傷。一個月後她不幸去世，驗屍結果發現她整個大腦表面都有類似的損傷。

這可能是醫學界對人類弓漿蟲症所作出的最早診斷，屬於令人聞之色變的先天型，至今仍是此種疾病最廣為人知且破壞性最強的複製形式，也就是從貓傳到孕婦，再傳到胎兒身上，造成自然流產、死產和嚴重併發症，例如失明和智能障礙。但還要再過幾十年，我們才會弄清楚這些症狀是怎麼來的，還有從何而來。

到了一九五〇年代，科學家懷疑這和肉食有關。他們注意到豬若從垃圾中吃了未煮熟的肉，得到此病的機率將會升高。一九六五年，研究者決定在巴黎一所療養院測試這個想法，他們給幾百個年輕的結核病患者吃下幾乎全生的羊排（由於當時的人也認為吃生肉是一種結核病療法，所以這項實驗——至少在當時——被視為合乎道德）。部分的肉裡頭一定含有囊體，因為實驗結果，病童的弓漿蟲感染率往上飆升。不過在整個傳播模式中最關鍵的物種是何者，仍是未解之謎。

突破點終於發生的時候，是有個蘇格蘭寄生生物學家在心血來潮下，從研究狗轉而研究貓，而且就那麼剛好在他的實驗對象的糞便中看到弓漿蟲。杜貝和其他研究者把握住這個湊巧出現的線索，到了一九六九年，好幾個團隊有志一同地得出結論：貓就是這種寄生蟲的最終宿主，而牠們的肚皮就是寄生蟲的指揮中心。

中世紀的宗教裁判員根本不曾掌握這麼確鑿的貓罪證——謠言可能曾說家貓會偷走寶寶的呼吸，但是現在才有鐵錚錚的證據，證明牠們能弄瞎胎兒並破壞他們的大腦。知名期刊《科學》發表了這項發現之後，「許多貓被殺害，因為人們不懂。」杜貝追憶道。

家貓能夠克服這場公關災難，甚至在一九七〇年代又加速崛起，更進一步證明了牠們對我們的情感具有異常強大的支配力。可是現在我們也知道了某幾種養貓的方式，尤其是養室內貓，其實風險並不高。事實上，貓飼主平均的感染率也並不是特別高[8]。室內貓吃的多半是商業化生產的貓食——經過冷凍、高溫烹調或以其他工業程序處理過，足以殺死寄生蟲——而且與生活在戶外的動物少有接觸。牠們極少會感染弓漿蟲。

通常把弓漿蟲傳染給人類的，是會捕捉並吃下受感染獵物的室外貓[9]。貓在排出隱形的卵囊後，飼主可能在清貓砂時不小心接觸到微生物，或是鄰居在被汙染的花園泥土間勞動時誤食。也可能是我們食物鏈中的其他動物——例如羊——攝入了這種微生物，而我們就在吃羊肉漢堡時被傳染，也就是中間宿主吃掉中間宿主的情況（養在穀倉裡的貓除了不勤奮抓老鼠，也可能在家畜間散播弓漿蟲，所以杜貝建議讓貓離豬遠一點，因為豬特別容易感染弓漿蟲症）。

貓一生通常只會被感染一次，而且卵囊排出的階段只會延續幾周，之後寄生蟲就會進入休眠狀態。不過根據科學家估計，以任一時間點來說，地球上都有百分之一的成貓和幼貓在散布這種寄生蟲[10]，光是這樣就足以滲透生態系統。在美國，賓州的黑熊大約有百分之八十受到感染[11]（牠們什麼垃圾都吃，而且聽說牠們並不會把肉煮熟了再吃）。另一項研究[12]發現，俄亥俄州的鹿幾乎有半數都感染了弓漿蟲症，牠們很可能啃了被貓屎汙染的草而得病。

人類的衛生習慣比鹿或熊都好，不過要保護自己免受弓漿蟲症的威脅，可能還是比想像中困難。譬如說，現代孕婦享有的好康之一，就是有醫學上的理由能在幸福的九個月裡不必做清貓砂等苦差事。可是如果你像我一樣養的是室內貓，這項措施多半是沒有意義的，因為真正的風險藏在別處。

避免食用生肉可能效果更大，但素食主義者壓根兒不能免於感染這種疾病。史丹佛大學的微生物學家約翰·布斯羅伊德（John Boothroyd）曾向普羅大眾發表弓漿蟲症的演說。「素食主義者開始露出洋洋得意的表情，接著我便秀出一張胡蘿蔔的照片。」他回憶道。沾著泥土的蔬菜可能也充滿被貓排出體外的卵囊。事實上，印度一項研究[13]顯示，素食者和葷食者的感染比率相仿。

實際上，人們光是喝水都可能染病。其中一場知名的疫情，就是有超過一百人喝了被汙染的加拿大水庫裡的水[14]。被貓的排泄物汙染的水源可能是一項重要的傳播機制，尤其在開發中國家。然而呼吸空氣也不見得安全：另一場廣受研究的弓漿蟲症大流行之所以爆發，純粹是因為亞特蘭大市民吸入當地一座養了貓的馬廄所揚起的灰塵[15]。

沒人能確定貓和弓漿蟲是什麼時候、又為什麼開始聯手，但這段關係大概頗為久遠。由於獅子、花豹和其他野生貓科曾經統治地球很大的區域，很可能早在非洲野貓入侵人類最初的定居地之前很久很久，這種寄生蟲就已經廣為分布。事實上，人類DNA中的標記顯示弓漿蟲影響了靈長類的演化。為了幫助安然度過感染期，我們有一個基因似乎自動失去作用，變成一個未表現的「死基因」，現今它仍存在於我們的細胞中。

可是這種寄生蟲之所以無所不在，是人類與家貓間極為近代且急遽發展的關係所造成的。在原始的自然環境中，貓——即便比其他位於食物鏈頂端的生物來得多——頗為稀少，因而限制了依賴貓而生的寄生蟲普及的程度。後來，人類文明誕生，在城市範圍內將每公里面積都塞進了幾千隻寵物貓。每當我們和我們的貓進入一個新的生態系統觀光時，弓漿蟲都是跟屁蟲。現在連北極圈以內都有這種寄生蟲的蹤跡[16]，在白鯨和其他動物身上都看得到，而且在沒有原生貓科的地區更是具有毀滅性，例如澳洲。袋鼠和其他沒有隨著貓科共同演化的動物，經常會因弓漿蟲症而死亡，因為牠們的免疫系統無法應付這種陌生的疾病。

我們帶著貓東奔西走的過程，也可能改造了寄生蟲的生物性。譬如說歐洲殖民者抵達巴西後把船貓帶上岸[17]，而牠們勢必從美洲豹和美洲獅身上感染了異國品種的弓漿蟲。如果其中一些貓在感染巴西種弓漿蟲時，身上原本就有歐洲種弓漿蟲，兩個品種便會得到前所未有的機會，在貓的腸子裡融合交流，可能產生適應力超強的新變種。

貓的腸子為什麼這麼適合弓漿蟲居住呢？「原因可能很多，例如體溫、貓吃的東西，以及潛在的其他微生物等等。」布斯羅伊德說，很可能在寄生蟲在常駐期間發生突變，幫助牠能更加「精緻地微調」，與貓宿主一拍即合。

在許多其他動物的腸子裡，也寄生著與弓漿蟲類似的微生物，例如雞糞裡有一種相近的寄生蟲，完全適應雞的內臟，但無法在別的農場動物身上存活，更別說人類。弓漿蟲除了最終宿主，還能感染這麼一卡車的中間宿主，也算是相當了不起的成就。

這種大規模感染力的關鍵，可能是貓科動物堅強的食肉性。

設想一隻老鼠無意間吃進雞糞中的寄生蟲，而雞的寄生蟲也找到辦法在老鼠體內生存——這是很大的進展，「不是經常能看到這樣的情形，感謝上帝。」布斯羅伊德表示。不過就這個例子而言，到頭來也是白搭。因為雞的寄生蟲一旦進入老鼠體內就等於被困住了，另一隻雞並不會吃下這隻老鼠，所以雞的寄生蟲根本沒辦法回到牠的樂園，也就是雞的肚子裡，因此也沒辦法複製出十億個自己，以及牠巧妙獲得的與老鼠相親相愛的突變結果。

然而，貓糞中的寄生蟲若在同一隻老鼠體內產生類似的突變，後續的選項可就多了。「由於貓是食肉動物，那隻老鼠有機會被其他貓吃下肚，讓寄生蟲回到牠需要去的地方，然後無限複製。」布斯羅伊德說。老鼠不再是個死胡同，而是一個契機。

某些中間宿主對弓漿蟲來說確實形同此路不通，像是座頭鯨可以成為弓漿蟲帶原者，但獅子並不會垂涎座頭鯨。加上貓吃的肉含括太多種類，這種寄生蟲理應能把網撒得更大，就算在幾十億次的出手中只命中幾次，也算大獲全勝。

因此弓漿蟲跟家貓一樣，經過細膩的微調而保有彈性空間[18]，口味挑剔卻百無禁忌。儘管其他單細胞寄生蟲一心想要破壞某種人類細胞——例如弓漿蟲的表親瘧疾會追殺紅血球——弓漿蟲可說是全面徵用我們體內的每一種細胞，包括胃、肝、神經和心臟細胞。我觀看一段高倍率的弓漿蟲活動影片時，覺得牠看起來有點像我家的奇多。渦紋形狀、肥嘟嘟的寄生蟲以滑行的步伐悄悄靠近一個比牠大得多的人類細胞，這個動作讓我聯想貓想吃東西時，會在你腳踝邊逡巡的樣子。接著突然間，寄生蟲撞向細胞，硬擠進去，像是把水球塞進一個小孔。

牠甚至似乎能入侵免疫細胞，再利用免疫細胞偷溜進我們的大腦，那是多數寄生蟲難以滲透的禁地。這招實在太高明了，因為大腦可能是我們最重要且脆弱的一個器官。免疫反應在大腦沒有作用，因為會造成腫脹，這在頭骨的狹窄空間內可能帶來致命結果。最好的策略是一開始就把侵略者擋在外頭。大腦與身體之間的屏障，由特殊排列的血管嚴加看守，幾乎不可能被突破。

但弓漿蟲可以利用身體所信任的免疫細胞當作特洛伊木馬，將自己暗中走私到屏障的另一邊。一旦被闖關成功，大腦就拿牠沒轍了。寄生蟲會穩穩地待下來，躲在有盔甲保護的囊體裡蟄居，然後靜靜地耐心等待自己被貓吃下肚。

不過也許寄生蟲不光只是在裡頭等待時機，也許牠在暗中操作，為自己的利益布局，以增加自己成為貓食的機率。一九九〇年代，有一系列的知覺實驗[19]就以此為主題。實驗中，牛津大學的科學家讓感染弓漿蟲的老鼠曝露在有貓尿的環境中。

貓雖然大體而言只是二流的捕鼠者，不過在害蟲控制方面，牠們倒是有一項長處——對囓齒動物而言，貓尿是全世界最恐怖的氣味。即使是實驗鼠，牠的祖先已經被人工繁殖了幾十代，離貓爪的威脅極為遙遠，仍然會在聞到貓尿時逃之夭夭。

就這種藉由貓糞傳播的寄生蟲看來，對貓尿與生俱來的恐懼會是「傳播過程中的巨大阻礙，」牛津大學研究的主導者喬安・韋伯斯特（Joanne Webster）說，「我們想瞧瞧寄生蟲能否抑制這種效應。」

結果他們觀察到的遠超過抑制——寄生蟲似乎完全關閉了老鼠的恐懼本能。受感染的齧齒動物不再對貓尿避之唯恐不及，「實際上還受到吸引。」韋伯斯特說。怡然自得與貓尿共處的老鼠，似乎並沒有改變牠的社會行為，也沒有對其他讓老鼠忌憚的典型物品失去戒心，牠們就只是完全不怕貓尿了而已。研究者說，這是貓的「致命吸引力」，可讓報社記者樂得很。

這項實驗後來也在許多別的實驗室裡操作過，其發現與科學家們愈來愈感興趣、所謂的操縱假說若合符節。實驗結果顯示，某些寄生蟲會操弄宿主的行為來增加自己的選擇利益，有時候倒楣的宿主動物甚至被誘導至獻出自己當祭品的程度。在一個著名的例子中，一種叫吸蟲的寄生蟲感染螞蟻後，會慫恿螞蟻爬上草葉的頂端，增加被羊或牛吃進去的機會，而後者正是吸蟲偏好的宿主。

現代科學家提出假設，認為感染弓漿蟲的老鼠所展現出的魯莽行為——在貓尿旁有了新生的勇氣、活動力提升——可能都是為了增加被貓獵食的機率而動的手腳。

如果此言不虛，這項發現比聽起來還要瘋狂。操縱假說的典型案例，多半只出現在較單純的生物身上，例如那些運氣不佳的螞蟻。以哺乳動物而言，還沒有別的案例像弓漿蟲如此劇烈操弄宿主。

這就繞回我個人提出的疑問了：如果這種貓寄生蟲把老鼠當作牽線木偶一樣耍著玩，人類會不會也成了牠的人質？我在獅子的窩巢裡是不是從神經的層次受到誘導而「奉獻」我自己？我帶著病態的興味讀了一份關於我們關係最親密的靈長類動物的研究，研究發現感染弓漿蟲的黑猩猩會被牠們的主要掠食者——花豹的尿吸引[20]。

唉，科學家還沒分析不幸被獅子攻擊的人類中，究竟有多少已經感染了弓漿蟲。不過目前已經有一些與該寄生蟲和受感染的人類所展現出的冒險行為有關的有趣研究，結果顯示受感染的人確實更可能死於各種暴力事件。

舉例來說，感染弓漿蟲症的人的自殺風險更高[21]，而感染率較高的國家同樣傾向於有較高的自殺率和謀殺率[22]。相同的高峰也能在車禍統計表中看到，感染弓漿蟲症的人涉入汽車事故的機率是一般人的兩倍多[23]。

撞爛你開的 **Jaguar**，是不是被 **jaguar**（美洲豹）吃掉的現代版本呢？不無可能。「也許你挑出感染弓漿蟲症的人類，」[24]史丹佛大學的神經生物學家羅伯特・薩波斯基（Robert Sapolsky）在一篇網路訪談中提到，「說不定他們就會開始傾向做一些我們天生不願意做的蠢事，例如讓自己的身體被高G力帶著移動。」

不過有些科學家認為，事實上這類冒失的駕駛（以及其他受感染的人和動物）所承受的折磨，並不如被寄生蟲當傀儡來得那麼了不起，只是比起多數人經歷的短暫疾病發作期，他們的身上會出現延續更久的壓抑卻持續不斷的免疫反應。這些受到嚴重影響的個體，可能原本就具備特別脆弱或敏感的免疫系統，而感染弓漿蟲症使他們更感覺自己一直都病懨懨的。對於容易出意外的駕駛而言，也許這讓他們的反應速度變慢，更難避免遭遇橫禍。

這項假說在另一件血腥的資料中得到了支持。和蒙特雷灣一般的海獺相比，感染弓漿蟲症的海獺被超級掠食者屠殺的機率是前者的三倍[25]，不過這種掠食者並不是貓科動物，而是大白鯊。貓寄生蟲竟然會操弄受害者，讓牠不知怎麼地被大魚「吸引」，這似乎很難說得通。更可能的是，生病的海獺顯得暈眩、茫然，成為容易下手的目標。

說到容易下手的目標，每次當我提起自己發明的獅子窩假說，科學家都會發自內心地笑出來。他們懷疑這種寄生蟲確實會為了在某些中間宿主的體內生存而改變自己，但大概不包括人類。只有針對更容易取得、更容易獵捕的動物，例如老鼠或鴿子，這樣的適應作用才合理。事實就是最近被大貓或小貓吃掉的人類實在不多，而專門設計成誘導愚蠢的記者走進獅子窩的弓漿蟲品種，大概很久以前就絕種了。對於一胎就有十億隻的寄生蟲來說，人類的數量根本微不足道。

但那仍然不表示「我們」就可以置身事外。只有孕婦才需要擔心弓漿蟲症的言論，在一九八〇年HIV病毒大流行時受到重創。愛滋病患已經不知所措的免疫系統任由寄生蟲大肆破壞，製造出網球大小的腦部損傷。在歐洲某些國家，高達百分之三十的愛滋病患死於弓漿蟲症[26]（在美國則是百分之十）。說實話，這種微生物還成為二〇一六年美國總統大選辯論會中的熱門議題，因為一間相關藥廠突然提高部分藥物的售價，而那些藥物對免疫功能低下的患者而言是救命丹。

即使是免疫系統健全的人，現代研究者也能從他們身上找出該寄生蟲與一長串病痛之間的關聯，包括阿茲海默症、帕金森氏症、類風濕性關節炎、肥胖、腦癌（這一項特別具爭議）、偏頭痛、憂鬱症、雙極性障礙（舊稱躁鬱症）、不孕症、強迫症，以及較高的攻擊性等等。芝加哥大學最近的一項研究還表明牠和路怒症造成的行車糾紛有關。

更教人大開眼界的研究[27]還在後頭。一位名叫亞羅斯拉夫．弗萊格（Jaroslav Flegr）的捷克科學家，認為這種寄生蟲協助塑造了個人人格。根據他的研究，感染者會比其他人更容易有罪惡感，其中男性傾向多疑和專斷，女性則更善於社交，打扮入時。也許接下來這一步必不可免，總之弗萊格還讓受試者聞貓尿，發現受男性感染者頗為喜歡這種氣味，而女性則不然[28]。

在這個科學分支裡，這絕對還不是最詭異的。另一位研究者推測感染弓漿蟲症可能是我們喜歡白蘇維濃葡萄酒的原因，因為它的香氣和貓尿很像[29]（果不其然，我有一款百搭的白酒就叫「撒在醋栗樹叢上的貓尿」（Cat's Pee on a Gooseberry Bush））。紐西蘭特別專精於這款酒，而它也正好是全世界養貓比例最高的國家[30]——全國的弓漿蟲感染率大約是百分之四十[31]。

就算這些有趣的發現經得起進一步檢驗，我們的消費習慣和酒窖收藏又怎麼可能提高我們被貓獵食的機率呢？大概不行吧。這種寄生蟲可以在牠數之不盡的中間宿主身上催化出各種行為改變，只要有少數對侵略者有利就夠了。

不過由於人類大腦在動物王國裡是獨一無二的器官，可能會承受其他物種的宿主（如海獺和沙袋鼠）不需要擔心的輕微影響。這類弓漿蟲可能引起的併發症之中，最受到廣泛研究的一種確實令人憂心忡忡：弓漿蟲和思覺失調症（舊稱精神分裂症）之間，有種揮之不去的關聯。

史丹利醫學研究中心是全美規模最大的思覺失調症和雙極性障礙民間研究機構。福樂·托利（E. Fuller Torrey）是該中心副主任，他位於馬里蘭州切維蔡斯鎮的辦公室通風良好，以非洲掛毯作裝飾，算是向他擔任和平工作團（Peace Corps）醫師的那段日子致敬。室內有一幅象群的畫，但我沒看到任何獅子。不過倒是有一小幀家貓的照片，牠的身上打了個叉。

托利本身沒有養貓，而其他想養的家庭成員可能也只能打退堂鼓。「我外孫女之所以沒養貓，是因為我強烈阻止我女兒買貓給她。」這位精神病學研究者說，「我不建議任何家裡有小孩的人，以放養的形式養貓；我也不建議任何人在沙坑裡玩，只要那個沙坑不是二十四小時都用保護罩蓋起來。」

另一方面，經常與托利共同進行研究的約翰霍普金斯大學的小兒科病毒學家羅伯特·約爾肯（Robert Yolken），則養了兩隻室內貓，分別是肉桂和提比。約爾肯有一回惡作劇地把提比當成書擋，放在滿架子托利著作的末端。

儘管這兩個男人與貓的私人關係天差地遠，他們倒是都對家貓——以及延伸而言的弓漿蟲——征服世界有所警覺。「有史以來從沒有過這麼多貓。」[32]他們最近在期刊《寄生生物學的趨勢》發表的論文，提到一九八六到二〇〇六年之間，養貓的人數躍升了百分之五十。我們可能才剛剛開始了解後果。

托利認為思覺失調症是新近出現的疾病，在一八〇〇年代初期的歷史文獻首次提及之前，幾乎完全不存在。現代生活的各種元素可能潛在引起或加重了症狀。不過他對十九世紀某項特定的生活流行趨勢特別感興趣，那就是養貓的人變多了。我們已經探討過，一八〇〇年代正是貓開始一點一滴成為我們居家良伴的時期。他注意到，第一批愛貓者有很多都是藝術家，而這類人並不以擁有健全的心智聞名。

「家貓以寵物之姿崛起，」[33]托利在他的著作《隱形瘟疫》中寫道，「事實上，是相當近似於癲狂的崛起。」

一九九五年，約爾肯和托利在期刊《思覺失調症學報》中，向醫學界介紹了「傷寒虎斑貓」[34]的概念——這個久遠而有爭議性的現象展現在一九四四至一九四五年之間，指出於荷蘭「飢餓之冬」期間出生的人，有很高的比例都罹患了思覺失調症，而根據推測，當年挨餓受凍的孕婦應該吃過貓肉。

或許更有說服力的是，他們還進行了一項研究，發現他們調查患有精神疾病的成人之中，有百分之五十一的人小時候家裡曾養貓，而健康的人只有百分之三十八養過貓（他們能鎖定的另一項童年時期的主要差異，是餵母乳的比率）。「家貓，」論文如此作結，「可能是思覺失調症發展過程中一項重要的環境因素。」

之後，科學家又重複了這項研究[35]，這次把控制變項設定為養狗的經驗，來確認罹患思覺失調症的兒童是不是傾向於養過任何一種同伴動物。他們再次發現思覺失調症患者更可能在童年時期養過貓，因為養過狗的患者比例和健康的人養過狗的比例相仿。

當這兩個科學家首次提出貓和醫學認證的瘋狂之間有所關聯時，「每個人都覺得我們異想天開。」托利回憶道。他和約爾肯一開始懷疑思覺失調症的禍首是貓的反轉錄病毒（retrovirus），但現在正熱門的弓漿蟲研究顯示該寄生蟲和疾病的關係更為密切。

思覺失調症是一種極具破壞性且在醫學上尚未能釐清的疾病，美國約有百分之一的人深受其擾，出現類似幻覺和妄想等症狀[36]。顯而易見地，感染弓漿蟲症的人——這裡說的可是全球人口的三分之一——大部分並沒有罹患思覺失調症，而研究結果也愈來愈指向這種疾病主要是由基因所引起的。但是約爾肯和托利認為，弓漿蟲症若搭配上其他環境和基因方面等因素，就可能成為將有罹病傾向的人導向發病的危險因子[37]。

有一項具說服力的事實是，感染弓漿蟲症的人比起未感染者，被診斷患有思覺失調症的比例幾乎是三倍。然而就連這項發現也不像表面上看來那麼斬釘截鐵。一般來說，你根本無法判定某個人究竟是先感染了弓漿蟲症，還是先罹患了思覺失調症。批評者提出，也許思覺失調症患者因為精神狀況不佳而不注重衛生，因此更容易感染寄生蟲。

但是約爾肯和托利儘管樂意承認他們的理論會帶來緊繃的局面，他們仍然引用了一連串豐富的相關性來佐證。思覺失調症除了是在一八〇〇年代才頗為突然地出現之外，它還帶有一種令人不解的季節性特質，這在精神疾病領域相當不尋常。思覺失調症患者傾向於出生在冬天和早春。托利推測能在屋裡屋外進出自如的家貓，在天氣寒冷的月份儘管仍會活躍地獵食，卻可能在家裡待上更長的時間，因而更可能傳染正處於最後三個月孕期的胎兒，而這也是胎兒最容易受弓漿蟲影響的階段，等到他們出生時就正好是冬天或早春。有好幾項研究都指出，孕婦在冬天時更常感染弓漿蟲症。

還有其他幾件支離破碎的證據。女性思覺失調症患者就和嚴重的弓漿蟲症患者一樣，出現死產的機率較高，沒人知道為什麼。在某些歷史上沒有貓（以及延伸而言的弓漿蟲）的地方，像是巴布亞紐幾內亞的高地，思覺失調症顯然也很罕見。弓漿蟲症就和思覺失調症一樣，經常在家族中蔓延——倒不是因為基因，而是因為家人共享食物、水源和貓——而也許某些被視為思覺失調症的遺傳現象，其實是偽裝過的弓漿蟲傳染模式。思覺失調症在擁擠、貧窮的家庭較常見，原因不明，弓漿蟲症也符合這項描述。最後，有些弓漿蟲症患者會出現精神方面的症狀，而——即使在沒有出現精神方面症狀的情況下——專門用來治療精神疾病的抗精神病藥物卻奇妙地獲得證明，能在寄生蟲進入休眠狀態前，有效地阻止牠們擴散。

許多弓漿蟲症的研究者都覺得這項思覺失調症的理論最起碼能引起他們的好奇。然而反駁的聲音也是有的。據知在城市裡長大的人更常罹患思覺失調症，而弓漿蟲症在鄉村分布得更廣。弓漿蟲症感染率高得嚇人的國家，像是衣索比亞、法國和巴西，其思覺失調症患者的比例並不特別高。同樣地，在某些已開發國家，包括美國在內，儘管有一大堆新貓到處蹓躂，近來弓漿蟲症的感染率卻下滑，這也許和冷凍肉品還有改良的農耕方式有關。然而被診斷為思覺失調症患者的人數卻沒有下降。

相關證據剪不斷理還亂，部分原因是弓漿蟲症在全球分布得實在太廣。約爾肯和托利表示，資料中某些令人抓狂的不一致處，可藉由較好的診斷工具來解決，以辨別寄生蟲的品種（有些品種特別兇猛）或是牠在人體裡的確切位置（以對神經的影響來看，肝囊腫的危險性可能不及腦囊腫）。

最重要的一點或許是，弓漿蟲症檢驗並不能查出患者是什麼時候被感染的。基本上，思覺失調症的症狀會在青少年時期顯露出來，而約爾肯和托利認為這種寄生蟲對尚在發育中的大腦破壞力特別強，不光指胎兒，還包括嬰兒和幼兒（舉例來說，四周大就被感染的老鼠，會表現出和九周大才被感染的老鼠截然不同的結果）。他們目前研究的焦點愈來愈集中在童年初期被感染的案例上。

當然，也可能是這群弓漿蟲症研究者的思維就和他們的實驗鼠一樣出現了功能障礙，因為托利、杜貝、弗萊格和其他同領域的明星，本身就感染了弓漿蟲症，他們自己也心知肚明。即使他們的研究沒有被寄生蟲的操弄所左右，也可能受到觀察者偏差（observer bias）的影響。到了某個程度，透過隨著貓糞排出來的寄生蟲的眼光來看待人類生活，是有讓人變得病態的風險存在的。

至於我呢？我作了一回血檢還不夠，要兩回血檢結果都是陰性，才讓我放棄自己想跟獅子躺在一起是被某種微生物哄騙的想法。說實話，即使到了現在，我還是沒有完全打消這個念頭。就像約爾肯和托利說的，血檢也未必萬無一失。

有些神經學家擔心，被過度渲染的弓漿蟲症研究不僅會誤導昏了頭的貓飼主，也會害了病情嚴重的人。「弓漿蟲症與思覺失調症之間的連結非常薄弱，」亞利桑那大學的阿妮塔．科希（Anita Koshy）說，她研究弓漿蟲，同時也治療病患，「看了真教人心碎。思覺失調症是種很可怕的疾病，而我感覺你們正在拋出虛幻的希望。」

與此同時，新的弓漿蟲理論還在不斷孵化。最近一篇專欄文章提出，某些國家（例如巴西）的男子氣概文化和在世界盃足球賽展現的高超本領，都是拜男性有很高比例感染了弓漿蟲症之賜[38]（在球場上，提高冒險犯難的精神和侵略性是好事）。

也許早在人類史上第一次出現文明時，這種寄生蟲就形塑了所有的人類文化。

眾所皆知，古埃及人養了很多家貓，甚至還當作產業在繁殖貓。不意外地，弓漿蟲在現代埃及是一大問題[39]。事實上，托利和約爾肯最近還參與了一項當地研究，對於被弓漿蟲汙染的尼羅河水所帶來的威脅特別感興趣。

史丹佛大學青年研究員派翠克．豪斯（Patrick House）正在埃及的木乃伊裡獵捕這種寄生蟲，特別是廉價處理的木乃伊，因為偷懶的屍體防腐員會把大腦留下。「我蒐集了一份清單，列出我知道的每間博物館裡收藏的每一具木乃伊，」他說，「我建了個 Excel 檔。」

他假定自己能找到寄生蟲，並想查明牠是否在古代人之間廣為流傳，想知道他們的身上究竟是什麼樣品種的弓漿蟲，還有那些品種演化成的樣子。弓漿蟲症大流行會不會影響古埃及人的行為，是個引人入勝的思考題目。「在我看來，這算是能改寫人類的歷史呢！」豪斯說。

乍聽之下，這整個計畫讓我覺得不著邊際，甚至有點瘋狂。可是我後來得知，另一個在查探有幾千年歷史的木乃伊皮囊的科學團隊，已找到了弓漿蟲的蹤跡[40]。

第七章

潘朵拉的貓砂盆

波西．達夫通索斯王子就和同名的電視喜劇角色波西．達夫通索斯（Percy Dovetonsils）一樣，但牠不以浮誇的方式朗讀自創詩，而是一隻如歌劇演員般的暹羅貓，每當貓奴為牠奉上早餐時，都會引吭高歌，似乎表示對食物非常滿意。牠身為家庭寵物的十七年間——這幾乎佔據了我整個童年——都會熱切地以牠微微鬥雞眼、天藍色的眼眸追隨我們的目光，把握每一個霸佔我們腿上的機會，並在我們出門時於門邊守候。

每個人都認識一隻這樣的貓，也就是深愛居家生活，以及與牠為伴的人類的家貓。人們經常形容，這樣的貓「像狗似的。」不過事實上，還有很多具其他貓樣的家貓，或閃躲而誘人，或神經質而搞怪。

譬如說我妹妹家的費歐娜吧，牠整個白天都躲在床底下的鞋盒之間，那裡有個小小的空隙，正式名稱是「費歐娜的辦公室」。

或是半帶野性的安妮，只要日常生活中稍有改變便會嘔吐，而我媽就得拿著專門挖嘔吐物的小鏟子追著牠屁股跑。

我心愛的奇多則經常會把犬齒嵌進重要客人的肉裡，尤其是當他們想撫摸牠時。

我們已經探討過家貓能在最嚴酷的野外環境中活得很好，但是這些靈敏的掠食者在進入我們舒適的家中當寵物後，又過得怎麼樣呢？我們對這些室內動物的心靈生活、牠們與我們的關係，以及牠們對我們共享的環境擁有的感覺，又有什麼了解？牠們喜歡被人用不流淚配方洗毛精搓洗嗎？牠們喜歡用放山雞佐起司、木瓜和海草烹調的晚餐嗎？同居生活對人貓兩個物種又有任何好處嗎？

事實上，家貓在我們平坦、粉刷過的四壁內過著養尊處優的生活，對牠們來說是很重大的演化成就，就和在強風吹拂的亞南極島嶼及火山錐上生存一樣了不起。如果家貓真的能把某些人類逼瘋，或許這個問題不是單向的。

我為了尋找這種與世隔絕的現代生物靈魂，前往全球寵物食品暨產品博覽會（Global Pet

Expo），會場就設在奧蘭多一間沒有窗戶的大型會議中心，可說是把「室內」的定義發揮到極致。這是五百八十億美元產值的寵物業規模最大的商品展[1]，我在看不到盡頭的貓用品貨架間漫步，瀏覽著哥德黑的貓爪套、貓用牙間刷，還有能快速拆卸輪子的貓推車。我學到了南瓜是天然化毛良方，木天蓼是最夯的貓大麻。貓食界還吹起一股「新奇蛋白質」的風潮，全世界的水牛和袋鼠大概都該因此繃緊神經。我每隔一會兒都得婉拒場內發送的貓食試吃包。我暫且停下腳步，看著一個成年男人為了測試一座像紅杉木似的巨大貓跳台夠不夠堅固而爬上頂端，還勝利地舉起雙臂迎接眾人歡呼。

不久前，家貓還沒有真正的「用品」[2]，更別說現在琳瑯滿目的假樹、手工帳篷和燕麥防曬霜了。牠們多半湊合著使用為狗開發的產品，就連提籠這麼基本的用具都很稀少，需要被限制行動的家貓大概會被塞進一只舊靴子裡。商業化生產的狗食在一八六〇年代問世，但商業化生產的貓食一直慘澹經營，直到二次大戰後才略有起色。人們很合理地認為，貓有本事填飽自己的肚子。

遲至一九六〇年代，貓食、貓玩具和所有貓用品的比率低得嚇人，只佔了整體寵物用品市場的百分之八[3]，遠遠超越它們的不只有狗用品（百分之四十），還包括貓的宿敵——鳥（百分之十六點五），甚至比爬蟲類和小型哺乳類這些次一等的獵物還不如。

不過現今家貓瓜分了一大塊市場，而且正步步逼近一路領先的犬輩。現在美國人每年光是買貓食就花了六十六億元，就連貓砂也有二十億元的銷售額[4]。是什麼改變了？貓尿布、加了綠茶萃取物的貓咪能量飲，和有撫慰效果的呼嚕枕頭，都是頗令人驚豔的創意商品。可是如果不是貓走入室內在先，這些都不會存在。

把家貓完全養在室內是最近才有的模式。卡爾．凡維騰在他一九二〇年出版的經典專著《引虎入室》中，描述了一種流動式、經常待在戶外的貓的生活形態。不到一個世紀以前，這一切都還十分普遍慣見，即使在曼哈頓市中心也不例外。「據知，波斯的貓咪會拋下客廳裡的絲綢，擁抱屋頂上的自由生活。」[5]他寫道，「一隻普通的公貓，明明可以睡在家裡的暖爐邊，與全家人和樂融融，但偏偏愛到屋頂和圍籬邊，成為職業拳擊賽的風雲人物。」

可是時至今日，美國有人飼養的家貓中，有超過百分之六十每天醒著的時間都在屋內度過[6]，另外還有幾百萬隻寵物貓大部分時間都待在室內，或至少在家過夜。從住在屋頂上轉變為住在屋頂下，只是這五十年左右發生的事，最初由都市化所造成，而絕育也起了推波助瀾之效（未絕育的公貓和愛叫春的母貓並不是善解人意的好室友）。當人類從已被征服的自然世界退回城市，然後再順著愈來愈誇張的高樓退到天上，許多貓也跟著我們移動。

若以個別的室內貓視角來看，搬到室內是種挑戰，因為這通常意謂牠們要被剝奪機會，不能做自己最擅長的事：交配和獵食。可是從整個貓族征服世界的角度來看，登堂入室絕對是美妙的策略。儘管室內貓只能代表全世界一小撮的貓，牠們卻是貓族最重要的親善大使。若是少了在室內進行的社交活動，街貓可能還爭取不到這麼多人類同盟，而且從政治的角度而言，要肅清貓群脆弱的生態系統也會容易得多。現代的貓「瘋」潮絕對不會發展得如此強大。

當家貓處於自然界和邊緣地帶時，基本上是種讓人看不見的動物。家貓唯有受困屋內的時候，才從善變的生物轉為真正的寵物。牠們優雅的慵懶勁兒、高傲的貴氣和許多討人喜歡的隱藏習性，突然間都二十四小時地呈現在你眼前。在封閉的居家環境中，人類對這種生物長久以來的崇拜與愛慕，很快地變得更加執著。我們像是失心瘋了。最新研究[7]顯示，飼主們把家貓關在室內的原因，大概既不是為了保護鄰近的野生動物，也不是怕自家會感染弓漿蟲症，而是要守護好他們的愛貓，以免遭到浣熊或凱迪拉克的毒手。

當然，這種執著的愛不但奪去貓的生殖腺和爪子作為代價，還經常讓牠們連尊嚴都失去了。大門一關、電梯一升，這些頂級掠食者馬上變成最徹底的依賴者，什麼都要靠我們：拉屎的地方、消磨時間的方式，以及很多、很多、很多的食物。

在全球寵物食品暨產品博覽會上，家貓經常被標榜為可愛、柔弱的懶鬼，而不是超級殺手。牠們只會被貓薄荷香蕉玩具和白鮭加薄荷口味的貓食迷得不支倒地。貓門區教人看了更沮喪，這些小門不是通往後院綠色天堂的出入口，而愈來愈常只是通往地下室的貓砂盆。

或許就在飼主與寵物締造的強烈連結中，終於換我們能從人貓數千年的同盟關係中，得到一些重要收穫。也或許，家貓帶給人的愉悅，總算讓我們對貓的神祕迷戀沒有白費。

美國寵物用品協會（American Pet Products Association）可能會希望我們這麼想。這個貿易團體最近開始資助人與動物互動相關的研究領域，也就是對人們和家裡的寵物如何影響彼此所進行的正式研究。這些商業領袖甚至向一個非營利研究機構提供資金，試圖量化擁有同伴動物能得到的回報，想把寵物提升到「對人類和動物的健康都有利」的地位。科學其實不該有立場，但這裡強調的重點非常正面：「寵物讓我們快樂，」該團體的網站上宣稱，「寵物對我們有益。」

博覽會期間，那些非營利科學機構正在撥發最初一批研究補助金，但我事後失望地發現，五筆補助金之中有四筆都給了與狗有關的研究（近來與狗相關的研究領域顯得人滿為患，部分原因是美國政府和其他團體仍一直在這種已經很好用的動物身上挖掘新的用處）。第五筆補助金給了馬術治療。因此想研究美國最受歡迎寵物的人員，只能空手而歸。

不過原來有幾位學者已在狹小的居家空間裡細究過人貓之間的關係，而他們的發現並不全然是暖乎乎、毛茸茸的。

人與家貓的研究之父是一位名叫丹尼斯・特納（Dennis Turner）的美國生物學家。他於一九七〇年代展開科學生涯時，研究的是一種截然不同的動物：吸血蝙蝠。他在哥斯大黎加的叢林裡研究該種蝙蝠對血源的選擇以及習性。有好幾次，特納本人被蝙蝠挑中吸血，而在一次被有狂犬病的吸血蝙蝠咬傷後，他接受了令人聞之色變的二十一針疫苗注射才保住一命。

也許這段驚險的實地考察工作影響了特納，讓他決定研究可愛一點的生物。他回到安全的自家客廳後，仔細思考該從一大堆動物中選擇何種來轉換跑道，甚至一度考慮接受帶領著名的塞倫蓋提獅群保育計畫的工作邀約。

「就在我認真考慮要接手獅群保育計畫的那一刻，」特納回憶道，「我養的貓從桌子底下鑽出來喵了一聲。我開玩笑地對牠說，『妳來當我的獅子吧。』然後便靈光一現。」

已經有一些科學家在調查家貓在戶外的活動及獵捕行為了，但特納對我們愈來愈親密、愈來愈宅的跨物種關係更感興趣。值得玩味的事其實很多，像是溫度調節的問題能不能解釋為什麼某些貓就是不肯待在我們的腿上？飼主的性別會左右玩耍的激烈程度嗎？他發表的論文有著引人好奇卻有些模稜兩可的題目，例如《配偶與貓以及他們對人類情緒的影響》。

世界各地還有其他幾間實驗室追隨特納的腳步，不久後，幸運的研究生便為了研究計畫而一板一眼地撫摸起小貓來。他們集體的努力現已累積篇幅不多卻生動有趣的文獻。最近一項研究[8]中，研究者在某戶人家的地板上放了一隻有大玻璃眼珠的小貓頭鷹絨毛玩偶，然後觀察那家人養的幾隻貓的反應，記錄下牠們的行為，像是舔嘴唇和甩尾巴，以及「事件」——包括貓用「奔馳」的方式跑過去，或者「貓的眼睛睜得比平常還大」。

貓科學家很樂意地將他們努力研究出的成果，融入嶄新、不斷擴張的人與動物互動相關的研究領域。隨著農業和畜牧業淡出我們的日常生活，我們嘗試釐清為什麼會和這些讓我們掛心的新動物——家中的寵物——建立起愈來愈深的連結。這是再自然不過的反應了，然而人類身為自私自利的生物，更特別關心寵物對我們的健康能產生什麼可量化的影響。

這個領域的開創性研究[9]發表於一九八〇年，一位名叫艾麗卡·弗里德曼（Erika Friedmann）的研究員追蹤了心臟病發後存活下來的患者案例有什麼影響因子，結果發現有養寵物的病患有百分之九十四都能多活超過一年，而沒養寵物的病患多活一年的比例只有百分之七十二。這項發現所導向的「寵物對我們有益」的名言，從那時起就在人們的心中生根。經常擔任ＡＢＣ電視台節目《早安美國》來賓的明星獸醫師馬提·貝克在其著作《那些動物教我的事：寵物的療癒力量》中，對這類觀點作出以下總結：「寵物可能是健康的靈丹妙藥[10]，讓你能住在家裡而非醫院，又降低心臟病發的風險……只要被舌頭舔一舔、看尾巴搖一搖，或是聽到富有節奏感的呼嚕聲……而且不必花你一大筆錢，只要付出一罐喜躍牌罐頭就行了。」

艾倫．貝克（Alan Beck）是普渡大學的動物生態學家，正在協助監督寵物業新投入的科研工作。我和他會面時，我剛讀完一份題目為「戀戀山羊：人類健康狀態的隱藏線索」的研究摘要（「我最愛的山羊死去的時候，我感覺比我母親去世時還要悲慟。」其中一名研究對象如此陳述）。我知道貝克本人研究過天竺鼠與自閉症的關係、水族箱與阿茲海默症的關係，還有和克萊茲代馬相關的某項研究。我點了大杯咖啡，作好心理準備要迎接讓人頭暈眼花的一大串關於家貓的冷知識。因此當我問他家貓對我們有什麼好處時，我很訝異得到的是漫長的沉默。

「只要我開始批評任何一種動物或任何一個品種，」他說，「我就會惹禍上身。相信我，我對比特犬有過類似經驗。但是……」

這下我的耳朵真的豎起來了。

「但是事實就是，家貓對人類健康有益的證據比較少。」

這不是因為人們不喜歡貓，他急著向我保證，「只是我不認為人類對待貓的方式會帶來任何療效。」

確實有人正式施行貓療法。譬如說，在太平洋路德大學和其他大學的期末考期間，曾有受過訓練的貓醫生被派去接受撫摸。但這件事明顯有它的極限。根據調查，幾乎有百分之二十的人就是不喜歡貓[11]，醫學級恐貓症普遍的程度令人訝異，而且研究結果[12]顯示，有時候貓會刻意親近討厭牠們的人（正式的貓療法似乎大部分在監獄裡進行，可能是因為雙方都無處可逃）。因此，貓醫生可能很快就產生反效果。

可是即使對為貓痴狂的飼主來說，家貓似乎也不會提供「寵物對我們有益」的口號所宣傳的健康益處。而且正好相反。一九九五年，艾麗卡．弗里德曼重複她的心臟病研究時，將注意力偏重在病患飼養哪一種寵物上，而不是概括性地用有沒有養寵物來分類[13]。她證實了養狗的確能提高病患的存活率，但養貓的結果反而略為相反。另一組人馬在最近作的追蹤調查[14]中認定，家貓對心臟病來說是相當不利的條件。相較於養狗，或甚至什麼也不養，養貓「與死亡或再次住院的風險提高有著值得注意的關聯。」作者群如此寫道。

其他研究者也發表了類似的駭人結果。美國一項針對醫療補助計畫所進行的研究[15]，顯示狗飼主就醫的次數比較少，表示他們的健康狀態可能比較好，而貓飼主看醫生的頻率就和剩下的人一樣高。後來一項荷蘭的研究作出結論[16]，貓飼主更常因為特定類型的疾病而就醫——更具體而言，就是精神疾病。還有另一組科學家發現，貓飼主的血壓比較高[17]。挪威一項研究[18]特別明確地為家貓定罪，證實貓飼主不但血壓比較高，體重也比較重，而且整體健康狀態都比較差。「運動頻率愈低，那個人有養貓的機率愈高。」挪威作者群提出警告。他們注意到歐洲人養貓的比例愈來愈高，呼籲要進一步對貓飼主進行科學觀察，判斷是否「貓害他們足不出戶，導致健康狀況變差。」

室內貓難道真的把鬼迷心竅的人類給困在牢籠裡，用撒嬌的依偎綁住我們，直到我們像吹氣球般發胖、血壓一路飆高？馬提．貝克提到的喜躍牌罐頭為我們帶來的真正回饋，難道就是心跳停止嗎？這些發現讓我自己那顆愛貓的心涼了一截，所以我得知這一切有幾種不那麼惡性的解釋時感到欣慰。光是蹓狗這一件事，就足以造成貓飼主和狗飼主某部分的健康差異。一項研究顯示，狗飼主比起沒養寵物的人，有高出百分之六十四的機率會至少步行若干距離，而貓飼主比起沒養寵物的人，走路的機率還低了百分之九。貓飼主也可能是比較有主見的一群人，比較不愛散步或處理已經存在的健康問題，而這可能正是他們當初選擇養貓而非養狗的原因。

還有另一種可能——先不提額外的運動量好了，狗飼主在公園和人行道上遇到的同好，可能會為他們帶來有益健康的社交好處。另一方面，養貓並不會讓人常常有機會參與公眾生活。

話雖如此，有些實驗將上述至少某些因素設定為控制變項，而結果顯示狗和貓對人的影響可能還是有基本的差異存在。「這叫作社會支持理論，」貝克說，「我們想要和其他人相處，讓自己感覺沒那麼孤單；我們在人與人的碰觸中獲得安慰，我們利用彼此來感受當下。而我們也會對寵物這麼做，只可惜和狗比和貓容易有這種連結。」在這個家庭價值崩壞、地理隔離和倦怠感普遍的時代，狗似乎是比較好的人類同伴替代品。

想當然爾，可以理解許多貓飼主會對這樣的評語不以為然。我自己都能回想起許多次被貓撫慰心靈的經驗，譬如大學畢業後要搬離家裡的時候，我帶走家裡一隻名叫科比的胖貓，我會整夜把牠抱在懷裡，好像牠是有生命的泰迪熊（不過我愈是回想這段記憶，就愈不覺得溫馨了。科比在我第一間公寓的單調乏味環境中，很快變得沮喪、消瘦，直到我不得不投降，把牠還給我媽）。

也許問題有一部分出在即使寵物貓被我們堵在家裡，我們和狗的接觸仍然多得多。一項研究[19]指出，只有百分之七的飼主會和貓共處一整天，卻有半數都會二十四小時跟狗黏在一起。另一項研究[20]則揭露，在兩百一十分鐘的觀察時間內，家貓和人彼此靠近到一公尺內的距離的時間僅短短六分鐘，互動的情形更常常只維持不到一分鐘。日本的一項研究[21]中，科學家藉由分析貓耳的抖動證明，家貓確實認得飼主的聲音，但純粹選擇不回應我們的呼喚。

當家貓主動願意靠過來的時候，牠們也不會以類似人類的方式與我們相處。最近，英國獸醫丹尼爾．米爾斯（Daniel Mills）嘗試複製一九七〇年代一系列經典的實驗，該實驗原本是要測驗孩子對父母的情感連結，只不過這次他找來的實驗對象由孩子和父母改成了家貓和飼主。

他已經用狗做過這項實驗了，牠們的表現和人類孩子相當類似，在探索新的空間時會尋求安全感、避開陌生人。我和米爾斯面談時，他還沒有發表以家貓為實驗對象的成果，但有人認為他的實驗影片驚世駭俗到值得被流出，而現在也已確實成了網路上的熱門影片。其中一段影片顯示，家貓不但似乎一點也不在意飼主離開房間，還藉由和陌生人卿卿我我來刻意冷落飼主。米爾斯作出結論：家貓到了陌生的環境，並不會像狗一樣從飼主身上尋求安全感，而且還能愉快地隨便和陌生人玩在一起。

「這項研究為我招惹來許多攻擊，」米爾斯說，「但是我要甘冒大不韙地說，關於安全感這回事，家貓並不依賴我們。」

正如同許多家貓的相關事項一樣，牠們的互動風格——或該說缺乏互動的風格——仍要歸因於取得蛋白質這件事。同樣地，要了解家貓為何如此不愛互動，最好的方式就是拿狗來對照。狗由狼演化而來，向來都是群居獵人，若要生存，憑靠的是合力撂倒獵物。對狗來說，溝通與合作就和利齒一樣重要，都是牠們賴以為生的武器。人類來自大致上相同的演化學校，團體生活形塑了我們。我們和狗共處了超過幾萬年，甚至可能共同演化。日本研究員最近提出，儘管狼會避免眼神接觸，但狗卻在許久之前的馴化階段中，就學會了人類注重眼神接觸的行為模式[22]。最終，眼神成為人狗之間互通語言的關鍵要素，以致於當一隻狗與飼主四目相接時，牠會得到一股催產素湧現的回饋，而飼主在回應牠的眼神時，也同樣能接收到這種愉悅的荷爾蒙噴發（人類父母和他們的孩子之間有著類似的連結）。因此人與狗成為社群夥伴；時至今日，經過幾千年的人為汰選，以及對人類長久以來的依賴，狗無庸置疑地比以往更加貼合我們的生活模式和個人角色。我在全球寵物食品暨產品博覽會的現場看到一部機器，可以遠端遙控釋出一股出門在外的狗飼主的襪子氣味，而狗的反應顯然就像獲得零食一樣開心。

但是我們已經見識到，家貓是徹頭徹尾的獨行俠。幾乎所有野生貓科都是單獨生活、單獨打獵，在完全專屬於自己的地盤活動，只有偶爾才跟同一族群的夥伴碰面。任何形式的合作，對牠們來說都算是勉為其難——就連過著團體生活的獅子，在獵食的時候也並非真的集體行動——地位與等級實在不適用在牠們身上。貓科動物身為自然界中的隱士，從來就沒演化出表達方面的技巧，因為牠們周圍沒有其他的貓等著解讀訊息，因此貓科動物才會以面無表情著稱。家貓不會搖尾巴、動耳朵，或者用水汪汪的眼睛無辜地盯著你瞧，也不懂得理解這類暗號。家貓所展現出的少數清晰可見的表態方式，通常只在牠們覺得生命受到威脅的時候才會出現。牠們會弓起背來，毛像河豚一樣炸開。同時家貓是伏擊式的掠食者，鬼鬼祟祟是牠們的謀生之道，因此也不太會使用聲音暗號。家貓的主要溝通媒介是費洛蒙，彼此不需打照面就能發送或接收強烈的訊息。

簡言之，家貓的溝通風格讓牠們獨一無二地，無法提供人類渴望的社交互動。家貓想要的是空間，不是陪伴；是蛋白質，不是聽好話。人類與貓在生物學上是毫不匹配的伴侶。「家貓對於人類的行為或怎麼和人類互動最好，似乎只有些微或甚至完全不具備直覺上的理解力。」[23]貓行為學家約翰·布雷蕭在其著作《貓的感知》中指出，「與人類建立起親暱關係，並不是多數貓的人生意義。」

而我們人類身為強勢的溝通者，若以上所說的都阻止不了我們用盡全力去解讀這種莫測高深的動物，或許這就是為什麼科學家最後會寫出《探討貓瞳孔直徑與兒童及成人的感情態度之間的關聯》這類的研討會論文。即使對布雷蕭這樣卓越的貓行為學家來說，摩蹭人腿這類的貓行為仍然是不解之謎。「儘管我已經研究多年，」[24]布雷蕭無奈地說，「還是不能確定家貓用牠身體不同的部位來摩蹭，究竟有沒有不同含義。」

不過在此要為家貓說句公道話。有些證據顯示牠們誠心誠意地想透過有限、以氣味為基礎的表達功能向我們示意，方法是噴尿或用牠們臉上和臀部的腺體在我們腿上拼寫出含蓄的訊息，但人類經常遲鈍到忽視這些線索。事實上，我們的嗅覺是出了名的差（一項實驗[25]中，貓飼主甚至無法根據氣味從一排家貓之中認出自家的愛貓，更別說還要理解氣味更深層的含意）。

雙向的溝通失敗，使得室內貓處於不穩定而危險的處境，因為牠們一旦被關進家裡，就得依賴人類的恩惠才能存活。讓事情更加複雜的是，根據布雷蕭形容，家貓有社交弱點[26]，因此對懲罰幾乎無動於衷，也只認可食物為唯一獎賞，非常難訓練。我們無法教牠們道理。

這就是人貓互動研究中所出現的耐人尋味的轉折。家貓如常地在與人類的互動關係中採取主動攻勢，試圖馴服我們。在受困家中、別無他法的情況下，每隻寵物貓都得面對令人卻步的任務：教牠們笨頭笨腦的主人懂規矩。由於這件麻煩事遠遠超出正常的家貓的社交生活，因此多多少少牠們必須從零開始，在人類身上施行相當於各種測試的行為。原來我們自以為是家貓在對我們展現感情或愛意，但事實上非但不是無條件的（unconditional），反而是積極的制約作用（conditioning）。因此，家貓成了實驗的設計者，我們則是巴夫洛夫（Pavlov）的狗。

對於部分愛貓人士來說，這是不言而喻，甚至令人愉快的事實。「蜂蜜捲是超級黏人精，」[27]一項研究引述了飼主的話，「牠的情感需求很大，還真的會用貓掌『打』人，要人撫摸牠或繼續撫摸牠。」但我們對於大部分的馴服過程都是渾然未覺的。

譬如說，很多家貓發現人類對聲音的反應十分靈敏。就拿呼嚕聲這種令人愉快的顫音來說吧，對家貓而言，這種由聲帶發出的音調嗡鳴並沒有固定的意義，它可能代表「我很開心」，甚至也可能是「我快死了」。但在人類聽來，這種聲音總是討喜，甚至有點奉承的意味，所以很多家貓顯然會於我們的聽力範圍內，調整牠們本來沒有特定目的的呼嚕聲。這其中隱含了只能勉強聽得出來、極為擾人又很堅持的一種信號，一種與嬰兒哭聲相仿的叫聲，通常是為了討食。「在人類通常認為與滿足有關的呼叫聲中，特意嵌入一種哭聲，是引起我們回應頗為微妙的一種手法。」[28]專門研究呼嚕聲的凱倫．麥庫姆（Karen McComb）說，人類會潛意識地覺察「請求式呼嚕聲」，她形容這種聲音「較不和諧，也較難讓人習以為常。」她還宣稱，當家貓發現這麼做有用的時候，就會增加這樣的行為。

喵叫也可能同樣帶有操控意圖。在自然界中，這種貓科動物鮮少使用的叫聲並不具有特別意義，不過許多飼主將自家貓的喵叫解讀為特定的指令卻是正確的。比起野化貓與野生貓，寵物貓不但更常喵叫，也叫得更嗲。在一戶人家的範圍之內，牠們還會用喵叫構成獨特的語言，使喚飼主。這種暗示十分獨特，沒有辦法放諸各家皆準。飼主可留意自己的愛貓所下達的特定指令，卻未必能理解隔壁鄰居的貓在想什麼。研究[29]顯示，「為家貓的喵叫分類，不在於釐清其共通規則，而是有賴於搞清楚某隻貓特定的發聲方式。」按照慣例，這時猛抄筆記的絕對是人類而不是貓。

人類具備超級利於溝通的線路，簡直就是喵叫這種利用行為的頭號目標。我們藉由功能性核磁共振造影進行的調查[30]，甚至顯示出人類大腦的血流模式會隨著貓叫聲的音頻高低而改變。

如果說針對家貓如何影響人類生活的正式分析已經很少了，我們對寵物的個別經驗了解得更是有限。看來，這群不合群的超級食肉動物一如往常地，使出看家本領適應新環境，並運用各式精巧的生存策略度日。舉例來說，家貓可以讓出牠們晝伏夜出的生活方式，配合飼主的生理時鐘[31]，並將就於跟某些野生近親相比只有萬分之一大小的領土。同時牠們放棄交配，而且絕大多數的家貓也都金盆洗手，不再殺戮，儘管這可是最能體現家貓的本質的休閒娛樂。

但這樣就夠了嗎？正如布雷蕭所說，貓科動物是出了名的差勁囚犯。在動物園裡，只有熊過得和貓科動物一樣悲慘（熊也是喜歡單獨行動的食肉動物）。大貓會用來回踱步的方式表現焦慮，家貓則會處於所謂「無精打采的休息狀態」——這項描述讓我心有戚戚焉，腦中立刻浮現奇多壯碩的橘色身軀如擱淺般、在床上一待就是好幾個鐘頭的畫面。除了躺著，一個身懷絕技的殺手還能怎麼打發時間？研究顯示，室內貓與飼主的互動之所以會比較多，想必是因為替代選項不多，不過有另外一項讓人掛心的研究，題目是「室內貓有什麼『消遣』之照護者觀點」[32]。顯然我們的愛貓有超過百分之八十，每天會花費長達五小時盯著窗外，或盯著風鈴、蝴蝶，甚至一片空無。

不光是因為我們舒適的家可能很無趣，對於這些極度敏感、半馴化的獵人來說，也有可能是家為牠們帶來了壓力的元素，而人類只能勉強去設想。我們的冰箱、電腦和其他一些機器會發出可怕的高頻音，家貓必須設法忍受。我在全球寵物食品暨產品博覽會的現場遇到一位女士，她創作了一支以長笛和豎琴為主的貓交響曲，可用來掩蓋電器發出的噪音。家中的灰塵和某些毒素，尤其是二手菸，可能讓家貓罹患氣喘或更嚴重的疾病。我們的節日對家貓來說也不值得慶祝，例如在復活節擺設有毒的麝香百合、施放震耳欲聾的煙火，還點起蠟燭，使得充滿好奇、毛茸茸的圍觀者一不小心可能就被燒著。

不過毫無疑問地，對於某些貓來說，我們的家最讓牠們受不了的是其他房客。

有養貓的家庭多半都養了不止一隻貓[33]，而實際上很樂意有伴的狗，卻經常是家中唯一的寵物。家貓天生就討厭同族的成員，即使坐擁幾公里的領土也不樂意與另一隻貓分享，但是人類往往把貓的孤僻誤解為孤單，蠻橫地堅持要在家裡塞進更多全副武裝的頂級掠食者，希望牠們能與老大相親相愛。許多家貓會把直接的眼神接觸解讀為威脅，牠們真的無法忍受彼此互看。根據一項研究[34]，同一個家庭的貓有百分之五十的時間，小心地待在對方的視線範圍之外，儘管牠們經常相隔不過一兩公尺。

當然，家貓也是適應力絕佳的生物，我們都親眼目睹，或從影片中看過貓和彼此、和狗甚至倉鼠交朋友。不過這種場景之所以討喜，很大一部分是因為它是例外。

此外，儘管有些家貓似乎以物主之姿，對人類展現出帶有佔有欲的偏好，但有些家貓確實對我們很感冒[35]，牠們會出現氣喘、打噴嚏等動作，就連能夠容忍我們頭皮屑的部分家貓也可能會嫌我們太黏太煩。有的家貓除了會迴避貓室友的眼神之外，也不喜歡人類直視牠們的眼睛[36]；有的則痛恨被撫摸。研究者透過測量貓糞中的皮質醇含量來研究牠們的壓力指數，發現儘管共享領域對家貓來說有損尊嚴，但有些膽小的貓事實上在多貓家庭中過得比較愉快，或許是因為其他貓能分擔飼主的愛撫所帶來的衝擊[37]。

因此室內貓發展出讓《管教惡貓》這種節目有源源不絕的素材的行為問題，也就不令人意外了。有一種現象叫「轉移性攻擊」，指的是當一隻貓被某件事——其實應該說任何雞毛蒜皮的小事——惹惱時，牠會拿剛好在旁邊的人類出氣。「舉例來說，如果家裡的兩隻貓起了口角，吵輸的那隻在餘怒未消的情況下，可能會走過去攻擊家裡的幼兒。」[38]某個動物福利網站如此說明。

近年來最知名的攻擊者，或許非精神失常的喜馬拉雅貓路克斯莫屬。牠在西雅圖先是咬傷一名七個月大的嬰兒，接著又把全家人追得躲進浴室，逼得他們報警求救。這通報案電話的部分錄音檔在網路上瘋傳[39]。

「您認為那隻貓會試圖攻擊警方嗎？」緊急報案電話的總機問道。

「會。」路克斯的飼主斬釘截鐵地回應，同時他那隻十公斤重的寵物還在背景中咆哮著。

二〇〇八年，《紐約時報》一篇關於寵物抗憂鬱劑的報導介紹了一隻名叫布布的家貓，其飼主形容牠是「如美洲獅一般的精神異常跟蹤狂」[40]。布布訴諸暴力手段，成功制約了飼主道格（Doug）——他是一名富商，因為擔心對生意產生不良影響而拒絕透露姓氏——迫使他在與其他人類（尤其是噴了香水的女人）有過身體接觸後，一定要洗手，甚至洗澡。

然而這樣還不夠。隨著抓咬愈來愈激烈，道格只好穿上內裡縫了超厚彈道尼龍布的長褲。

路克斯和布布或許是極端案例，但家貓的偏差行為可一點都不罕見。其他廣為人知的抓狂寵物貓，令受害者必須用吸塵器自衛或是潑茶水防禦。根據一項研究[41]，已知有將近半數的家貓曾以利爪利齒對付飼主（想想如果狗這麼做會如何），而惹牠們生氣的原因通常和撫摸及玩耍的情境有關。除了「忍無可忍的撫摸」之外，其他觸怒家貓的環境因素還包括絕育狀態、到戶外的自由度、來到家中的訪客、另一隻貓的存在、環境中的鉛濃度、尖銳的噪音、不尋常的氣味等等，名單還很長。一項名為「達拉斯的家貓咬人通報案例：貓、受害者以及攻擊事件的特徵」的研究指出，貓咬人的典型受害者是介於二十一至三十五歲的女性，被咬的時間則多半為夏天的早晨。登記在案的咬人事件有很多都是由流浪貓所犯下，但家裡養的寵物貓傾向於造成更嚴重的傷害——室內貓在咬人時，更可能咬人的臉或是咬好幾個位置，讓受害者必須掛急診。

除了憤怒管理的問題之外，室內貓的其他新病狀還包括所謂的「湯姆貓與傑利鼠症候群」[42]。這是一種類似癲癇的神祕症狀，最近才在英國出現，其古怪的行為特徵是撞上家具和抽搐，而且幾乎全都是由普通的居家聲響所觸發，根據一段描述，包括「報紙和發出酥脆聲響的包裝袋」揉皺時的沙沙聲，還有「按滑鼠鍵的聲音」、「把藥丸從泡殼包裝剝出來的聲音」、「敲釘子的聲音」以及「飼主拍自己腦門的聲音」。

城市裡還有「高樓症候群」，指的是家貓從高樓墜落的事件（由於牠們是貓，所以經常從超過十二樓高的地方掉下來還能活命）。這類家貓有的是因為被軟禁在頂樓公寓太久，已經無聊到在放空了，所以一個恍神就不小心跌出窗外（在其他案例中，有的則是想逮住被牠們盯上的鴿子）。

但最嚴重的還是屬貓自發性膀胱炎，有時也稱作「潘朵拉症候群」（Pandora syndrome）。

潘朵拉症候群的主要症狀是血尿或排尿疼痛，並經常會尿在貓砂盆以外的地方。這是極為普遍且昂貴的毛病，通常列在寵物保險理賠的最高等級，有時甚至會爆發範圍涵蓋整座城市的大流行。俄亥俄州立大學的獸醫東尼・巴芬頓（Tony Buffington）將職業生涯投入研究這項疾病，據他所言，這一直是家貓的主要死因之一。疾病本身並不致命，但數以百萬的飼主因為厭倦了地毯浸了貓尿，以及治癒之日遙遙無期，而將他們被潘朵拉纏身的寵物貓送去安樂死。

除了顯而易見的貓砂盆問題之外，貓自發性膀胱炎還與一整串的胃腸、皮膚和神經方面的毛病脫不了關係。這就是「潘朵拉」的名稱由來——一旦你打開了盒子，就有數不清的疾病湧現，諸如「肺、皮膚以及各種曖昧不明的症狀。」巴芬頓說。

當巴芬頓剛開始研究潘朵拉症候群的時候，「我和別人一樣，都以為它是一種下泌尿道疾病。」他回憶道。他開始收集患病的家貓，這種貓一點也不難找。他找來的第一批家貓裡，有一隻名叫老虎的花斑波斯貓，是他的理髮師送給他的。他把老虎和其他病貓安置在斯巴達式管理的研究中心——每隻貓會分配到一公尺寬的籠子，每天有固定的人會在固定的時間餵食簡單的食物，並且牠們能定時進入一條放滿玩具的公用走廊。

然後，就在巴芬頓還在苦思究竟該如何研究這種令人費解的疾病時，神奇的事發生了。

「那些貓的病情全都有了起色。」他說。

在研究中心待了約六個月後，受研究的病貓不但排尿問題獲得解決，就連那一長串呼吸道等症狀也都消失了。巴芬頓形容這項轉折時語氣像是見證了奇蹟，令我聯想到《睡人》，這本書是奧立佛・薩克斯（Oliver Sacks）所撰寫的回憶錄，講述緊張症患者因為一種實驗性藥物而恢復了活力。只不過，這次的案例並沒有使用藥物。巴芬頓的貓只要繼續待在研究中心，其健康狀態和行為上的轉變就能長久維持下去，而原本難以教化的老虎也變得極為可人，以致於巴芬頓不忍心按照原訂計畫殺死牠再解剖。最後，老虎在研究中心安享天年。

巴芬頓就這麼誤打誤撞地找到了一種治療方法，而延伸說來，也找到了病因，正是我們的安樂窩害家貓生病的。「治療方法就是改善環境。」他說。

巴芬頓瀏覽文獻資料，注意到有時候這種疾病會和室內生活連結——早在一九二五年，就有一位獸醫將某些泌尿系統問題歸咎於「關在密閉的屋內太久」[43]。有了這盞明燈，針對疾病之所以大流行也有了線索。疫情嚴重的地區，像是一九七〇年代的英國和一九九〇年代的布宜諾斯艾利斯（當時阿根廷一間貓食公司焦急地聯絡巴芬頓，因為一群飼主把疾病爆發怪罪到食物上頭），都經歷了快速的都市化過程，使原本四處為家的移工住進了公寓，而他們養的貓也跟著轉換成足不出戶的生活型態。

牠們失去戶外生活所帶來的誘惑，顯得痛苦難耐。但巴芬頓治癒他的研究對象的方式，並不是放牠們出去獵捕鳴鳥或在花園裡打游擊戰。他研究中心裡那些毫無裝飾的籠子，雖然顯然比一般收容所裡的要平靜許多，但難道真的比我們奢華的客廳還有吸引力嗎？

顯然是的。「我們發現家貓最在乎一致性和可預測性。」巴芬頓說。室內貓是沒有金字塔的頂級掠食者，也是沒有領土的領主。然而只要待在籠子裡，遠離仇敵、出乎意料的噪音、不受歡迎的眼神接觸，還有我們，每隻貓就能順理成章地成為牠天生就該扮演的角色：國王。

巴芬頓主張，若要治癒家貓，我們就必須設法讓牠們回歸到應有的狀態。首先我們得明白，貓並不是人類想像中方便好養的寵物。也許表面上看來，撒一把乾糧就足以讓牠們在整個連假期間獨自看家，但牠們其實希望我們不要這麼隨心所欲地來來去去，最好像訓練有素的管家一樣遵守嚴格的時間表。而且嚴格是真的嚴格，對坐困家中的貓尤其如此。巴芬頓建議，不要在大致的時間點餵貓，而是要精確地奉行用餐時間，「如果你決定要在晚上八點餵貓，就千萬別在晚上六點或晚上十點的時候叫牠吃晚餐。」飼主的寬限期大致是預定時間前後的十五分鐘內，否則家貓可能就準備發飆了。

家貓也需要感覺自己擁有肉體上的掌控權。諷刺的是，巴芬頓找來的病貓多半擁有極愛牠們的飼主，他們更可能坐視看獸醫的收據不斷累積，也不願偷偷棄養出了問題的動物。但有時候，用情最深的人也是最雞婆的人。「他們想給貓愛撫，就把牠們從床底下拖出來，摟在懷裡，試圖表現出他們有多愛牠，但貓可能感覺備受威脅。」巴芬頓說。他認為壓力很大的家貓最後可能把我們想成是古怪的掠食者，以為我們要先盡情地耍弄牠們，然後才肯安分地開始吃牠們。

「我想我沒有遇過任何一位打從開始就刻意要虐待貓的飼主，」巴芬頓說，「但是也有很多人在無意間就搞砸了與家人的關係。」

幸好許多適應得較好的室內貓，發現人類是可以被教會規矩的。巴芬頓為此推出了一項名為「室內貓倡議」（Indoor Cat Initiative）的網路計畫，作用是診斷並糾正飼主的諸多缺失。要判斷究竟是什麼事惹你的貓抓狂，並不是一項簡單的任務。「簡直可以套用托爾斯泰對不幸家庭的形容：家貓不開心的理由有一千種。」他說，「我們得設身處地思考牠們有什麼心事，而任何事都有可能。」

踏上贖罪之路的第一步，就是活生生地讓出領土。巴芬頓建議，讓家中的每隻貓都能獲得一個專屬的房間。牠的這個核心基地應該要有豐富的資源，例如食物、飲水和柔軟舒適的臥鋪，但沒有人類和其他家貓的打擾。巴芬頓借用了處境岌岌可危的大貓適用的詞彙，將這樣只有家貓能進入的房間稱作「庇護所」。

有些飼主顯然自己想出了同樣的解決方法，也許是被情勢所逼。穿上結構強化卡其褲的那位仁兄道格，最終把他的主臥室讓給了鐵面無情的布布。「那個十一坪大的房間有更衣室、四柱大床和落地玻璃窗，能眺望美麗的峽谷間點綴著比佛利山豪宅的美景。」《紐約時報》報導，「這間套房完全歸布布所有，不過道格說，他現在每周都能安睡好幾晚。」

不過有許多更心靈手巧的飼主做得更到位，把整個家——或者照某些貓痴偏好的用語：「棲地」——都徹底改造了一番。關於運用怎樣的策略才能最充分滿足家貓的需求，巴芬頓（其最新著作為《你家就是牠們的領土》〔*Your Home, Their Territory*〕）和其他貓專家提供了不同（有時候彼此矛盾）的點子。

首先，把家裡的燈光調暗，因為家貓不喜歡強光。接著，把恆溫器的溫度調高，因為多數家貓偏好室溫保持在暖乎乎的攝氏二十九度以上。然後檢視分貝儀來確保你的大嗓門不會聒噪到超過輕聲交談的程度。最後，清除令人隱然不快的氣味[44]，這顯然包括狗和其他低等生物的體味，不過也涵蓋酒精（來自乾洗手液）、香菸、化學清潔劑（包括洗衣精，但漂白水沒關係，牠們似乎很喜歡這一味）、某些香水，還有柑橘類氣味」。或者你可以乾脆拿Feliway（一種貓費洛蒙噴劑）在家裡到處噴。

如果你想不開，對你的任何一件家具有了感情，建議還是用錫箔紙加雙面膠或其他耐抓的材料把它包起來吧（就貓友的觀點，去爪這種爭議性做法顯然根本不用考慮）。然後請記得，盡量永遠都別移動上述家具，因為家貓覺得改變布置讓牠壓力很大[45]。

如果你非得生個人類寶寶不可，記得務必提前在你自己身上塗抹嬰兒油、乳液等有的沒有的，讓家貓能適應可能讓牠反感的新氣味。有個動物福利網站建議，可以向別人借真正的嬰兒來測試一下[46]。短暫的訪客絕對不受歡迎，也許當你知道對家貓來說，你辦的晚餐派對是混亂又可怕的，你會打消這個念頭[47]。

你也要明白，安撫一隻貓可能反而會激怒另外一隻貓。約翰．布雷蕭寫道，一隻總是像個瘋子似的家貓，直到牠的飼主把家裡的窗戶都遮起來，牠才恢復正常，因為這下牠再也不必忍受住在院子裡的死對頭窺探的目光了。但有的貓對於窗外特定的景色太過依戀，以致於因季節而變換的環境讓牠們沮喪。譬如說熱鬧的秋天變成無聊的冬天時，你可以考慮設置一個魚缸，或是貢獻出你的大螢幕電視，循環播放高畫質的貓ＤＶＤ，這類影片的名稱類似《貓的美夢》，實際上就是獵物主演的色情片。巴芬頓也強調，找出家貓對獵物的偏好很重要——鳥、蟲子或鼠類——然後讓你的家充滿形態正確的玩具。

還有，隨時謹記，對於這些佔有欲超強的小偏執狂而言，家裡只有一個貓砂盆絕對是不及格的。聽起來貌似數學的法則對適當的貓砂盆數量有所規範。某些專家認為，家中的每一層樓都應該有一個貓砂盆；其他專家則主張，每一隻貓都該分配到一個貓砂盆，此外還要再多放一個貓砂盆。

這場居家環境全面投降的運動最引人入勝之處在於，它不只是某種臨時動議或是學術空想，而是愈來愈多人眼中很上道的做法。

最能證明這一點的是裝潢網站大受歡迎，例如凱特．班傑明（Kate Benjamin）創立的「奧斯潘德」，就融合了對家貓的崇拜與高級時髦的設計，使她搖身一變成為潮流貓女士的最新標準典範。我在實際看過她的網站之前，憑自己的印象認為班傑明的目標在於隱藏貓毛、掩飾貓砂盆的異味，以及其他在千禧世代喜歡住的麻雀雖小五臟俱全的公寓裡養貓，所遇到的種種困擾的解決之道。

後來我才知道，班傑明實際上養了十三隻貓。她的部落格寫的不是雙方如何各退一步，而是對戴茲拉、辛巴、瑞佐和其他貓的徹底臣服。在你家餐廳掛起繽紛的貓吊床吧！在你家牆上釘滿直立式的貓窩吧！有些網站上主打的貓家具試圖在人貓兩個物種間取得平衡，譬如說有一張胡桃木餐桌是人類真正可以圍坐用餐的，不過餐桌中央種了一排青翠的貓草，讓家貓能夠玩賞享用。或是另一款長沙發，理論上你可以躺靠在上頭，然後才會注意到底下隱藏著長長的貓隧道。但假使你以為有某件家具純粹是供人類使用，你可就大錯特錯了——那尊現代主義的法國雕塑品，其實是一根貓抓柱。

奧斯潘德的其中一項主力商品是偽裝過的貓砂盆。或許是受市場需求驅使，這種貓砂盆可以組裝在一起，變成床頭櫃或茶几（我有點頭暈地算了一下，班傑明需要至少十四個貓砂盆，而且如果她住的房子有二樓的話，應該要追加到二十八個）。

班傑明與明星動物行為學家傑克森・蓋勒克西（Jackson Galaxy）合著了一本全彩印刷的宣言，宣揚以貓為中心的生活哲學。班傑明在書中呼籲貓飼主，接納她所謂「貓宅化」（Catification）的概念。

「不要把貓砂盆放在客廳，」[48]她和蓋勒克西寫道，並不光是出於美觀的考量，這麼做表示你「缺乏對家貓真正的同理心，不曾真正投注對牠們的關懷與愛」，甚至是一種「對貓的羞辱」。另一方面，貓宅化代表「我們身為人類的成熟表現」。學習貓的語言、為了家貓犧牲我們的居住空間，「是人類進化的象徵（傑克森——《管教惡貓》主持人——認為極致的貓宅改造甚至可能讓家貓變得更乖巧，這是額外的獎勵）。」

有心推動貓宅化的人，應該先從自省一個問題開始。「每個父母對自己的孩子都懷抱著夢想，那麼你對你的貓有什麼期望？」[49]班傑明和蓋勒克西問道，「牠面臨什麼困難，還有『成就牠的卓越』代表什麼？」接下來，像看著獅子窩般地看看你的窩——不是一堆雙人沙發和懶骨頭，而是錯綜複雜的埋伏區和死路，讓你有機會在這裡造一個貓圓環、那裡設一個貓用旋轉門。兩位作者對「貓高速公路」特別有執念，那是一連串的架高平台和窄橋，讓家貓能夠腳不沾地在某個空間來去自如。或許你也可以讓娛樂中心的左右兩側牆壁變成攀岩牆，或是裝設一根像是鋼管秀用的落地式麻繩柱當作貓抓柱，甚至在餐桌桌腳纏上麻繩，讓桌腳也能磨爪子。

兩位作者強調，可以善用時下流行的ＤＩＹ風潮巧妙自製貓用品，像是拿人類已經不堪用的家具——例如宜家家居的置物架——改造成夢幻貓跳台。

有時班傑明和蓋勒克西對於冥頑不靈的飼主頗有微詞，例如當班傑明注意到「貝絲和喬治的家沒有很多貓專用物品，只在客廳裡擺了一棵貓抓樹而已」[50]時，或是當蓋勒克西批評一件手工雕刻的傑作不夠完美，因為那道貓用螺旋梯並沒有連接到橫越櫥櫃上方的貓高速公路。他們不厭其煩地提醒，「當你打算把你的房子貓宅化時，首先要考慮的是：我的貓想要什麼？然後整體藍圖自然就會浮現了。」[51]

有時候你的貓可能想在天花板鑽洞、立起十幾根貓抓柱，讓自己能懶洋洋地待在你的頭頂，或是希望你把住宅那塊小得可憐的戶外空間改造成貓露台；你的貓可能會建議你，把高處平台上的全家福照和其他亂七八糟的廢物移走，改鋪防滑地墊，讓牠能像花豹般飛簷走壁。

「我們希望盡量減少客廳裡的裝飾品，」[52]一對飼主夫妻解釋，他們在新居架設起類似邱吉爾莊園賽馬場的「賽貓跑道」，「（我們）決定……不要掛任何畫作或設置書架以及其他佔用牆面的展示性家具。我們想把家貓當成動態藝術裝飾品。」

萊亞斯、阿利、阿波莉娜、史丹利、伊爾牟、蒂朵、薩莉雅、席夢、暗物質、露西和雅尼統統舉四腳贊成。

當然，有鑑於家貓佔地為王的能力超強，牠們奪取我們整個家園也只是時間早晚的問題。現在的確有些場所——或許可以說讓你預先一窺美麗新世界的樣貌——顯示這種居家空間的攻防戰已經有了既定結果。

其中一個例子是貓咖啡館，這是一種新型態的餐飲空間，在近十五年左右，病毒式地、如家貓大流行般地橫掃全世界。貓咖啡館從台灣崛起[53]，然後紅到了日本，再傳到歐洲，最後終於侵襲北美洲。貓咖啡館最早的據點在加州，接著沿著海岸線各大城市遍地開花，每間的設計風格都不一樣。不過有趣的是，原始的亞洲版貓咖啡館在裝潢上並不像咖啡館，也不是貓式的香格里拉，而是像一般家庭的舊客廳。

「這些咖啡館藉由打造非常居家的空間，喚起你身在自家公寓裡的心情與氛圍，從家具、燈光、讀物到背景音樂，都是精挑細選布置出來的。」[54]一份民族誌文獻如此描述（幸好社會科學家已正式開始研究這類神奇的環境）。

當然，人類在此只是過客，這些咖啡館唯一的合法居民是家貓，我們僅排隊等著付錢，短暫停留。顧客有時必須在進到店裡前，先閱讀家貓禮儀規範手冊，並細看店貓的大頭照及個人資料，然後才獲准欣賞美妙的場景：貓被梳毛、貓吃晚餐。顯然這種畫面太令人放鬆了，客人經常看著看著就在這些貓的沙發上睡著了，貓咖啡館裡經常迴蕩著此起彼落的人類鼾聲（把貓吵醒明確違反了禮儀規範，不過對於昏睡的人類有什麼保護條例就不太清楚了）。

家貓達人可能會指出這類咖啡館對貓居民來說並不理想，因為那些討人厭的陌生人自以為隨時都能大駕光臨，還期望可以撫摸貓。不過這些偽造的客廳確實描摹出我們多麼樂於在家貓身上投注奢侈的資源，對牠們奴顏屈膝、在牠們周圍躡手躡腳，還對自己的卑微行為沾沾自喜（社會支持理論有個奇怪的轉折，說貓咖啡館的顧客顯然對眾人都被驕傲的店貓冷落的共同經驗表示樂在其中，這種共有的公開排拒——以學術用語來說——成了「落單的顧客們能和彼此產生連結的中心點或媒介物」[55]）。

下個階段當然就很明確了——一座客廳風格的貓樂園，完全由貓咪掌權，人類禁止進入。至少已經有一片這樣的淨土存在。位在紐約州霍尼歐耶村的「陽光之家」（Sunshine Home），是專為家貓打造的高級長期寄養和安養機構，於二〇〇四年開幕、二〇〇八年開始正式營運。現今全國各地都有農場與他們聯絡，想要效法其商業模式。

其實原則很簡單：把生活、資金和時間完全投入在家貓的身上。

有些被送進去「安養」的貓其實並不老，不過牠們可能有頗為棘手的行為問題，或是需要

「異常精確的日常照護」[56]，例如有一隻貓不知道對什麼東西過敏，把自己的毛舔到都禿了，必須一直戴著伊莉莎白頭套。這些動物的原飼主的照護委託，有的是幾年的時間，有的甚至是永久。他們可能有要務在身，像是到南極從事研究，或是要去阿富汗工作；有的則不幸去世了。

「我們到現在都還不知道，其中幾個人到底是怎麼了，他們就這麼從地表消失。」機構負責人保羅・杜威（Paul Dewey）說，他很禮貌地稱呼前飼主為「舊媽咪」和「舊爹地」。

每個月只需付出很有人情味的四百六十美元——或者如果飼主打算預先開立支票，支付寵物餘生的照護費用，這筆總金額的數字會高出許多——入住「陽光之家」的居民就能享有不輸給曼哈頓許多公寓套房的私人房間。其室內天花板有兩百公分高，還有一面很大的觀景窗，可欣賞滿足各種偏好的獵物在活動。

杜威鼓勵飼主，在貓套房擺上從家裡帶來的軟墊凳、蒲團和其他家飾用品。「我們最早的一批寄養者中，有人把客廳整個複製過來，精確到連雜誌架、燈具和休閒椅都一模一樣。」他說。當然，只不過現在只有貓會用這些家具了。舊媽咪如果想念愛貓的話，可以來探訪；若每個月多繳五美元，還可以安裝特殊的免付費通話專線，不分晝夜都能聯絡她們昔日的寵物。不過杜威透露，老實說，那些貓並不會守著電話等候。

「有些主人難以接受變化，」他說，「但家貓永遠都能適應。」

第八章

身世之謎

這隻龐大的三色波斯貓的正式名號為「超級冠軍辛尼瑪貓舍之貝拉米的蒂希德瑞塔」（Grand Champion Belamy's Desiderata of Cinema），不過牠的粉絲只暱稱牠為蒂希。每次牠在國際貓展被人從籠子裡拖出來、從臀部開始用吹風機風乾時，充滿敬畏的圍觀者都會低聲讚嘆，「看牠像樹幹一樣粗的腿！看牠像小馬一樣結實的身體！看牠俏皮的小鼻子！」

蒂希差不多可以說是由一連串完美的圓形所組成的：渾圓的身軀、穹形的頭顱、一對小小的圓耳朵，還有兩隻離得老遠的O形眼睛。有些波斯貓看起來桀驁不馴，不過蒂希的表情很甜美，那雙像銀幣般的眼睛裡不帶一絲狡猾。牠從來不會亂抓牠的緞帶獎章，也從來不在評比會場假寐。從側面看，牠的臉平坦到幾乎是凹的。牠偶爾會抬起臉朝向天花板上的燈光，活像在搜尋訊號的衛星接收碟。

我在密西根州諾維市的美國貓迷協會（Cat Fanciers' Association, CFA）貓展會場，花了一會兒工

夫才在上千隻與會的頂級貓中找到蒂希（貓迷是參展貓最忠實的人類粉絲，他們經常把人生很大一部分貢獻在為心儀的貓「助選」，角逐國際獎項）。全球各地的純種貓都會參與這項大賽，根據一位頭暈目眩的主持人所言，這是「貓界的超級盃」。我想探聽一下哪幾隻貓有望奪下超級冠軍的頭銜，但這場貓展的整體走向是錯綜複雜而非有跡可循的。競賽大廳裡擺滿迷宮般的小隔間和場地，你可以看到淡紫色的緞帶獎章和薄荷綠的玫瑰獎章，炫示著諸如「優秀貓咪第十四名」之類的小榮譽。沙特爾藍貓和俄羅斯藍貓又到底哪裡不一樣？

「巴里貓三二一號，這真的是最後一次呼叫囉！」一個沙啞的嗓音透過大聲公宣告，「一號賽場還在尋找東方短毛貓四七四號，超級冠軍決賽要開始了！」

租借式的速可達把各個品種的貓——柯尼斯捲毛貓和穿著毛衣的斯芬克斯無毛貓——快速運送到十幾個展示場。長髮飄逸的緬因貓被高舉過頭抬著走，不讓粉絲的鹹豬手搆著。

我對於該從何開始我的純種貓教育課程毫無頭緒，索性從波斯貓下手。在貓迷的宇宙裡，波斯貓一向被視為底子最硬——卻也是最蓬鬆——的競爭者。

跟一百五十隻波斯貓混在一起，感覺有點像在園遊會上站得離棉花糖機太近，你會吸進飄在空氣裡像糖絲般的細毛。幼貓尤其誘人犯罪，我好想把其中一隻長著眼睛的小毛球偷偷塞進口袋，但是唉，我多半連摸摸牠們都不可以。很多飼主凌晨三點就起床了，給貓除油、清洗和打扮，手持震天價響的高馬力吹風機，一邊噴灑月桂香水增加蓬鬆度，一邊噴愛維養礦泉水預防靜電（貓美容經常大手筆使用飼主自己的香水，而專為人類細軟髮設計的髮夾在貓展會場也擺在高級貓用洗毛精旁販售）。很多女性脖子上都戴著精緻的黃金墜飾項鍊，宣傳著往年贏得的榮譽。

在這個重要的日子，貓迷們能否取得他們最看重的頭銜就看這一刻了。這群波斯貓迷七嘴八舌地討論著誰有滿到多出來的毛、哪個評審不喜歡銀白波斯，邊講邊從他們的愛貓有如英式瑪芬的大圓臉上，拔掉長歪了的鬍鬚。有一隻感覺殺氣很重的巧克力波斯，身上的毛就像黑色蛋白霜一樣一撮撮地豎起，看來特別有帝王相。

然而，儘管貓毛、謠言和懸念滿天飛，第一個被我問到誰會贏得首獎的人，回答時卻毫不遲疑，「喔，那隻雙色貓啊。」這是主辦單位對蒂希的稱呼。

她說得一點也沒錯。

「多麼無與倫比的貓啊，」幾小時後一位評審邊這麼說，邊把分組冠軍頒給了蒂希，「我之前有這個榮幸、光榮和機運見過牠幾次面，我便愛上這隻貓了。」

「看這女孩的一身毛，」另一位評審說，「以及嬌小的鼻頭和耳朵，光是看著牠都讓人忍不住微笑。牠是我心中的第一名！」

就連競爭對手也承認蒂希「具巨星風采」、「堪為楷模」。最後，頒發總冠軍的評審雖試著表現淡然，但當他把蒂希舉到眼睛高度、直視其正面時，嘴唇幾乎像是反射動作般噘成親吻狀。

蒂希的專屬籠子懸掛著珍珠串、一小瓶香奈兒十九號香水，以及一塊寫著「好女孩永遠是贏家」的牌子，但牠似乎不把這些小玩意兒放在眼裡。

「牠笨得像一箱石頭似的。」蒂希的其中一個飼主康妮·史都華（Connie Stewart）說，她的眼鏡鏡框是低調而有光澤的豹紋。史都華竭力展現謙虛，但凡有眼睛的人都能明顯看出，蒂希那奶油泡芙般的體型和憨傻的表情，是人類對家貓的汰選累積一百年來得出的登峰造極之作。

乍看之下，參展的家貓似乎真的和牠們頂級掠食者的生物性八竿子打不著，牠們看起來更像卡通人物而非食肉動物。會場中，三不五時可以看到提醒你這些動物本質的物品，像是粉紅公主床的旁邊，有一袋血淋淋的生肉，或是某個飼主的前臂像木乃伊似地纏著繃帶。但是像蒂希這樣的例子似乎可供作暫時的證據，證明人類終於開始把家貓調教成更接近我們的喜好了。也許這是人類終究能臣服這種動物的方式：依照我們的意願給牠們育種。

然而研究顯示，這些所謂的純種貓，包括必須藉由針筒餵水來保護牠們精心打理過的髮型的那些貓，其實和街貓並沒有太大的差異，牠們的血統證明書也未必能證明什麼。貓展只有大概約一百年的歷史，而人類動的小手腳也才剛開始碰觸到這些動物的基因軌跡而已。

再給我們幾百年的時間搞東搞西，也許——我說也許——人類留下的印記能再加深一點。可是未來承諾我們的並不全是美麗、賞心悅目的小貓，接下來幾代的家貓可能不像蒂希那種溫室培育出來的世系，而更像才剛在巷弄和穀倉裡誕生的突變種。這些新面孔有的看起來根本不像貓，反而比較像精靈和狼人——傳說中的生物確實已成為現今某些新品種貓的培育靈感。

不過其他新品種可能仍讓人覺得似曾相識。

國際貓展開始前不久，在離會場只有短途車程的底特律東北方治安欠佳的區域，有人通報看到一隻身上有叢林貓斑紋、四肢瘦長的大貓在徘徊。這隻逃家的薩凡納貓，是家貓和一種名為藪貓的大耳野生非洲貓的混種，為最近才培育出的新品種，目前正在全世界迅速竄紅。謠傳上述這隻貓的體重逼近如花豹般的四十公斤（實際上只有十公斤）。

「欸，那隻野獸想來抓我的寶寶。」[1]有個鄰居告訴《底特律自由報》。

最終，當地人如古時候的打虎英雄般，將那隻四處亂逛的貓擊斃，把屍體丟進垃圾堆裡。

這些看似兇猛的新品種的出現，半是出於創意，半是借屍還魂，牠們借用漸漸消失的近親的基因庫，強化了與天使般的蒂希背道而馳的古代貓科標準。我有點失笑地發現，有個時髦的新混種就叫作奇多貓。

哪一種育種策略會勝出呢？未來的貓是會奉命行事，還是發號施令？

埃及人被稱為最早的家貓育種者，但在他們公家經營的貓舍裡，顯然沒能創造出任何特殊的品種。我們已經看到，被他們當作偶像崇拜的，絕大部分都是棕褐色的虎斑貓。

即使過了幾千年，馴化過程更加深化，全球的貓口數也有了長足進展，卻仍然鮮少有人費心去改變家貓的毛色，或其他緩慢出現的相異特徵，更別說提出創造特定動物的尊榮級要求了。十九世紀的美國，凱瑟琳．葛里爾寫道，光是純種貓的概念就會讓多數的飼主為之愕然[2]。

動物權利運動也是一樣，一直到維多利亞時代才有人提出。十九世紀的英國力圖將全世界都納入其秩序之下，而對博物學施加的新規範具體實現了這個理想。人類藉由科學鎮壓自然界的混亂，儘管他們同時仍持續獵捕最會製造混亂的野獸。維多利亞人衷心喜歡將馴化動物分級和分類，從幼犬到鴿子，無所不包，正如他們也喜歡將所有會呼吸的東西都分級和分類。

然而維多利亞人最早的一場純種寵物遊行慶典中，卻將已經在倫敦和其市郊大量活動的家貓排除在外。就算有人帶家貓亮相，通常也是「兔子或天竺鼠展場的附屬品」[3]。哈麗葉・瑞特沃在其著作《動物莊園》中寫道。

家貓極度難以分級和分類，其普遍共有的叛逆性格也常惹得主人不快，這似乎都在在提醒當時的人們，在大英帝國的偏遠角落，仍有大貓拿維多利亞人裹腹，進而影響了育種者的動機。此外，由於家貓「有晝伏夜出和任意遊逛的習性，要防止牠們不分青紅皂白地雜交勢必勞心勞力。」[4]達爾文對培育純種貓的概念嗤之以鼻，認為這麼做無異於試圖插手蜜蜂的性生活。

不過在一八七一年，一位名叫哈里森・威爾（Harrison Weir）的畫家大膽提議舉辦史無前例的大型貓展，地點就在維多利亞時代首屈一指的場地：水晶宮。「我遭受的嘲弄、取笑、奚落多不勝數。」[5]他回憶道。隨著「實驗」的日子逼近，就連他自己都不禁感到不安，「我的心情彷彿不止是焦慮……到時候會怎麼樣呢？會有很多貓嗎？多少隻？牠們在籠子裡該怎麼展現光芒？牠們會不會鬱鬱寡歡，或是吵著要重獲自由，甚至絕食抗議？牠們會靜下來，沉默、認命地接受現實，還是性情大變，張牙舞爪？我完全無法想像……屆時的場面。」[6]

後來，威爾如釋重負地發現，現場不但貓兒乖巧守規矩，人潮也成功聚集，他還因為大費周章地策展，而獲得一只銀杯作為獎賞。威爾得意地說，貓展很快就在英國的「東西南北、四面八方」[7]遍地開花，有時貓還會被五花大綁裝進放乳瑪琳的籃子，運送到遙遠的競賽會場[8]。

然而血統混雜的惱人問題仍然存在。威爾選出的第一批優勝者當中，其外形之美自不在話下。在過去，有的貓迷會在參展貓身上滴鮮奶油，讓牠們把自己的毛舔到像漆皮一樣閃亮，還會用染劑加深毛色[9]。然而那些貓在本質上全是街貓。貓展上僅能看見少數幾種現在還叫得出來的品種，包括長毛的波斯貓和末端有重點色的皇家暹羅貓，牠們的基因可能確實稍有不同。但是這些頗為平庸的動物與我們現今能看到精心打理過的參展貓相似度極低，而且大概沒有一隻是刻意培育出來的。牠們充其量只是來自特別偏遠地區的街貓，而且即使充滿異國風情，也看不出如臘腸狗和大丹犬那樣的外形差異。這些參展貓看起來大同小異。

不過，維多利亞時代的貓迷無視於這個障礙，乾脆自創類別。「多數的貓品種是以口語上的結構而非生物學上的結構來區分。」[10]瑞特沃寫道。譬如說，「肥」貓和「外國」貓、「玳瑁」貓和「斑點」貓等等都是分類名稱，而「黑底白花貓」和「白底黑花貓」被視為截然不同的貓種。一八七八年，在波士頓音樂廳舉辦的美國首屆貓展[11]，展出「不分性別或無性別和不限顏色的短毛貓」、「長毛貓」以及「具有任何特色的貓」。

完全依賴外表上的特徵來定義的品種，如毛長或花色，可能很快就會靠不住。針對此困境，貓迷中的高層人士彼此都心知肚明。二十世紀初期的一位評審就提出警語，指出當「品種」這個詞彙用在家貓的身上時，「總帶有刻意的成分，因為不論皮膚、毛皮、毛色或毛長，每隻貓的輪廓實際上都是一樣的。」[12] 一位波斯貓育種先驅坦承，就連她都說不出波斯貓和所謂的安哥拉貓有什麼差別，她懷疑牠們根本是同一種動物[13]。

在這麼多人迫切地想在普通家貓之中找出特色的前提下，有一場早期的貓展最後是由環尾狐猴拿下優勝[14]，似乎也不令人意外了。環尾狐猴是一種小型靈長類動物，若要論與貓展的人類評審的血緣關係，比起喵喵叫的參賽者要近得多。

一世紀之後，家貓繁殖業仍然是一門發育不良的生意。英國人盡了最大努力開創了令人尊敬的貓咪王朝，但顯然二次大戰的混亂局面讓他們前功盡棄，雖說「前功」也沒有輝煌到哪裡去。遲至一九六〇年代，美國貓迷協會還是只認可少數幾個品種。現今五十幾個品種的家貓當中，泰半是從那之後才一一登台亮相，很多都是近二、三十年的產物。

與此同時，現代基因協助將十九世紀某些穩居寶座的著名「自然」品種拉了下來。「我一般不太在意傳言是怎麼說的，除非有人能證實。」密蘇里大學的貓遺傳學家萊斯莉．里翁（Leslie Lyons）說。有些傳說中與遠方異土頗有淵源的參展貓，似乎都只是冒牌貨。譬如說，現有的波斯貓其實並不來自波斯，大致上擁有西方血統。埃及貓也一樣。一般而言，充滿異國情調的貓名與現實中的地理關係八竿子打不著，例如哈瓦那棕毛貓就和古巴完全沒有任何瓜葛。

僅少數自然品種的家貓擁有純正的外國血統[15]，最有名的就是暹羅貓和牠的近親。古代的貿易路線可能將隨機培育出的家貓帶到東南亞，遠離牠們可以雜交的其他斑貓亞種。根據貓遺傳學家卡洛斯·德里斯科所言，在這樣小型且長久孤立的群體中，無害的突變種將更容易增殖。不過在亞洲，各個品種間仍會在少數的基本特徵上彼此互異，絕大部分表現在毛色：暹羅貓的臉和腳上會有深色的重點色，伯曼貓是白色，科拉特貓是藍色，緬甸貓則是深褐色的。

像這樣基於最單純的基因特徵造成的膚淺差異，正是貓迷界的典型元素。多數的貓品種感覺還是幻想成分居多，尤其是出了貓展會場之後，許多五花八門所謂的純種貓，看起來都只是穿上不同顏色毛皮大衣的複製貓。處於停賽期間的蒂希若是把毛剃成獅子造型，只在頭部留下一圈像鬃毛般的蓬毛，那麼與貓的共同祖先——古時候的流浪貓——相比，其實沒有太大的差別，至少不像茶杯貴賓犬和鬥牛獒呈現出那麼強烈的對比。

有趣的是，許多現代犬種同樣也是維多利亞時代遺留的產物，但毛色和毛的捲度這類表面特徵，有的時候卻能用來判別血統相近的品種。十九世紀的狗育種者以豐富得多的人為汰選歷史為根基，早在一八七七年西敏寺犬展（Westminster Kennel Club Dog Show）首度開鑼的更久之前，就已經創造出數不清的犬類外形、體型和體格，更別說是性情。

狗品種之間的差異與貓品種之間的（缺乏）差異，凸顯了我們自古以來與這兩種同伴動物各有著什麼樣的密切關係。首先，狗的馴化比貓早了幾千年，而那幾千年的大部分時候，我們都在狗的身上施加了汰選壓力。由考古學遺址可看出，打從人類還是狩獵採集者的時代，狗就已經有了各種不同的大小。

狗跟貓比，除了贏在起跑點之外，還在很多方面受到主人的選擇所箝制。由於狗（和貓不一樣地）重度依賴人類，我們可以決定哪些狗可以獲得最好的伙食，還有——至少某程度而言——誰可以跟誰交配。結果就是，狗在許久以前就交出了對牠們DNA的掌控權。這條緊緊拴住牠們的基因牽繩，有助於解釋現今何以有那麼多狗——以美國寵物群體來說是令人咋舌的百分之六十[16]——都是純種狗，還有為什麼我們所稱的雜種狗幾乎全是不同純種狗的混血兒（據信全世界的貓只有不到百分之二擁有任何純種祖先[17]）。

家貓不把生存這檔事外包，自立自強地處理好獵食和扶養小貓等工作，因而能夠藐視我們的規定，逃過我們的魔掌。即使我們有這個想法，也沒辦法插手古代貓的傳宗接代。

我們大概也壓根兒沒動過這種念頭。正如同我們打從一開始就沒打算嘗試要馴化貓，也始終沒有理由要捺定性子給貓分門別類。我們在狗的身上總能看到實際得多的用途，因此有更強烈的動機改造牠們，例如追羚羊、拖漁網或看守監獄。就連只是基於為了能變得更服從這麼基本的理由而育種，都會造成牠們外觀上的影響。犬類的頭骨形狀差別之大，令人咋舌——這是一種馴化症候群的特徵，在貓的身上幾乎完全看不到——也許是幾千年來，針對服從性高的幼年性情作出汰選而產生的副作用。加州大學洛杉磯分校的演化生物學家鮑伯・韋恩（Bob Wayne）主張，現代各個不同犬種的頭骨可以對應到嬰兒時期和青少年時期的狼，意即狼在處於不同發展階段時遭人類捕捉（相形之下，幼貓與成貓的頭骨形狀十分相似，和非洲野貓的頭骨也差不多）。

當維多利亞人著手進行大體而言偏重在裝飾性的犬類改造工作時，他們只是針對一連串原本就存在的狗體態類型作細部調整而已。儘管費多們（Fido，美國前總統林肯的愛狗，為現代犬的泛稱）愈來愈不用負責現實世界的勞務，正規的育種作業仍採行功能性的概念。像是多數的拾回犬和㹴犬，說穿了還是為了成為家庭寵物而培育出來的。

不過，人類卻沒有辦法依照功能打造家貓的體態，因為沒有明確的實際功能，除非把牠們豐富卻難以預測的殺手本能也算在內，但農夫或牧者不見得想強化這方面的特質。舉例來說，若是培育出貓版獒犬，基本上就和召喚出一頭獅子沒什麼兩樣。

「大概沒人有滿腔熱血想創造巨大的貓咪吧？」韋恩指出，「你可不會希望有那樣的生物在抓貓抓柱。」

少了功能性目標後，「每個人都打算讓家貓往極端發展，」萊斯莉・里翁說，「因為那最容易。」在我們的照料之下，長相最怪異的動物經常能贏得最多性伴侶。許多高級波斯貓的相貌淵源，都能追溯到一九八〇年代三隻擁有荒謬大餅臉、多子多孫的公貓，其中一隻的名字叫「阿布拉卡達布拉搖籃曲」（Lullaby Abracadabra）。

加州大學戴維斯分校的貓遺傳學家拉齊布・科漢（Razib Khan）預言，如果貓迷們把汰選的重點擺在行為上，而非只注重外表，家貓不只可能成為更好的寵物，也可能像狗一樣在外觀上走向多樣化。有幾個新品種貓確實開始耍弄這樣的概念：由波斯貓衍生而來的布偶貓，便以百無聊賴的生活態度著稱，而據說澳大利亞霧貓是專門培育成適合平靜的室內生活的貓種（廣告文案聲稱這是對澳洲野生動物的友好表示）。不過迄今尚未出現革命性發展。

「目前為止，」里翁告訴我，「貓育種者都還在玩簡單的把戲。」

也許由於家貓極度不甘願在我們的操弄下變身，育種者始終虎視眈眈地找尋令人眼睛為之一亮的新素材，像是遠赴異國的偏遠角落獵捕世人未曾見過的貓。一位育種者告訴我，他特地前往海地搜尋長相奇特的流浪貓，另一位育種者則僱用印度孩童網羅某種不尋常的街貓，該貓的毛皮有種稱為「金沙」的發光特質。有一項新品種叫肯亞貓，是在肯亞沿岸一帶出沒的流浪貓，其基因帶有古代非洲貿易路線的證據（唉，聽起來挺平凡的嘛）。

不過，有愈來愈多的育種者轉而審視近在眼前的潛在珍寶，就像模特兒星探在賣場裡搜尋獵物。很多所謂的新品種，都是由近來在地方出現的突變種所進一步培育出來的。這群怪胎有些可能從幾百年前就會三不五時現身，直到現在——我們對家貓的集體迷戀大幅成長的現在——才獲得重視並加以繁殖，而不是被裝進麻布袋裡淹死。

也有可能是因為全球家貓的數量暴增，導致現今突變種的數量自然而然比以前多。儘管官方認證的犬種仍然多得多（西敏寺名犬俱樂部認可的品種約有兩百種，而美國貓迷協會認可的只有四十一種），但貓品種增加的速度似乎比較快，因為有愈來愈多人開始注意到新品種，並加以命名。

單突變的新成員有很多都是從穀倉貓裡雀屏中選的佼佼者，其中最著名的有斯芬克斯無毛貓——由一九七〇年代明尼蘇達州兩隻名叫德米絲（Dermis，真皮之意）和艾佩德米絲（Epidermis，表皮之意）的母貓所繁殖出的後代——以及一群Q毛突變種，包括柯尼斯捲毛貓（英國，一九五〇年）、德文捲毛貓（英國，一九六〇年）、拉邦貓（奧勒岡州，一九八二年），以及塞爾凱克捲毛貓[18]（蒙大拿州，一九八七年）。小天后泰勒絲養的蘇格蘭摺耳貓——牠們不尋常的彎折耳朵，雖然可能代表在馴化過程上又前進了一步，卻也反映出對健康有潛在危害性的軟骨異常——於一九六一年被人發現，隨後在一九八〇年代又有了美國捲耳貓。光是過去十年內，又出現了排山倒海的新增品種，其中有很多尚未獲得官方認可，如布魯克林羊毛貓、赫爾基貓、藍眼貓。

最具爭議性的新貴——被美國一個主要的貓迷俱樂部大肆宣揚，卻被另一個同樣重要的貓迷俱樂部拒於門外——則是短腿的曼赤肯貓，牠最早在路易斯安那州雷維爾市的一輛卡車底下被發現。這隻五短身材的女家長生下的後代炙手可熱，但也被抨擊是貓界的「突變香腸」[19]。

曼赤肯貓的四肢長度只有正常貓的一半，儘管這是單一顯性基因造成的結果——如同許多作為品種間的決定性特徵——卻是目前出現過的家貓體態中，最為顯著的變形。一九九五年，國際貓協會（The International Cat Association, TICA）認可了該品種，使得一位重量級評審憤而辭職。

不過外形最怪異、議論情形最熱烈的新興品種，還是來自田納西州的萊可威貓。牠還有個更為人熟知的名字——「狼貓」。

住在田納西州甜水市的高博夫婦幾乎什麼都養：法國黑松露、日本鬥魚、喬木、油桃樹、蝸牛、斑胸草雀、約克夏犬、奎特馬和三趾鶉。他們家客廳那座水氣瀰漫的巨大水族箱，正式宣告了他們對毒箭蛙的迷戀在最近劃下句點。「牠們簡直不停地生呀生。」擔任獸醫的強尼．高博（Johnny Gobble）臉色陰鬱地說。不久之前，培育純種貓尚且還是超出他們野心範圍的事。在這個以酪農業為主的鄉村社群中，純種貓的概念仍然有些不可思議。

「這裡的人不買貓的，」高博說，「我們會去鄰居的穀倉裡抱一隻回來養。」

但高博和妻子布蘭妮（Brittney）終究敵不過好奇，掏錢買了一隻無毛貓。過沒多久，他們成了小有名氣的育種者，布蘭妮甚至還創辦同好雜誌《被斯芬克斯貓豢養》（*Owned by a Sphynx*）。

二〇一〇年，他們透過斯芬克斯貓育種者的人際網，得知遠在阿帕拉契山脈另一側、一間維吉尼亞州的收容所裡，來了兩隻「醜斯芬克斯貓」（高博夫婦承認，即使是得獎的斯芬克斯貓，以傳統標準來說也不算眉清目秀）。這兩隻瘦巴巴的流浪幼貓的腳趾、鼻頭和耳朵都是光禿禿的。然而一般說來，斯芬克斯貓在這幾個部位通常也會長著些許絨毛，這兩隻奇怪的貓卻恰好相反，反倒在其餘部位長毛。

高博實際看到牠們之後，認定牠們根本不是斯芬克斯貓，可能只是罹患錢癬、毛囊蟲疥癬或甚至有先天性異常的流浪貓。

「獸醫看到這種狀況，第一個反應多半是：『結紮！』」布蘭妮回憶道。

但是強尼也不真的認為這兩隻禿毛小貓生了病，而且很喜歡牠們的金色眼睛和殘存體毛的特殊斑駁毛色。他懷疑這是新的突變種。要是這一對幼貓檢查出來是健康的，他想要繁殖牠們。

「說實在地，我老公有點怪。」布蘭妮說。

所以他們就把這一公一母長得像老鼠的幼貓，連同牠們的母親——一隻普通的黑貓——統統打包帶走。然而高博夫婦的好運才剛要開始。幾個月後，一名從事斯芬克斯貓育種的同業在納許維爾附近發現另一對長相類似、局部無毛的貓。於是，新增了這一組沒有血緣關係的幼貓後，讓高博夫婦能跨越近親繁殖的障礙，放心展開育種計畫。

然後真正的突破點出現了——超讚的行銷策略。「一開始我們把這種貓取名為『負貓』（Capossum），因為牠們看起來就像負鼠和貓的混合體。」強尼回憶道（他們把元老級的四隻幼貓取名為歐皮〔Opie〕，這是「路殺負鼠」〔Opossum Roadkill〕的簡稱）。幸好，後來有個更擲地有聲的主題自動浮現。這種貓在稀疏的黑毛之間露出蒼白的皮膚，其光禿禿的臉龐有點像人，周圍則鑲了一圈毛，看起來很像經典電影中變身到一半的狼人，因此牠們的名字「狼貓」（Lykoi）便確立了下來——這個字源自希臘文的「狼」（Lykos）。

經過一系列皮膚採樣、心臟掃描等檢查，兩組貓都被證明是健康的。然而高博夫婦仍然不確定這種突變種究竟能否遺傳。二〇一一年，他們讓其中一窩公貓和另外一窩母貓交配，結果生出一隻毛髮茂盛濃密的黑色母貓，讓他們大為氣餒。可是過了兩、三周，牠開始大量脫毛——現在高博夫婦把這個過程稱為「狼化」。他們將這隻貓命名為達琪安娜（Daciana），即羅馬尼亞文的「狼」。

高博夫婦與貓遺傳學家萊斯莉．里翁合作，想找出遺傳學上的相關性，不過看來狼貓的特徵主要來自另一個隱性性狀，而那只是由一個基因所造成的。對他們的育種事業來說，幸運的是在阿帕拉契山脈以外的地方也出現了這樣的突變：自從他們開始培育這項品種之後，幾年內在世界各地共發現了幾十隻狼貓幼崽，「幾乎全都來自收容所和垃圾場。」強尼說（他必須盡快把那些貓都弄到手，因為憂國憂民的獸醫通常對結紮手術磨刀霍霍）。

這是一場數字遊戲，因為地球上有更多類似的貓，意謂著有更多突變種可供挑選。但是狼貓之所以能有大豐收，也可能反映出我們對家貓的迷戀愈來愈狂熱了。這些突變貓可能早已存在好一陣子，但得靠對貓痴狂的文化才能發掘牠們，再加上還要有以貓為尊的網路來把擁有同樣奇怪貓的飼主都串連起來。要不是網路，他們絕不可能相識。

現在高博夫婦利用住家和強尼獸醫診所內的犬舍，經營著名副其實的狼人農場，而且和他們（一頭霧水自不在話下）從事酪農業的鄰居們一樣，甚至獲得美國農業部發給執照。他們每個月大約花費六百美元購買貓砂，還僱用了幾名正職員工，負責愛撫那些局部無毛的貓。

全世界仍然只有幾十隻標準的狼貓，而且這項品種獲准進入某些貓展也只是最近的事，不過這種情形即將改變。強尼形容自己野心勃勃，他正計畫性地把他的貓存貨分派到世界各地。他在加拿大、英國、以色列和南非等國都有分駐所，我去採訪他們的時候，有一隻狼貓正在接受檢疫，準備前往澳洲（大家都很好奇，該國與貓誓不兩立的環境部究竟會如何「歡迎」這隻狼人貓）。

這項稀有的貓種現在已經在市場上販售，每隻要價兩千五百美元，而想要成為未來狼人飼主的候補名單已有幾百個人了。

高博夫婦天生具有舞台魅力，他們也吊了我一陣子胃口，才終於帶著三隻狼貓神氣地走進客廳。這些貓光禿的口鼻和檸檬糖色的呆滯眼睛確實令人印象深刻，我朝牠們棕色的鼻子試探性地伸出食指，發現是出乎我意料、類似橡皮筋般的觸感。

高博夫婦堅稱這種貓展現出異於尋常、近似於狗的行為，聞到鹿的氣味或聽到奶油夾心蛋糕包裝紙的磨擦聲就會興奮到抓狂，但是牠們「毫無重點（色）」的外觀顯然才是重點所在。我盯著狼貓的腳掌瞧，看起來很像人類的手，不過有狼毛要破皮而出的初步跡象。

「我們收到了一些攻擊信，說要來燒掉我們的實驗室。」布蘭妮說。也許是因為她注意到我的眼神有異。

「對啊，」強尼說，「他們竟然以為這些貓是我創造出來的……」

「用的是試管！」布蘭妮咯咯笑。

「有些人來信希望我下一步讓這些貓長出翅膀。」

狼貓看起來仍然很健康，不過這並不表示牠們身強力壯到足以自力更生。斯芬克斯貓有時在參加貓展前，會被關在鋪了軟墊的房間，藉此保護牠們脆弱的皮膚。狼貓也是一樣，牠們對寒冷極度敏感，即使在田納西州宜人的氣候下，也很可能因為曝露在自然環境中而死亡。狼貓對陽光直射展現出恐怖的過敏症狀，要是牠們在窗台上曬太陽，那像雪花石膏般的皮膚便會開始冒出雀斑，然後在幾天內變成全黑，像是曬過了頭似的。

新品種貓經常會因為雜交而變得怪上加怪。譬如說，斯芬克斯貓加上美國捲毛貓等於赤裸無毛、耳朵皺縮的精靈貓，而狐獴貓則是好幾個新品種混合成的無尾短腿貓。顯然現在正上演一股愈來愈風行、極具爭議性的品種「曼赤肯化」熱潮。

有些最近出現的品種顯然令人心生惡感，像是所謂的「扭曲貓」，也就是松鼠貓（squitten），擁有怪異彎曲的骨頭，使得外觀近似於松鼠。但很難任意評斷其他有哪些品種被操作過了頭了。

萊斯莉・里翁想到一種潛在的測試法。「如果你把這些貓都野放，五年後再回來看看，」她深思地說，「有誰還會活著？是斯芬克斯貓嗎？我不知道。波斯貓嗎？很難說（不過另一方面，里翁懷疑其實飽受批評的曼赤肯貓能夠靠自己活得很好）。」

我在世界貓展上親眼目睹一樁波斯貓脫逃未遂事件。牠從美容檯上溫柔地跳到地面，引起一陣軒然大波。那隻貓有如車頭燈似的圓眼睛始終暗淡無光。

有些現代品種貓雖然經常和草莽的街貓只有兩個基因的差別，卻喪失了貓科動物最基本的特性：求生能力。

不過也不是全部的新品種都是如此。正當人類呵護著嬌弱的突變貓時，我們也用另一類的品種貓填滿我們的家。那就是混種貓（hybrid cat），亦即家貓與數代之前還生活在叢林裡的幾種野生貓科所生下的混血兒。

對於混種貓育種者而言，貓的美學絕對不是偶然、隨興的。大貓的生物性就是他們的引導星，他們不會因為從當地垃圾箱後頭走出隨便什麼奇形怪狀的貓就動搖心志。如果說多數育種者任意將家貓推往某個極端，混種貓育種者則在力圖保存貓的本質，並且將馴化留下的痕跡給偽裝起來，而不是加以抹除。他們培育出來的品種所取的名稱——玩具虎貓、黑豹貓、奇多——都在向已經被征服的王者致敬。在實務面上，家貓通常跟體型較小的幾種野生貓科雜交，但混種貓育種者的夢想可不小。

「最終階段是要創造出看來野性、實際上卻很溫馴的美麗生物。」安東尼·哈徹森（Anthony Hutcherson）是專門繁殖孟加拉貓——家貓和亞洲豹貓的混種，其名稱源自一種瀕危老虎——的育種者，他表示，「在貓展贏得優勝當然很棒啦，不過更有成就感的是創造出看起來像迷你花豹、美洲豹或虎貓的動物；然而牠們吃的是貓食而不是肉，保證看了你呼嚕。」

「我想創造出看起來像從森林裡走出來、直接走向孩子們懷抱裡的貓咪。」卡蘿·德萊蒙（Carol Drymon）說，她是培育奇多貓的先驅。奇多貓是另一個以亞洲豹貓雜交出的品種，以斑點毛皮、跟蹤獵物般的步伐和壯碩體型著稱（我聽到時並不十分訝異）。有些公的奇多貓可長到十四公斤重，而且各種顏色都有，包括某種橘色。德萊蒙用紅肉和水煮蛋把牠們養得頭好壯壯。

混種貓育種者辯論的話題，包括耳朵之間的夾角是四十五度還是六十度才最剛好、怎樣才叫理想的鼻子，還有要怎麼樣才能把許多大貓臉上都有的雪白色花紋模仿得最維妙維肖。在孟加拉貓的耳背上添加白色斑點是他們面臨的一大挑戰——大貓身上這樣的斑點，可能是讓跟在母親後頭的幼獸在野外的環境裡更不會跟丟。然而家貓並沒有這種斑點。

但是正如同動物馴化後的性情會伴隨著某些生理特徵出現，野性的外貌也可能帶來更野的脾氣。科學家懷疑，特定動物的外觀能用來預測牠的行為。具體來說，生來耳朵就軟垂的馴化銀狐（符合馴化症候群）注定比同胎中耳朵直立、看起來野一點的手足更容易馴服。

可以確定的是，要創造一隻會乖乖趴在你腿上的花豹，實行起來比聽起來還要刁鑽一些（舉例來說，幾個月前我在獸醫梅樂蒂．洛克帕克的地下室裡見過的那些貓，同樣也是亞洲豹貓的雜交後代，而牠們多半完全沒有改掉叢林習氣）。純種孟加拉貓於一九七〇年代被培育出來，牠們與野生祖輩已經隔了數代，因此只繼承了一點基因，通常少於百分之十二點五。但是根據加州大學戴維斯分校的動物行為學家琳奈與班．哈特夫婦（Lynnette and Ben Hart）所發表的研究，牠們的行為還是明顯有別於其他家貓。孟加拉貓對飼主和陌生人較容易展現攻擊行為，也有無視於貓砂盆、對著屋子亂噴尿的惡名。

然而孟加拉貓已經被視為混種貓中最溫馴的一種了。薩凡納貓，也就是嚇壞底特律人的藪貓混種後代，現在被某些名貓俱樂部視為冠軍品種，並且和貴族般的波斯貓和暹羅貓共享展示台。然而最近一集《管教惡貓》[20]，呈現了薩凡納貓啃咬金屬棒、破壞飼主的高空降落傘，以及猛撲向排油煙機等種種劣行；後者更讓主持人傑克森嚇得叫出來。

就連混種貓育種者本身，對於哪種小型野生貓科適合作為雜交的候選者也各有所好。根據德萊蒙所言，部分貓科動物有「態度問題」。喬氏貓是一種有斑點的漂亮野生貓科，為新品種撒伐里貓的雙親之一。而在德萊蒙眼中，牠也是一隻「應該被留在森林裡就好的邪惡小傢伙」。

也許這些貓還因為別的理由而應該被留在森林裡，牠們有些是瀕危物種。國際自然保育聯盟將喬氏貓列為某些棲地的脆弱物種。被用來培育混種貓的其他小型貓科還包括沙漠貓、小斑虎貓和長尾虎貓[21]，基本上牠們全都不算人丁興旺。有幾項育種計畫用的是亞洲漁貓，現在牠們也已被國際自然保育聯盟列入瀕危物種的紅色名錄。

一般而言，用來育種的野生貓科原本就已落入人類管轄，因此拿牠們來育種並不會對該物種的自然數量造成直接傷害。不過有些保育學者認為，強勢的家貓完全不該稀釋已經快要滅絕的血統（應該說能免則免。在野外，熱情的家貓已經和某些近親生下了混種貓，例如已幾乎絕跡的歐洲野貓）。

包括哈徹森在內的混種貓育種者，聲稱與迷你豹生活在一起，能讓我們對瀕危大貓的困境更敏感。但反過來說可能也是真的，因為稀釋野生貓科的家系可以讓瀕危動物看似變得普及，製造出對那些動物展現同情的假象，而事實上人類正一步步消滅牠們。這種行為顯然侵犯了野生貓科的神祕色彩，而那可能是牠們當前僅有的優勢。

混種貓也可能阻礙了大貓在最後的避難所休養生息的機會。由於行為方面的怪癖，這些昂貴的寵物經常被反悔的飼主拋棄，而且未必是送進一般收容所。牠們最後可能出現在捉襟見肘的野生貓科庇護所[22]，而那裡原本應該是幫助受虐的馬戲團獅子之類的動物的。

有些庇護所實在被沒人要的孟加拉貓和薩凡納貓塞爆了，因此他們開始拒收這類混種貓，並提供一個頭兩個大的飼主們一些小撇步，教他們把車庫改造成適合半野性家貓居住的溫暖窩巢[23]。專門收容混種貓的收容所也開張了，例如位於南卡羅萊納州華格納鎮、佔地兩萬坪的阿法洛（Avalo）農場，他們最近在募款強化外側圍籬。

由於並非所有飼主都有本錢裝設頂端呈四十五度角的特製柵欄[24]，有些混種貓確實會成功脫逃。除了在底特律逛大街的那隻不幸薩凡納貓之外，其他受到通報的混種貓逃犯還包括在拉斯維加斯屋頂上遊走、在芝加哥近郊的廢棄農莊徘徊，以及在馬里蘭大學籃球場探頭探腦的案例。上述這些動物，有的若是在塞倫蓋提國家公園深處、懶洋洋地躺在金合歡樹底下納涼，看起來會是更和諧的畫面。

十月分的時候，德拉瓦州出現一隻特別魁梧的花斑混種貓[25]，使得嚇壞了的父母考慮萬聖節時不要放孩子出門。

後來才知道，那隻貓的名字正好就叫作布（Boo，萬聖節時嚇人會喊的狀聲詞）。

不過比起任何人造的風潮，對家貓的未來更重要的是牠們會有什麼自主性的變化。無論有多少流浪貓被絕育，無論寵物多麼嚴密地被關在家裡，無論人類給貓配對的手法變得多麼精巧，大部分的貓始終被視為不在我們的汰選控制範圍之內。牠們會變得更魁梧、更大膽嗎？

在某些地方，牠們似乎已經有了變化。生物學家路克．達勒（Luke Dollar）專門研究善於躲藏的馬島長尾狸貓，這是一種近似於貓鼬的稀有食肉動物，在馬達加斯加島佔據食物鏈頂端的位置。這座巨大的非洲島嶼上僅有的貓全是外來種，多半是住在鄉村裡的弱小寵物貓。「牠們瘦弱、四肢細長，身上有很多寄生蟲。」達勒說，「說實在地，真的很可憐。」

但是一九九九年，達勒在深處內陸森林邊緣的火耕地進行調查工作時，他設置的食肉動物陷阱逮到了一種看起來很特別的貓科動物。

「那個玩意兒轉身看向我們時，還真的朝我們怒吼。」他回憶道，「牠大得嚇人，而且如果可以的話，牠會把我們分屍。牠正處於一種『喔！真該死』的狀態。」

「後來我們又逮到一隻，然後又一隻，接著幾十隻。那一刻，我們心想：『慘了。』」

達勒身為國家地理學會大貓倡議計畫（National Geographic's Big Cats Initiative）主任，對貓科動物自然有一定的了解，但這批大塊頭貓看起來和當地的寵物相似度實在太低，因此他採取了極不尋常的做法——檢驗牠們的DNA來確認牠們究竟是不是家貓（結果牠們是）。達勒也給牠們量了身高體重。「牠們和家貓在構造上明顯不同。」他說，牠們高大、強壯、生理狀況極佳，又幾乎沒有寄生蟲。村落裡的貓有各種顏色——三花、黑的、橘的——但這群森林裡的貓全是灰褐色的虎斑貓，身上還有一些老虎般的黑色條紋。他後來知道，馬達加斯加當地人對這兩類貓有不同的名稱，而且將牠們視為獨立的兩種動物。

但是無論這是幾世紀前白人探險家所引進的家貓，還是更近期脫逃的貓，時間上都不足以讓基因產生重大變化，並自然而然地使貓群改變樣貌，因為這需要幾千年的工夫才行。

這群森林貓別具特色的外觀，純粹是更直接對生活方式選擇的結果。在這個「沒人供應生活所需、自然力量也無所拘束」的環境中，達勒說，體格較大、有保護色毛皮的貓可以迅速繁衍（無獨有偶，據說顏色偏紅的澳洲沙漠中住著許多橘貓，而充滿遮蔭的叢林裡則住著灰黑色的貓[26]）。

「這裡也沒有貓食、雷射玩具和貓砂。」達勒繼續說道，畸型兒與弱質兒在外頭很容易早夭，而身強體壯的家貓則生存了下來，成為適應力最強的模範——這才是家貓天生該有的樣子。

達勒沒有記錄馬達加斯加的貓到底都獵食哪些動物，但他頗為確定應該無一倖免。為了確認牠們是否會獵殺島上的冕狐猴，他的同事用了一種技巧[27]——以貓的犬齒比對有時會在死去的靈長類頭骨上發現的神祕孔洞。人類學者也曾使用相同技巧證實古代的豹會吃原始人。

這些森林貓貌似捨棄了我們的房屋，到野外追尋更美好的生活，然而牠們很可能仍然在利用家貓的馴化遺產。儘管表面上，森林貓與一般家貓看起來稍有不同，不過牠們與宅居的同胞擁有同樣縮水過的大腦；即使像是毛色這類外表上的馴化特徵在幾代之後消失了，但認知層面的改變仍會保留下來。由於牠們生活在馬達加斯加昔日的稻田，即介於文明與自然的中間地帶，因此對人類不懷有過度的恐懼對牠們是有幫助的。譬如說，牠們和真正的野生動物不同，不會對達勒設置的陷阱敬而遠之，尤其是等到牠們明白被抓之後總是會被釋放的事實。有幾隻貓實在太常被抓了，他甚至給牠們取了名字。「有連續三周的時間，我們每天都逮到席維斯，」達勒讚嘆地說，「牠倒不會呼嚕或是摩蹭我們的腿，但牠想通了：『進了這個箱子、吃掉誘餌，隔天那些傢伙就會來放我出去了。』」

其他地方也有人通報發現巨大的家貓。尤其在澳洲，謠言甚至能追溯到十九世紀的殖民者紀錄[28]；更為近期的例子則是在網路上瘋傳的巨貓屍體照片（不過，站在這些所謂的巨貓旁入鏡的原住民是否特別矮小，就不得而知了）。這樣的動物絕對是我們幻想的主題之一，正如同「艾塞克斯郡之獅」等偏執狂般的情節不斷上演。

也許幾百萬年之後，會出現真正的演化大躍進。劍齒暹羅貓不全然是痴心妄想。在過去四千萬年內，類貓動物長出劍齒的次數多不勝數，而最後一批劍齒虎在洛杉磯絕跡也不過是一萬一千年前的事[29]。科學家對於這種具代表性的齒列生長重返舞台懷抱著樂觀的期望。

雲豹很顯然地是演化史上的先驅者，牠們和已滅絕的劍齒虎擁有相同的顱骨特徵。但不用說，現在世界上只剩下幾千隻雲豹了，科學家預估還要再過七百萬年，下一代的劍齒動物才會出現，而雲豹極可能撐不到那個時候。

劍齒虎的接班人會是誰呢？「我敢打賭可能會是家貓。」拉布雷亞瀝青坑的古生物學者克里斯多夫・蕭（Christopher Shaw）告訴我。

我想是玩笑話。不過話說回來，有六億隻且數量還在增加的家貓，是很有實驗空間的對象。

不過關於家貓的演化前景，最令人著迷的部分可能不是牠們會有多大的變化，而是牠們「不會」有太大的變化。

畢竟家貓在我們的時代已經是完美的存在，可以漂亮地穩居食物鏈頂端。除了疾病大流行的情境之外，「在世界上多數地方的環境下，對家貓的自然汰選少到可以忽略不計，」貓遺傳學家卡洛斯・德里斯科說，「根本沒有天敵在獵捕牠們。牠們想變成什麼顏色都不成問題。」不論家貓是住在我們的定居地，或是在其他難不倒牠們的野外，牠們都已經是統治者了。

除此之外，也有證據顯示（至少在許多現代環境中），家貓未必需要變得更大、更壞、更張牙舞爪（畢竟從獅子和老虎身上就看得出來，空有一身蠻力沒什麼用）。隨著都市不斷擴張，人和家貓的密度愈來愈高，大而兇猛的動物並不合時宜。針對法國流浪貓的一項研究便揭示了這點。

這項研究關注的焦點在毛色，特別是橘貓。橘色的毛是一種與性別相關的特徵（公的橘貓比母的多），同時也是行為標誌，代表強大的體型和力量。通常橘貓比起其他花色的家貓來得更重也更兇猛（藉由觀察奇多，我可以打趣地證實此事為真）。

法國研究者發現，在貓口較稀疏的鄉村地區，這些大塊頭的橘貓痞子經常可擊敗情敵，獨擁後宮佳麗[30]。

然而在貓口密度高上十倍的都市中，求歡的蒼蠅根本趕都趕不完，最好的策略是盡可能和多隻母貓交配，並且客氣地無視第三者。不過橘色公貓顯然花了太多時間在打架、在求偶，因此牠們的基因不像體型較小、性格較冷靜的黑貓和虎斑貓那麼容易遺傳下去。

也許軟腳蝦到頭來還是能接管地球，或至少接管街頭。

說到家貓的美學前景，只有一件事是確定的：牠們愈長愈胖。雖然這種情況是因為環境而非基因造成的，但效果仍然非常顯著。有近六成的美國寵物貓體重過重或肥胖[31]，科學家也觀察到一些噸位可觀的流浪貓。我讀過數不清的新聞報導，提到十四公斤的佛陀、十六公斤的肉丸，以及十五公斤的麥愛愛等網紅肥貓（一般健康的貓的體重應該只有牠們的四分之一）。

目前為止，這些多餘的肥油就是人類對家貓的形體所作出的最大貢獻了。的確，我們的動物夥伴有很多都像吹氣球般胖了起來，就連巴爾的摩當今的過街老鼠都比以往重了百分之四十[32]，有很大一部分要歸功於我們更豐盛的垃圾。但是家貓代表的是極端的例子，除了牠們能在貓碗和我們的垃圾桶裡享用營養滿滿的美食之外，還有好幾種人為因素造成這樣的結果。把家貓關在室內使牠們沒有機會運動，而絕育更是降低了牠們新陳代謝的速率。然而，家貓擁有超級食肉動物碰不得的生物性，因此要牠們節食恐怕加倍困難。

我到田納西大學獸醫學院逛了一圈，那裡的動物肥胖問題專家最近（不得不）為二十一世紀的家貓設計出新的身體脂肪指數表。舊版本的圖表最多只標到百分之四十五的體脂肪，完全不適用於現在；新版本的圖表上限則是百分之七十（含）以上。研究者（想當然爾）以橘貓的圖片來說明不同階段的發福狀態——從波提切利畫風的微豐腴到飛艇般的圓鼓鼓，最後更是完全呈現球狀，看不出頭與肩膀的分界，而深埋於脂肪的肋骨也根本不可能接受觸診。

但這份加大版的指南可能並沒有幫助，因為研究[33]顯示，貓飼主們時常堅定地將哪怕是最有分量的龐然大物都錯誤歸類為纖細苗條。我們總是看不清自家愛貓的真面目。

也許我們執意把貓養胖，是因為——研究結果[34]如此呈現，貓飼主也都心知肚明——牠們只在放飯時，才會給予我們最多的注意，而我們也希望討好牠們。也或許，如貓肥胖問題專家安潔拉・威艘（Angela Witzel）所說，人類只是期盼不要惹牠們生氣，因為餓肚子的貓比起狗，可能來得更「固執而持續」地表達訴求。然而，被十四公斤的惡霸盯上可不是鬧著玩的。

就家貓持續對環境造成耗損的角度來看，牠們的肥胖問題可能也間接導致潛在的不良影響。一項令人頗為腿軟的數據[35]顯示，美國約一億來隻的寵物貓每天要嗑掉等同於三百萬隻雞的肉量。然而這個估算法的前提是假設每隻貓只需約五十六公克的肉，但如果是超級肥貓可能就需要更誇張的熱量——可以是來自鄰里間被暗算成功的鳴鳥，或是從遠洋捕捉製成的魚罐頭。

然而，再精密的測量儀器也無法完整述說整個故事，尤其是故事的結局，因為對所有的生命體來說，最終的邊界都在網路。在那裡，構成生物的基本元素是像素而不是磅數。為了征服這個廣大而嶄新的虛擬領土，家貓——這群打不死的超級食肉動物——徹底超越了肉體的存在。

第九章

稱霸虛擬世界

唉唷，那隻貓還沒有準備好接見我，因此旅館服務人員把我留在有著玻璃牆面的優雅會客室中，讓我忐忑不安地等候。這間位在曼哈頓的旅館——即網紅「吐舌貓」莉泡（Lil Bub）的豪華住處——風格典雅，包括在美麗的沙發鋪上人造野牛皮，以及滿櫃的博物學書籍。也或許這些書正是因為華麗的書背而備受青睞。

我拿起《地球上的生命》（*Life on Earth*）。在幾幅照片中，一隻單獨行動的獵豹衝散了一群牛羚，而被大貓選中的受害者似乎認命地垂下頭來。「在所有狩獵者之中，貓科動物最專精於吃肉。」一圖說寫道，牠們的尖牙是屠宰的工具。

但是莉泡並沒有牙齒，它們始終沒長出來，而且牠的生理特性還不只如此，其下顎發展不完全，股骨扭曲，還罹患一種稱作「骨石化症」的疾病與某種侏儒症。牠的膀胱有時會失靈，飼主麥克·布里達夫斯基（Mike Bridavsky）學會用特別的方式搔牠的肚皮來催尿，而牠的尿混合

了牠最愛的椰子味洗毛精的香氣，聞起來詭異地像泰式料理。

然而在網紅家貓貴族的萬神殿中，莉泡僅是其中一尊。這些A咖家貓們擁有授權代理人和企業紐帶，牠們可能乘坐有專屬司機的凱迪拉克Escalade車款穿梭好萊塢，洽談電影合約。據說其中幾隻每年還可進帳上百萬美元，或是活躍的慈善家[1]。像莉泡這隻體重不到兩公斤重的突變貓，在歷史上的任何時間點似乎都只有厄運等著牠，唯獨此刻牠卻能為世界上的最後一批老虎發聲。

我總算獲得召見，盯著莉泡在會客室的地上來回走著，其短腿讓牠走起路來有種蛇行感。我對牠的臉很熟悉，因為在背心、托特包、茶杯、長襪和手機殼等數不清的地方都可以看到。牠的綠眼睛似乎特別大，粉紅色的舌頭伸出嘴巴，使得牠看起來永遠都很愉快。布里達夫斯基就是基於這個著名的「笑容」，為莉泡塑造出樂天開朗的網路形象。

我一進門，牠就發出帶有顫音的呼嚕聲。「來，小泡。」年約三十五歲的布里達夫斯基說，並一把將牠撈了起來。他幾乎每分每秒都和這隻貓在一起，而他的肌膚也有很大一部分覆蓋著牠的紋身圖案。他在二〇一一年出於善心領養莉泡，當時的他完全沒有料到牠會帶來如此大的名聲。他是個債台高築的音樂製作人，原來就養了四隻貓，莉泡則是在印第安納州一座工具間裡發現的一窩野化幼貓中最弱小的一隻。「牠跟拿來踢著玩的小沙包差不多大，」他說，「不帶牠回家實在說不過去。」

然而，就連布里達夫斯基——莉泡的第一個粉絲——都有點不解他的寵物為什麼會引起大眾這麼熱烈的迴響。二〇一二年四月，他在社群網站 Tumblr 貼出牠的第一張照片可說是立刻爆紅，過沒多久就有了推特和 Instagram 帳號、專屬的 YouTube 頻道，和蒐集了超過兩百萬個讚的臉書粉絲專頁。緊接而來的是出書計畫、動物星球頻道特別節目及服飾品牌 Urban Outfitters 的合作邀約，更別說還上了《今日秀》客串演出，並與演員勞勃·狄尼洛和歌手惡女凱莎來個愛的抱抱（儘管莉泡在現實世界中生兒育女的可能性很低，牠卻可能替布里達夫斯基迎來了一片春天——他和一些美女約過會，而在我們會面前的幾個鐘頭，才有一個知名電視女演員把胸部「有點強勢地」壓在他的手臂上）。今晚，莉泡要以貴賓身分出席在布魯克林舉辦的網路貓影展（Internet Cat Video Festival），門票早已銷售一空。

「一切都像在作夢，」布里達夫斯基說，「在見面會上，一堆人圍在牠的旁邊哭，情緒真的很激動。」一位寵物通靈師曾鐵口直斷，「小泡是個附體者——附在另一副身體上的靈魂。這個靈魂已經存在了幾百萬年，而它留在這裡是有原因的。」

他不確定自己信不信這一套，不過沒有人能否認，莉泡已經成功擺脫了俗世的束縛。

「噢，天啊，現在幾點了？」布里達夫斯基突然說，他得去用某個帳號上傳貓照片了，也許晚點能和莉泡在影展上再見我一面。反正我絕對會再看見他們。

像是莉泡和紙箱貓Maru（一隻住在日本的蘇格蘭摺耳貓）這類的明星，都只是虛擬冰山的一角而已。網路上到處亂竄的家貓實在太多，以致於當Google的祕密研發中心「X實驗室」讓一千六百台無人監控的電腦處理器分析YouTube影片時，由於太頻繁地掃描貓咪的資料了，最後學習到如何辨識貓臉，準確率達百分之七十四點八[2]，幾乎可媲美人臉辨識。可愛的貓照片令人難以抗拒，因此一些企業的資訊部門利用它們當誘餌，揪出將公司電腦公器私用的員工。最近一項研究[3]揭示，光是英國一地的網路使用者，每天就會上傳多達三百八十萬張的貓照片，和區區一百四十萬張的自拍照形成強烈對比。另外還有數十萬英國人為他們的家貓申請了社群網站帳號，並用心維護。

在這麼龐大的貓內容量之中，有一小部分是有用處的。有的網站專門探討亂尿尿危機，有的網路論壇列舉了體貼的寵物照顧問題，例如「如果我在有貓的房間裡抽菸，牠也會亢奮嗎？」而（當然是）在澳洲，有個具教育性質的消滅野化貓的手機app，設計來教導七歲孩童認識入侵種。「移動你的十字瞄準線然後開槍……同時注意彈藥存量和準確度。」[4]其操作指南如此寫道。網路人氣貓會報氣象、教西班牙文和對抗寫作障礙（網站 Written? Kitten! 會在你每輸入一百個字後貼出一張貓照片。真可惜我直到寫到本書最後一章才發現這個網站）。

然而和家貓一樣，大部分的數位貓咪幾乎毫無用處且有自知之明，牠們純粹為了沒有目的的娛樂而存在。紅遍虛擬世界的有頭卡在吐司裡的貓、被小黃瓜嚇到的貓、用真假音轉換唱歌的貓、擺出瑜珈姿勢的貓、騎乘掃地機器人的貓、跳進紙箱裡的貓、像山羊一樣嘶鳴的貓、把東西撥到地上的貓、姿勢像壽司的貓、頹廢的貓、像持槍幫派份子的貓、激似希特勒的貓……網友們拍下自己半埋在貓食中的影片、分享戴上各種花俏小帽子的三腳貓的照片，並重新拍攝家貓版《飢餓遊戲》，而時事新聞也充斥著不特定的網路人氣貓。二〇一五年的恐攻事件後，比利時政府呼籲大眾勿在社群媒體討論警方的動態，結果推特很無厘頭地被貓照淹沒。二〇一六年美國總統初選時，候選人桑德斯被人製作了沒完沒了的可愛貓合成照。

為什麼一隻名叫「不爽貓」（Grumpy Cat）的動物——牠絕對是數一數二的網紅人氣貓——會被請去拍蜂蜜堅果麥片廣告？為什麼《聖經》會被翻譯成 LOL 語（LOLSpeak），也就是網路貓專用的洋涇濱英語？沒人搞得清楚。經常被尊為網際網路之父的提姆・柏納—李爵士（Sir Tim Berners-Lee），最近有人問他，現代網路使用的哪部分令他最感意外？「貓咪。」[5]他回答。哈佛大學甘迺迪政府學院和倫敦政經學院的學者們，將這些（某個學者口中的）「貓物體」[6]當作研究主題，並透過女性主義媒介研究和企業內部監控的角度檢視[7]；語言學家則從語法上分析LOL語的拼字法和語音學[8]。

與此同時，網路貓成了最無腦的網路內容的代名詞，泛指白痴文化。媒體學者克雷．薛基說，給貓照添加旁白的行為，「是全天下最愚蠢的創意活動。」[9]

也許網路貓的本身比愚笨還糟。賓州大學華頓商學院的大數據專家凱瑟琳．米爾科曼（Katherine Milkman）說，這個看似令人費解的熱門現象可能只是隨機發生的意外產物，要是網路重新發展，或許流行的就會是另一種動物。

不過感覺起來，家貓入侵網路的現象似乎更可能和其獨特的肉體以及特定的歷史淵源有關。牠們在網路上的攻佔行為符合更大規模的生態學與文化上的征服模式。畢竟家貓成為當紅炸子雞，可是從托勒密王朝統治尼羅河的時代就開始的。

與家貓相關的內容絕對有某種神祕、近乎帶有魔力的特質，使它更容易被使用者以最快的速度分享出去。根據網路媒體公司 BuzzFeed 最近提供的資料[10]，在該平台貼出的貓文章的平均點閱率——來自臉書和推特等外部網站——幾乎是狗文章的兩倍；而近兩年的時間內，該平台前五名的貓文章所獲得的點閱率大約是前五名的狗文章的四倍。

貓內容不光是具有讓人想轉傳的潛力，它還很有「哏」。「哏」是零碎的（通常是好笑的）熱門內容，並在轉傳的過程中出現小幅度的改變，或者應該說改編（媒體學者凱特·謬特納說它們是「寄居在社交網絡中的『圈內笑話或熱門冷知識的片段』」[11]）。後續接手的使用者可能會對旁白動點手腳、修改原始照片，或是乾脆直接換一張新的照片。譬如說，最知名的熱門貓內容是一張嘴巴張開的灰貓照片，配上「我可以要起司漢堡嗎？」的文字。而這個哏圖的變化版包括一張長得像希特勒的貓照片，配上「我可以要波蘭嗎？」的旁白。每次網路上出現為了惡搞而故意誤用動詞變化的「has」或「haz」的時候，那隻灰貓——人稱「快樂貓」——總如影隨形。

「哏」（meme）這個字其實是文字遊戲，由「基因」（gene）所延伸創造，而它展現出的行為確實彷若生命體，會快速地突變，還會在某些虛擬的棲地彼此激烈競爭，將人類的關注作為維持生命必需的唯一資源。哏也被人當作有機體般研究[12]，例如資訊科學家等相關人士就借用了達爾文的概念以及類現實世界的流行病學模型，試著理解究竟是什麼東西才能在網路生存，又是為什麼能生存下去。

「要是我知道為什麼這些貓如此受歡迎，我就要發大財了。」德國波昂大學的資訊科學家克里斯欽・包凱吉（Christian Bauckhage）專門追蹤網路流行哏，他說，「我還沒見過有任何一種的其他文類，含有能活躍這麼久又單獨的哏。這些貓簡直像有不死之身。」

一般而言，動物哏的發展相當蓬勃，像是 BuzzFeed 就僱用了一群稱作「馴獸師」的編輯，專責所有與生物有關的貼文。有鑑於全世界的網路使用者之多，這麼做似乎完全合乎邏輯。人類政治與文化的詳細脈絡，未必總能跨越國界與陸塊的藩籬成功轉譯，不過動物影像在這方面就可靠得多[13]（《紐約時報》曾形容，恐攻事件後在比利時爆發的貓照片風潮，在一夕之間成為「國際知名的團結象徵」[14]）。

然而就連在動物類的網路流行哏之中，貓內容也特別醒目。若用圖表來表示一段時間內的變化，貓哏經常呈現不尋常的曲線。有些哏——例如配上「係金A？」（O Rly）文字的雪鴞或是蒙淘克怪獸（一具被沖上長島海灘的已腐爛動物屍體）——屬於所謂的「長尾」現象，傾向於喧騰一時，接著熱門度就逐漸下滑，拖出一條有點可悲的長尾巴。不過貓哏可不一樣，它們可能享有長達數月甚至數年的巔峰期。因此諷刺的是，網路人氣貓是「短尾」的。

貓挺過了一些強大對手的挑戰，例如樹懶和懶猴都曾是備受注目的焦點。「有一陣子，『不善社交的企鵝』哏氾濫成災，」哈佛大學甘迺迪政府學院的數位人文學研究者米歇爾・柯西亞

（Michele Coscia）說，「但現在很難還會看到這隻企鵝的身影了，顯然正在退流行。有些哏實在被用爛，最後大家也就看膩了，幾年內徹底消失。但貓顯然不會。」

「我其實對它們這麼成功的原因沒什麼頭緒，」柯西亞補充說明，「那並不符合我對網路流行哏的了解。」

舉例來說，柯西亞的分析結果顯示，最成功的那些網路流行哏的共同特徵之一是新鮮感，畢竟我們沒看過太多雪鴞或懶猴的照片，所以它們能暫時吸引我們的目光。然而家貓普遍得要命，而且看來大同小異（尤其跟種類五花八門的狗相比），就算把純種貓和突變貓算進來也是一樣。正如同媒體學者菈妲．歐蔑拉在一篇期刊論文中所言，貓影片看起來，「就像同一隻貓重複出現在幾百萬支影片裡。」[15]

千篇一律的場景也是這類影片的重要特徵，不管拍攝地點在世界的哪個角落都一樣，幾乎都無例外地與居家環境有關，而且通常是客廳（浴室也是熱門選項之一）。至於情節更是單純到荒謬：一隻貓在攻擊家用印表機，或是躲在茶几底下的寵物鸚鵡，或是牠的飼主，或是一顆西瓜；一隻貓像火箭般衝出沙發底下，或是鬼鬼祟祟地通過廚房的櫥櫃頂端，或是跳進紙箱。

有時候，那隻貓甚至還會再跳出紙箱。

家貓很早就滲透了網路，例如熱門網站「盆栽貓」（Bonsai Kittens，假裝把貓養在玻璃罐裡）、「無限貓計畫」（The Infinite Cat Project，貓與鏡子的概念）、「我的貓恨你」（My Cat Hates You），以及大受歡迎的「貓砂盆錄影」，都能追溯至全球資訊網誕生之初。「從一九九〇年代晚期開始，我們就會討論可愛的貓咪網頁了，」麻省理工學院市民媒體中心的主任伊森・札克曼（Ethan Zuckerman）是網際網路的早期事業商，他說，「那絕對是使用者自創文化最早的產物之一。」

也許時機決定一切。在自然界中，搶先佔據棲地的生物可以成長茁壯，而牠們奪取的立足點，可能讓後到的較高等生物難以擺脫牠們（譬如說，當黑海因濫捕和汙染而被清空後，入侵種水母便趁虛而入，從此稱霸那片水域）。

但家貓接管網路用的是更特殊的貓式手法，而澳洲居民對此應該再熟悉不過了。網路貓因為特定目的而被引入，後來……簡單來說，就一發不可收拾了。

為後續所有的貓開出一條康莊大道的關鍵網路貓是 LOL 貓（LOLCat），即「大笑貓」（Laughing Out Loud Cat）的簡稱。LOL 貓最早在二〇〇〇年代中期於 4chan 出現[16]——4chan 是會員制的社群網站，以黑色幽默著稱，主要成員為男性科技新貴（網站中興起的另一隻動物是「戀童熊」〔Pedobear〕，即有戀童癖的熊）。二〇〇〇年代中期，4chan宣布每周一天為「周貓日」（Caturday），而為了慶祝這個日子，網友們會張貼貓圖片，並在其中一部分加上文字。

4chan的使用者是不是特別喜歡貓的一群人，這點並不清楚。愛貓人士的確可能為網路重度使用者，因為不像狗主人那麼常出門，而網路也是貓奴們可以透過共同的愛貓心而產生連結的寶貴場域（有時網路也被稱為「貓公園」）。可以肯定的是，現今存在著「貓與科技宅」的協同效應：最近，一名惡名昭彰的駭客因為用其愛貓的名字來設定電腦密碼而遭破獲[17]；還有一個在知名網站Reddit橫行、代號Violentacrez的網路小白，被人揭露其真實身分是個養了七隻貓的中年男子[18]。

然而就社會學的觀點，慶祝周貓日的第一批人究竟是不是真正的貓迷，其實並不重要。媒體學者認為，網路流行哏的興起與傳播主要是藉由管道，讓匿名使用者能藉此對特定的數位化宗族展現忠誠，並且排除外人。謬特納稱此現象為「在團體內劃定勢力範圍並維持秩序」[19]。對那一小群特別優越的使用者而言，LOL貓的價值在其次文化資本，而非圖像有多麼可愛。最初配上文字的貓哏圖刻意寫得曖昧不明，是典型的圈內笑話。

不過後來發生了詭異卻也不令人意外的情形：LOL貓脫逃了。或者套句謬特納的話：它們

「遷移」了。

二〇〇七年一月，夏威夷軟體開發人員艾瑞克・中川（Eric Nakagawa）在部落格貼出一張「快樂貓」的照片[20]。這隻灰貓從二〇〇三年就開始在網路上流傳[21]，但中川為它加上了 LOL 貓風格的設計旁白。光是在三月份，這篇貼文就獲得（在當時極為驚人的）三十七萬五千次點閱率。於是，中川貼出更多 LOL 貓，而讀者也用自己的貓創作塞爆他的部落格。他的部落格——後來取名為「我可以要起司漢堡嗎」——流量在接下來的幾個月翻倍又翻倍。五月的時候，他辭掉白天的工作，然後在一年內把部落格賣給媒體企業家何賓（Ben Huh，音譯），他相信 LOL 貓還能網羅更大量的群眾。

「原始的貓哏屬於 4chan，」[22]何賓在二〇一四年告訴《國際財經時報》，「但 4chan 主要給一群匿名的朋友使用，並不是每個人都能去的地方。他們出口成髒。」但「我可以要起司漢堡嗎」不一樣，這個網站溫馨可愛，就連圈外人也很容易上手。

「貓就從這裡進入了通俗文化的意識之中。」何賓說。

LOL 貓很快就在中年婦女身上找到利基，她們成為何賓的網站常客，並開始自稱「起司之友」或「起司人」。這可讓 4chan 個性乖張的酸民們驚恐不已，很快就放棄使用寵物哏圖了。在他們眼裡，一旦 LOL 貓攻佔了主流文化，「它們就失去了那股勁道，成為態度正經、對科技外行的群眾的代名詞。」繆特納說。不久後，連更遜的無聊上班族也開始關注這些圖了。

但是這群人正是 LOL 貓需要的，有了他們，這些貓才得以瘋狂繁殖。LOL 貓的原始主人原本計畫將它們永遠留在圈內當笑話，結果它們很快地逃了出來，在推特、GIFs、YouTube 等平台到處亂竄，遇到任何生態系統都能如魚得水。

它們的生命能量不是來自老鼠，而是滑鼠的點擊。

LOL 貓野化的故事有助於說明貓如何在網路攻城掠地，卻不能解釋其原因。另一個早期的流行哏圖是一張海象與水桶，然而 LOL 海象似乎不具備長駐的潛力。讓人不禁好奇，稱霸當今網路世界的為什麼是 LOL 貓，而不是 LOL 雪貂或爆紅狐狸呢？

答案要從家貓在現實世界的繁殖力與世界性說起。當今地球上有超過五億隻家貓，因此創造新的貓內容的成本既低廉又容易。大貓熊也很可愛，可是還活著的只剩約兩千隻，而且大部分都住在中國的偏遠竹林裡，所以照片較昂貴又稀有，要拿來搞笑（和炒作）也困難得多（一如預期，「我可以要起司漢堡嗎」曾經推出大貓熊主題的番外篇，結果非常失敗[23]）。此外，家貓也提供了一群固有群眾。作為最受歡迎的寵物，牠們對於形形色色的網路使用者佔有成功先機，自然而然地比海象或雪貂來得更有優勢。有些資訊科學家認為，某個網路流行哏是否會成功，其內容本身的品質倒是次要，最重要的是能涵蓋多少社交網絡[24]。而家貓正具有全面的覆蓋率。

不過，這不光是一串原始數據而已，近來才開始風行的將家貓徹底禁足的作法也是關鍵。家貓之所以侵入電腦，其實是牠們侵入我們住家後的合理延伸行為。當家貓大部分時候還生活在戶外的時代，其詭祕而偷偷摸摸的習性使得牠們不但不容易被觀察，也極難用拍照、錄影或其他方式予以記錄。在《鏡頭下的貓》（*The Photographed Cat*）這本書中，美國東北大學的社會學家阿諾·阿路克（Arnold Arluke）及其共同作者蘿倫·洛爾夫（Lauren Rolfe）描述了許多在嘗試拍攝二十世紀早期的家貓時，英勇卻多數失敗的過程。其中很多是在坊間遊蕩的街貓，可想而知，寵物馬、鹿和山羊，以及年幼的郊狼都來得更上相[25]。少數成功拍到的貓肖像從技術層面來說都差勁得很，「連野生動物的照片都比不上。」阿路克說。現今人類頭一回有大把機會能把堵在家裡的寵物貓盡情拍個夠。貓影片幾乎總是以客廳作為背景是很有代表性的一件事，因為家貓要踏上數位化的漫長旅途前，被困在客廳是必要的先決條件。

然而，儘管現代人養寵物的方式讓網路貓有了存在的後勤條件，最終卻是家貓最狂野的本能——包括牠們特殊的掠食者風格——賦予它們強大優勢，打趴最可愛的網路競爭者：狗和人類嬰孩。

家貓即使被困住、被拍下照片或影片，擺在美國女孩娃娃式的精緻布景之間，牠們仍然是獨來獨往、以肉維生的伏擊式獵人（「我可以要起司漢堡嗎」這句話基本上就是食肉動物的吶喊）。這些孤僻的跟蹤者在荒涼的網路空間裡能怡然自得，絕對不是拉布拉多犬所能仿效的。

確實，狗和人類實在一拍即合，牠們的行為完美地反映出我們的情緒，若是身旁少了人類，牠們就像不完整的生命。狗的存在本身就深深扎根在與人類的關係之中：牠們會接收我們的暗示、迎視我們的目光、與我們產生某種雙向的交流。牠們在與人親密互動時才會充滿生命力，隔著老遠是無法充分體會牠們有多麼美好的。然而家貓自給自足，牠們不需要靠人類變得完整。牠們在徹底獨處時感到自在，不管是在自然或虛擬世界都一樣。無論你是看著近旁沙發上的貓，或是看著遠在天邊的電腦裡的貓，獲得的滿足感其實都差不多。

有趣的是，促使家貓佔據網路的行為生物學，卻也大幅地讓牠們被拒於傳統的說故事形式門外。作家丹尼爾·恩伯指出，從小說到短篇故事，大部分的文學作品中，狗佔的篇幅都遠遠超過貓[26]。也許這是因為狗在與我們近似於對話的過程中進化了，而幾乎擁有了牠們自己的台詞。狗天生就像是各種角色，而人狗之間互相了解的程度甚至讓我們有著同樣的故事，有頭有尾，中間又有著驚心動魄的漫長過程，而死亡也很乖順地在結局等待著。

文學中的貓正好相反，如果牠們真的存在，那必定擁有不死之身。貓不是角色，而是神龍見首不見尾的神祕存在。溝通不是牠們的強項，牠們也不真正參與糾葛的情節或是擁有收尾的本事。牠們是全然的寂靜或劇烈的暴力的烘托劑。

恩伯指出，貓似乎確實常出現在某一個傳統文類當中，那就是詩，詩有非線性、直覺和自發等特質：它是文學上的伏擊者。果不其然，從兒歌到艾略特（T. S. Eliot）的詩，都不時有貓的身影穿梭其間。事實上，長篇文學中少數令人記憶深刻的貓，似乎也是從詩裡遊蕩而出的。譬如說柴郡貓，即使在瘋瘋癲癲的仙境中，牠都是一號不按牌理出牌的角色，其飄忽不定的現身模式也算是一種敘事體上的破格。

網路比起小說更近似於詩，是片段的、有爆發力的、不受時間約束的，充滿尾隨和撲擊，而不是有條有理、有始有終的英雄故事。貓在本質上的突如其來，非常適合製作成手機 app，如 Vine 規定的六秒鐘短片或讓人嚇一跳的推特訊息。

「典型的貓影片會先呈現寧靜祥和的氛圍，然後在突然間破壞掉。」[27]歐蔻拉在期刊中分析寫道，「最受歡迎的那些貓影片，似乎在破壞開始時都特別突然、特別驚人，而且結束得最莫名其妙。」像是一隻家貓毫無預警地輕拍嬰兒的頭，或是從床底下暴衝而出。

她所描述的，根本是伏擊行為。

網路也是一個特別注重視覺的平台，而這當然表示家貓能因為牠們湊巧長得像嬰兒的臉而得到額外好處。我們對貓臉百看不厭。

可是如果嬰兒真這麼讚，我們在網路上怎麼不直接看嬰兒的臉就好？為什麼我們反倒開發出一款叫「寶寶勿擾」（Unbaby.me）的社交媒體工具，自動地將我們好友貼的嬰兒照替換成貓照[28]？為什麼風行網路的是 LOL 語，而不是「咕」和「嘎」等童言童語？

LOL 貓大亨何賓宣稱，家貓能統治網路是因為，「牠們和狗不一樣，狗有一大堆情緒化的表情，而貓的臉和肢體語言都是微言大義的。牠們的表現力很強。」[29]

不過事實恰好相反（也許值得在此一提：何賓並沒有養貓，他對貓過敏），家貓的表現力並不強，大致上面無表情。由於是單打獨鬥的獵人，牠們在生命中從來就不需要高明的溝通能力。牠們擁有嬰兒般的臉，卻沒有嬰兒那種富有變化的表情。牠們很自閉，然而沒有幾個人類嬰孩會被形容成自閉的。

我們先前已經探討過，在封閉的居家環境中，這種無動於衷的特性會帶來一些問題，因為貓飼主經常摸不透他們的寵物在想什麼，甚至無法判斷愛貓是否生病了。

可是在網路上，貓的莫測高深就成了一大寶物。網路貓的臉像是空格，讓人類這種超級社交動物躍躍欲試地想玩填空遊戲。就效果來說，它們簡直嚷嚷著要人配上旁白。

網路使用者給各式各樣的生物冠上人類的個性，而上網這項孤獨的行為更凸顯了我們無時無刻都想將生物擬人化的偏好。由於家貓不尋常地融合了人臉和空洞表情，讓「讀」貓變得特別令人難以抗拒。就連最早期的攝影師都能體會這一點，或許這能說明他們為什麼要如此英勇地以頑強的家貓作為主角。「最容易穿上戲服供人拍照的動物是兔子，但很多人類角色牠們都扮不來。」[30]一位二十世紀早期的動物攝影師抱怨道，「貓咪是最萬用的動物演員，擁有豐富多變的吸引力。」

給貓照片配旁白是非常普遍的網路消遣活動，英國林肯大學的科學家甚至因此發明了一種稱為「標記貓咪」（Tagpuss）的研究工具。參與者可以從一份選單中的四十種情緒，貼選出針對多張貓照片最適合的形容，「結果我們發現，使用者一致在貓的身上賦予了太過複雜的人類情緒和動機。」[31]作者群寫道。老實說，那份長長的官方列表上建議的描述簡直貧乏得可憐（包括專屬人類的感覺，像是「勇氣」、「焦慮」、「憤怒」），根本不足以涵括使用者在家貓身上所看出的包羅萬象的情緒，而實際上家貓才沒那麼多想法。意猶未盡的參與者也提出了幾十種自創標記[32]，包括

「傻笑」、「多管閒事」、「不屑」、「厚臉皮」和「廣場恐懼症」。

有此一說：表情符號就是最早的哏圖。如果真是如此，那麼家貓就是天生的贏家了。牠們騙死人不償命的擬人化臉孔，加上徹底的茫然表情，使得貓臉擁有極為百搭、近似於表情符號的潛力，能用來呈現或投射人類的情緒。

然而像莉泡這類真正優秀的家貓，又把這種現象推得更上一層樓。牠們不但能刺激我們想要判讀貓臉的欲望，同時也能滿足這種欲望，使我們深深著迷。這類難能可貴的動物有很多之所以揚名立萬，正是因為其表情看起來「不」茫然。牠們和一般的家貓不同，牠們天生就配好旁白。

值得注意的是，網路貓的佼佼者很多不是長得最漂亮的貓。事實上，許多明星貓都有嚴重的健康問題，被形容為有「特殊需求」。牠們的臉經常有缺陷，特別是嘴巴，這讓牠們呈現出表情豐富的錯覺。例如莉泡不正常的下顎讓牠隨時隨地露出滑稽的笑容；牠的競爭對手——同樣身為侏儒貓的「不爽貓」，其眉頭深鎖到一開始大家還以為那是用修圖軟體製造的效果。

「喵上校」是一隻橫眉豎目的喜馬拉雅貓，牠是生氣貓的代表；「怪獸卡車公主」有個嚇人的戽斗——這是典型的波斯貓畸形——看起來像在奸笑；「文青貓漢彌爾頓」的嘴巴則有特殊白色記號，乍看超像惡搞的八字鬍。

有顎裂的貓看來齜牙咧嘴，曾紅極一時，然而一隻人稱「我的天啊」（OMG）的貓在治好裂開的下顎後，人氣似乎就直直落，因為牠原本大驚失色的表情也隨之消失了，不再夠格成為表情貓（emoticat）的一員。

當然，這些表情和動物本身的內心狀態完全無關——「不爽貓」顯然是隻友善的貓，而笑容可掬的莉泡因為健康問題而經常承受不適。

可是在網路世界裡，吸睛程度是唯一重要的。

我有點錯愕地發現，原來網路流行哏的研究者並不是全都對網路那麼感興趣。對他們來說，網路流行哏只是一種研究途徑，能讓他們追蹤各種新潮的點子怎麼在人類文化中擴散。他們也藉此研究在網路之外，概念是如何在人與人的心智間傳遞，並予以量化。

既然如此，也許他們應該停止研究電腦，轉換跑道研究家貓。早在「我可以要起司漢堡嗎」出現之前，家貓在智力方面就極具有感染力了。除了侵入生態系統、臥室和大腦組織外，牠們還綁架了整個文化。

拿日本來說吧，他們有 Hello Kitty 婦幼醫院和 Hello Kitty 墓碑，也有介於這兩者之間的所有東西。這隻卡通貓在日本的地位實在太崇高了，官方甚至把一個 Hello Kitty 玩偶送上太空軌道。

現代對這隻卡通貓詭異的狂熱現象始於四十年前，日本一家絲綢製造公司設計出了這張貓臉，並發行一千個小錢包，自此成為企業霸權的跨國圖騰，贏得全球行銷專員的尊敬。Hello Kitty 約有五萬種註冊商品[33]，而且每個「月」都有約五百種新品上市，這還不包括山寨版（它是全球被仿冒最嚴重的品牌之一，足以證明它的哏有多強大）。Hello Kitty 商品的種類五花八門，從烤麵包機到主題式空中巴士噴射機，無所不包。現在這隻貓的收益約有百分之九十來自日本之外[34]，而史上第一屆 Hello Kitty 博覽會（Hello Kitty Con）附設的常駐刺青店，最近在洛杉磯隆重登場，地點離拉布雷亞瀝青坑不遠。就連其標語都注定廣為流傳：「朋友永遠不嫌多。」

Hello Kitty 就和家貓一樣，是身段柔軟的掠食者，示範了什麼叫作純粹的設計[35]。這尊吉祥物沒有品牌名稱，是不附屬於任何東西而獨立存在的影像，幾乎可套入任何物品。這種非常具有貓性的靈活度讓它能不斷搶攻新的市場。其嬌小玲瓏也至關重要，它最常出現在如鉛筆盒等小型商品上。相反地，被充分放大之後——例如在梅西百貨公司感恩節遊行時，搖搖晃晃地通過四十二街——它似乎有了獅子般的氣勢。

Hello Kitty 的招牌特徵是個不存在的東西，儘管胃口不小，它卻沒有嘴巴。這項「殘疾」有助於解釋為什麼即使能賺進大筆財富，其適應力也絕對不成問題，它卻鮮少出現在電視或電影裡。然而，放棄這方面的利潤是值得的，因為設計者們相信，它的迷人和幾乎打遍天下無敵手的吸引力，正是源自這個消失的孔洞。

「Kitty 沒有嘴巴，所以更能反映出觀看者的心情。」[36]其官方網站如此說明。漫畫家史考特・麥克勞德（Scott McCloud）以「讓人猜不透」[37]和「愉快地莫測高深」來形容 Hello Kitty；夏威夷大學的人類學家克麗絲汀・矢野（Christine Yano）則將 Hello Kitty 的粉絲當作研究對象，並宣稱 Hello Kitty 是現代版的「人面獅身像」[38]。

或許它其實是最早的 LOL 貓，擁有一副誘人配上旁白的填空式表情。

這隻貓還有別的祕密——身為日本特有的「卡哇伊」文化的代表性領袖，嚴格說來卻擁有英國血統。Hello Kitty 的原創動漫師清水侑子（Yuko Shimizu）表示，Hello Kitty 最初在被創造時命名的靈感來自一八七一年路易斯・卡洛爾（Lewis Carroll）的經典之作《愛麗絲鏡中奇緣》[39]。主人翁愛麗絲在跨入魔鏡前，曾與一隻名叫 Kitty 的貓玩耍。

很顯然地，在戰後艱困的時局裡，日本女學生在英國勝利者創作的兒童文學中找到喘息的出口。「卡洛爾的作品尤其成為日本女性幻想世界的一部分。」矢野說。

當然，身兼《愛麗絲夢遊仙境》的作者，卡洛爾也在幕後推動了另一隻貓的原型：柴郡貓，以另一種獨特的方式呈現曖昧不明的形象。從哏的角度來看，兩隻具代表性的貓，一隻沒有嘴巴，一隻經常只以笑容現形，但竟系出同源，令人頗為驚喜。

不過也許我們應該再往前追溯一些，超過戰後的日本或維多利亞時代的英國，把句點劃在這瘋狂的一切開始之處。

「貓是從古埃及穿越而來的生物，」[40]文學學者卡蜜兒．帕里亞寫道，「每當巫術或風尚興起之時，牠就會重新現身。」

非洲野貓在新石器時代於近東地區初次走進我們的生活，但是我們對家貓著迷的文化卻始自幾千年後的尼羅河谷地。若把當時在埃及發生的事稱為全世界第一波貓狂熱，恐怕一點都不為過。

好巧不巧，莉泡正忙著征服布魯克林的時候，布魯克林博物館正好推出特展「有神性的貓：古埃及的貓」(*Divine Felines: Cats of Ancient Egypt*)。我決定順道去瞧瞧。

我早有心理準備，會看到精巧的家貓經青銅澆鑄、雕塑、鍍金，甚至戴上招搖的金耳環，成排地展示在我面前。

不過獅子的雕像倒令我驚喜，以石灰岩和正長岩刻成，看起來就和真正的獅子一樣大。其中一隻的寶石眼珠已經掉了，其挖空的目光和沙漠一樣廣袤而空洞。

埃及就和地球上多數地方一樣，曾是大貓生活的國度，而埃及人最主要的貓科動物繆思——以他們文明存續的三千年期間大部分的時候來說——不是家貓，而是獅子。獅子生活在沙漠邊緣，也是初代的國王們設置陵墓的地方[41]。法老們選擇獅子與自己的形象結合，創造出人面獅身像還有多種獅面神祇[42]。在年代較為久遠的墓室壁畫中，獅子佔了很多戲分，例如皇室寵物、（疑似）狩獵同伴，以及——也許這種最常見——光榮的獵物。

埃及最重要的貓女神芭絲特（Bastet）在甫獲得神祇地位時，其實是一頭獅子。家貓一直得到埃及帝國即將終結之前，才成為埃及人的心頭好。

埃及家貓被馴養的最早紀錄，可追溯至約西元前一九五〇年的中王國時期[43]。許多墓室壁畫都描繪出貓鼠對峙的場景，符合當時高度發展的農業社會背景。其他壁畫也顯示家貓屠殺野鳥及享用人類提供的豐盛肉類的畫面。事實上，有些貓根本是肥貓。埃及學者雅若密爾·馬萊克（Jaromir Malek）曾形容某隻貓是「不雅觀的動物」[44]，而另一隻在畫裡戴著串珠項鍊的貓則「臃腫而滿臉橫肉……讓人不禁懷疑牠的日常飲食多半來自飼主的善心，而不是本身的狩獵成果。」[45]

儘管家貓顯然已是埃及家庭的一部分，不過牠們只是被慣壞的寵物，而不是神聖的動物。家貓還要再過好幾個世紀才會成為聖獸，屆時古埃及文明已經處於衰落期，內有派系鬥爭撕裂、外有霸道鄰居施壓。此外，埃及帝國原本豐饒的自然資源也變少了。西元前五世紀，希臘史學家希羅多德造訪埃及時，曾形容它是一個「動物不多的國度」[46]。歷經數世紀的農耕和狩獵，大型獵物多半已被獵光，或是圈養在皇家獸欄裡。也許因為缺乏充滿魅力的野生動物，所以大約在這段期間，貓女神芭絲特頗為驟然地由獅子轉化為家貓[47]。這個變化隱然暗示了對整片大地的馴服。

約從西元前三三二年開始，希臘化的托勒密王朝統治了埃及共兩、三百年的時間。這群外國入侵者短暫而不平靜的統治期間，充滿宗教騷動和歇斯底里，而埃及的動物崇拜突然間變得活躍許多。芭絲特和祂的家貓——祂活生生的魔寵——很快就勝過了鱷魚、朱鷺和其他受到崇拜的動物，成為人氣數一數二的動物神[48]。有趣的是，希臘統治者對家貓並無特別的感情，然而他們卻支持——或根據馬萊克猜想，這是他們手段高明的刻意操控——當地人這種以動物為核心的宗教狂熱。祭司辦公室的販售所得是便利的政府資金來源[49]，而對芭絲特的崇拜有助於栽培出整個朝聖產業；隸屬該產業受惠者包括旅館老闆、占卜師和工匠，後者所打造出的貓雕像讓人看了目不暇給，連「不爽貓」都可能心生嫉妒。

芭絲特的崇拜據點在尼羅河畔的城市布巴斯提斯，舉辦特別熱鬧的慶典活動，狂歡者會從全國各地乘著宴會駁船漂進城裡。這類慶祝活動——差不多可說是家貓的吹捧大會，崇拜者會邊跳舞，邊扯掉身上的衣物——達到巔峰的時候，與會者估計可達七十萬人之眾，佔埃及總人口的一大塊[50]。芭絲特也擁有奢侈的廟宇，包括在布巴斯提斯中央的一艘小漁舟，被洶湧的尼羅河三十公尺寬的水道給環繞著。祂的廟宇有些附設真正的養貓所，祭司們會在廟裡照料數量不明的家貓。整個王國內的一般寵物貓都受到芭絲特地位躍升的庇蔭，據說埃及人甚至不惜到別的國家為家貓贖身再野放。

除了能促進經濟發展之外，埃及政府可能也很滿意貓崇拜和類似的習俗緩和了日益分裂的社會。馬萊克指出，這些魔寵和以牠們為原型的神明周圍，縈繞著某種撙節開支的國民精神，以及被征服的埃及人尋找身分認同的心靈出口。

也許彼時恰如此時，家貓是一種大家可以躲到牠背後的擋箭牌，一種愉快的分散注意力之物，一種舉世共通的樂趣，甚至是一種馴服的力量。事實上，埃及近古時代那種混亂、充滿敵意、派系大亂鬥的氛圍，都讓我覺得和現今網路有點像。

正如同網路貓是現今通俗文化的典型，埃及的貓狂熱也遭到抨擊為智識和心靈方面的缺陷。古典時期作家經常「嚴厲批評埃及人對動物沉迷的古怪之處」[51]，埃及考古學家莎莉瑪・伊克朗寫道。這類批評有其道理，因為部分的古埃及人確實有的時候似乎關心貓比關心人類同胞還多。當家貓自然死亡時，人們會剃掉眉毛哀悼，殺貓則成為嚴重的罪行。根據史學家狄奧多羅斯（Diodorus）所述，一名羅馬人在造訪埃及時失手害死一隻貓，結果一群愛貓人士就聚眾宰了那個人。另一方面，埃及人會細心地把他們的貓做成木乃伊。一名古早時候專門處理家貓的屍體防腐員表示，他希望他的寵物能成為「一顆不朽的星辰」[52]。

在我們的這個時代，上述心願聽來熟悉，只不過現在是用數位化而非塗抹防腐劑的方式來讓寵物永遠留存。特別是臉書，它彷彿新一代的喪葬壁畫，是我們有限的生命所留下的理想二維遺澤。我們喜歡想像在網路世界裡，誰也不會死，或許我們就用動物來當作此一概念的證明。我有點錯愕地發現，網路上赫赫有名的明星貓——我天真地認為牠們正在某間遙遠的客廳裡呼嚕著——有好幾隻已經是「不朽的星辰」了。二〇〇〇年代其影片叱吒風雲的「電子琴貓」，其實早在一九八七年就去世；「快樂貓」已經死了近十年，就在「我可以要起司漢堡嗎」捧紅牠不久後；「喵上校」在二〇一四年年初死於心臟衰竭，從那之後到現在，粉絲人數幾乎增加了一倍，每天都還在累積好友請求數和按讚數。

「牠有點像貓版的吐派克（Tupac Shakur），」「喵上校」的飼主安瑪麗．艾維（Anne Marie Avey）告訴我，「很多粉絲甚至不知道牠已經不在了。」他們仍然會在「喵上校」生日當天舉杯慶祝，看著配上新旁白的舊照片吃吃發笑。

可是最早的愛貓人士與我們之間，還有一項更為驚人的相似處。我要說的不是那些動物在死後受到的禮遇，而是死去的埃及家貓數量有多高。

當考古學家用X光檢視古老的貓木乃伊時，發現裡頭很多都不是成貓，而是幼貓，並且皆被殘忍殺害[53]。牠們的頸部被折斷，頭骨被敲得凹陷，很可能是專門繁殖來宰殺。也許是在芭絲特的春季慶典期間，朝聖者湧入貓神廟宇的時節，為了製作祈福木乃伊祭品而大量殺戮。這種大規模消滅行動也可能是為了控制家貓數量而進行的原始嘗試[54]（不消說，此舉必成枉然）。

芭絲特的朝聖者對於這種習俗式的殺戮究竟知道多少，或者是否贊同，都沒有明確的線索。我自己有的時候也會把貓當作神一般崇拜，而那些幾千年前被勒死的埃及幼貓屍體的照片，讓我聯想到最近才忍不住移開目光不去細看的一張照片。照片裡是堆積成毛茸茸小山的成貓與幼貓屍體，那是加州單獨一間動物收容所在一個早上就達到的安樂死執行成果。

比起埃及人，我們是更徹底的殺手，光在美國每年就殺死幾百萬隻家貓，再把牠們的屍體全燒了。我從來沒把牠們想像成祭祀用的動物，但或許從某個角度來看，牠們確實是——那是我們從貓同伴身上獲得近乎靈性上的愉悅時，所必須付出的祕密代價。

人類的尊敬與漠視常危險地以某種方式共存，尤其是涉及動物事務的時候。不管我們多「愛」某樣東西，從來就不會摧毀不了它。這點強烈地暗示了我們如何對待那些不像家貓一樣可愛、適合同居或善於生存的動物。畢竟我們愈來愈常把寵物當成一只熔爐，在牠們身上陶冶我們對漸漸消失的自然世界的想像。

我用這整本書強烈地主張，對於像家貓這樣的動物，我們應該學著欣賞牠的本色，而非視為玩物。牠們是有策略、有故事的強大生物。用這種角度來看待家貓，也意謂著認清我們自己，充分了解我們有多少能耐。我們揉合了溫柔與殘酷的特殊性情，以及無限的、經常輕率使用的影響力。如果人類沒有自覺，地球上許多生命體可能連一絲機會都沒有了。

不過再怎麼說，家貓都會好好的，正如同西元四世紀時，芭絲特的廟宇被關閉、祭司被殺害，對貓的崇拜徹底被基督教打敗，但家貓仍然挺了過來。畢竟，貓有九條命的說法是埃及人發明的。

就連被做成木乃伊的貓也從被當作祭品的過程中活了下來：維多利亞時代的考古學家在兩千年後從萬貓塚裡把牠們挖了出來，並將成噸重的貓木乃伊運回英國用作農業肥料，正如同現在正規貓迷開始推行的做法，而偉大的屠獅者們也從獵遊之旅返國，喝著他們的下午茶。

所以只要我們活著的一天，也或許即使我們都不在了，家貓還是能屹立不搖。不過就另一方面來看，要是沒有我們，也根本不會有牠們，儘管牠們不盡然是我們所創造出來的，卻永遠是屬於我們的動物。也許「魔寵」（亦有熟悉、親密的人之意）確實是最貼切的詞彙。

不過牠們和我們有一點不同：牠們永遠都是無辜的。

男人吹奏蓮管：女人敲打鐃鈸和鈴鼓，而沒有樂器（的人）則伴隨著音樂鼓掌和跳舞，擺出各種歡快的動作……當他們抵達布巴斯提斯，他們會舉辦一場美妙而隆重的盛宴。那段期間他們所喝下的葡萄酒，比一年裡其他時候加起來都還要多。這場盛宴就是如此熱鬧[55]……

——希羅多德，西元前約四五〇年

這裡是布魯克林還是布巴斯提斯？夜店裡黑得分不清東南西北，戴著貓耳朵和長尾巴的人影輕巧地經過身邊。有些人把去世愛貓的項圈當成踝鍊戴著，裝滿貓骨灰的匣式鍊墜懸在他們的頸間。每個人似乎都在牛飲什麼很烈的飲料，也許是葡萄酒，一邊大啖著家常波蘭餃子和偷偷夾帶進場的羽衣甘藍餅，一邊等待影展開幕。名為「超可愛！」的女子樂團在現場發出刺耳的歌聲，鐃鈸聲響個不停。粉絲們踮著腳，搜尋現代版柴郡貓——莉泡，牠一定就在這裡的某個地方，笑容忽隱忽現。

網路貓影展只是將網路上的貓咪片段拼貼而成的蒙太奇作品，其主視覺標誌是一隻咆哮的幼貓，即迷你版的米高梅獅子。正如同漂浮在尼羅河上的芭絲特慶典，這是一場巡迴式活動，整個排程還包括在倫敦、雪梨和曼菲斯展出。

我在整個會場只看到一隻真貓，那是一隻名叫歐防風的優雅白貓，牠像幽魂般浮在某人的肩膀上。歐防風以冷靜的目光打量四周，但似乎沒人注意到牠。

「不像人類會遺忘自己昔日的存在，」[56]卡爾·凡維騰寫道，只有家貓「真正記得許多代以前的事。」

「貓在哪！貓在哪！」有了醉意的人群開始起鬨。

女子樂團的歌唱完了，但顯然沒人想喊安可，因為真正的好戲才正要開鑼呢。

致謝

小小的家貓故事竟能擦碰出大得出奇的題目，我必須由衷地感謝幾十位科學家、行動主義者和熱心人士——包括在書中提及姓名及未能盡列的——他們很有耐心地與我分享了工作成果和專業觀點。

感謝我最棒的編輯 Karyn Marcus 馴服了原稿，也感謝 Megan Hogan 負責後續的修潤。謝謝我的作家經紀人 Scott Waxman 給予我信心和支持。

Elizabeth Quill、E. A. Brunner、Stephen Kiehl、Michael Ollove、Patricia Snow、Maureen Tucker、Steven Dong、Judith Tucker 和 Charles Douthat 都提供了極有幫助的建議，Lyn Garrity 則貢獻出她犀利的研究技巧。Mark Strauss，你睿智的話語和促狹的貓名言錦句來得正是時候。Terence Monmaney，謝謝你針對這本書提供的評論和鼓勵，也謝謝你多年來的指導和許多編輯方面的洞見。

我受惠於 Michael Caruso 和雜誌《史密森尼》的全體編輯，他們給了我太多機會，還要感謝其他很棒的編輯和老師，包括 Carey Winfrey、Laura Helmuth、Jean Marbella、已故的 Mary Corey、Will Doolittle、Andrew Botsford、Marjorie Guerin、Robert Cox 和 Kathleen Wassall。

我要把最深的感謝獻給家人，尤其是我貼心又傑出的丈夫 Ross，還有我們的三個孩子 Gwendolyn、Eleanor，還有——新登場的——Nicholas。誰能說得準，他學會說的第一個詞彙會是什麼？

參考書目

前言

1 *In the summer of 2012:* David Wilkes, Inderdeep Bains, Tom Kelly, and Abul Taher, "On the prowl again! Teddy the 'mystery lion of Essex' is out and about, but this time the ginger tom cat doesn't need a police escort," *Daily Mail*, Aug. 27, 2012; John Stevens, Hannah Roberts, and Larisa Brown, "Here kitty, kitty: Image of 'Essex Lion' that sparked massive police hunt is finally revealed as officers call off the search and admit sightings were probably of a 'large domestic cat,'" *Daily Mail*, Aug. 26, 2012.

2 *The Essex Lion is what is known as a Phantom Cat:* For more on this phenomenon, see britishbigcats.org or Michael Williams and Rebecca Lang, *Australian Big Cats: An Unnatural History of Panthers* (Hazelbrook, NSW, Australia: Strange Nation Publishing, 2010).

3 *A few of the phantoms have been revealed as calculated frauds:* Max Blake, Darren Naish, Greger Larson, et al., "Multidisciplinary investigation of a 'British big cat': a lynx killed in southern England c. 1903," *Historical Biology: An International Journal of Paleobiology* 26, no. 4 (2014): 442–48.

4 *Former lords of the jungle, lions are now relics:* Erica Goode, "Lion Population in Africa Likely to Fall by Half, Study Finds," *New York Times*, Oct. 26, 2015.

5 *The global house cat population:* Philip J. Baker, Carl D. Soulsbury, Graziella Iossa, and Stephen Harris, "Domestic Cat (*Felis catus*) and Domestic Dog (*Canis familiaris*)," in *Urban Carnivores: Ecology, Conflict, and Conservation*, ed. Stanley D. Gehrt, Seth P. D. Riley, and Brian L. Cypher (Baltimore: Johns Hopkins University Press, 2010), 157.

6 *More of them are born in the United States:* Including strays and pets, the total American house cat population is somewhere between 100 and 200 million. For the population to hold steady, assuming an average life expec-

tancy of 12 years, between 22,000 and 44,000 kittens would need to be born every day.

7 *New York City's annual spring kitten crop:* Corrine Ramey, "'Tis the Season for ASPCA's Kitten Nursery," *Wall Street Journal*, July 24, 2015. More than 2,000 kittens pass through a single New York City shelter each year. Meanwhile, the World Wildlife Fund reports that as few as 3,200 tigers persist in the wild, www.worldwildlife.org/species/tiger.

8 *Worldwide, house cats already outnumber dogs:* John Bradshaw, *Cat Sense: How the New Feline Science Can Make You a Better Friend to Your Pet* (New York: Basic Books, 2013), xix. Baker et al. put the ratio at a more modest three cats to two dogs, while other sources favor even more staggering cat numbers.

9 *The tally of pet cats in America rose by 50 percent:* E. Fuller Torrey and Robert H. Yolken, "*Toxoplasma* oocysts as a public health problem," *Trends in Parasitology* 29, no. 8 (2013): 380–84.

10 *today approaches 100 million:* The APPA puts the number of pets at 95.6 million. National Pet Owners Survey, 2013–2014, 169.

11 *Similar population jumps are happening across the planet:* From interviews with Paula Flores, Global Head of Pet Care Research at Euromonitor International.

12 *Australia's 18 million feral cats outnumber the pets:* Baker et al., "Domestic Cat (*Felis catus*) and Domestic Dog (*Canis familiaris*)," 160.

13 *It's especially confusing:* International Union for Conservation of Nature's 100 Worst Invasive Species list, www.issg.org/database/species/search.asp?st=100ss.

14 *Australian scientists recently described stray cats:* "Historic Analysis Confirms Ongoing Mammal Extinction Crisis," *Wildlife Matters* (Winter 2014): 4–9.

15 *in a landscape teeming with great white sharks:* Jared Owens, "Greg Hunt calls for eradication of feral cats that kill 75m animals a night," *Australian*, June 2, 2014.

16 *in some states, "pet trusts" enable:* David Grimm, *Citizen Canine: Our Evolving Relationship with Cats and Dogs* (New York: Public Affairs, 2014), 153, 266–67.

17 *New York City recently shut down:* Matt Flegenheimer, "9 Lives? M.T.A. Takes No Chances with Cats on Tracks," *New York Times*, Aug. 29, 2013.

18 *even as our country routinely euthanizes:* Hal Herzog, *Some We Love, Some We Hate, Some We Eat: Why It's So Hard to Think Straight About Animals* (New York: Harper Perennial, 2010), 6.

19 *said to compromise our thinking:* Carl Zimmer, "Parasites Practicing Mind Control," *New York Times*, Aug. 28, 2014.

20 *the world's largest fancy cat emporium:* Henry S. F. Cooper, "The Cattery," in *The Big New Yorker Book of Cats* (New York: Random House, 2013), 187.

21 *they eat practically anything that moves:* Christopher A. Lepczyk, Cheryl A. Lohr, and David C. Duffy, "A review of cat behavior in relation to disease risk and management options," *Applied Animal Behaviour Science* 173 (Dec. 2015): 29–39. This study points out that cats have been found to eat more than 1,000 species.

22 *Some of their imperiled feline relatives:* "Andean Cat," International Society for Endangered Cats Canada, www.wildcatconservation.org/wild-cats/south-america/andean-cat/.

23 *"the advantageous amino acid substitutions":* Michael J. Montague, Gang Li, Barbara Gandolfi, et al., "Comparative analysis of the domestic cat genome reveals genetic signatures underlying feline biology and domestication," *Proceedings of the National Academy of Sciences* 111 (Dec. 2014): 17230–35.

24 *"opportunistic, cryptic, solitary hunters":* Diane K. Brockman, Laurie R. Godfrey, Luke J. Dollar, and Joelisoa Ratsirarson, "Evidence of Invasive *Felis silvestris* Predation on *Propithecus verreauxi* at Beza Mahafaly Special Reserve, Madagascar," *International Journal of Primatology* 29 (Feb. 2008): 135–52.

25 *"subsidized predators":* Christopher A. Lepczyk, Angela G. Mertig, and Jianguo Liu, "Landowners and cat predation across rural-to-urban landscapes," *Biological Conservation* 115 (Feb. 2004): 191–201.

26 *"delightful and flourishing profiteers":* Carlos A. Driscoll, David W. Macdonald, and Stephen J. O'Brien, "From wild animals to domestic pets, an evolutionary view of domestication," *Proceedings of the National Academy of Sciences* 106, suppl. 1 (June 2009): 9971–78.

27 *More than half of the earth's human population:* Stanley D. Gehrt, "The Urban Ecosystem," in Gehrt et al., *Urban Carnivores*, 3.

28 *pet cats are statistically likely to:* About 35 percent of pet cats enter a household as wandering strays—the most common source for owners. By contrast, only 6 percent of dogs were found as wandering strays. *APPA Survey*: 64, 171.

第一章

1 *Our competing needs for meat and space make us natural enemies:* Conversations with lion biologist Craig Packer of the University of Minnesota were indispensable throughout this chapter, as were interviews with Kris Helgen of the National Museum of Natural History.

2 *Most modern cat species:* Roughly two-thirds of cat species are listed in the top four categories of concern by the International Union for Conservation of Nature. The others are typically are found in areas far smaller than their natural range; David W. Macdonald, Andrew J. Loveridge, and Kristin Nowell, "*Dramatis personae*: an introduction to the wild felids," in *Biology and Conservation of Wild Felid,* eds. David Macdonald and Andrew Loveridge (Oxford: Oxford University Press, 2010), 15.

3 *the rare kittens often end up as highway roadkill:* Emily Sawicki, "Untagged Mountain Lion Kitten Killed," *Malibu Times,* Jan. 23, 2014.

4 *A mountain lion known as P-22:* Alexa Keefe, "A Cougar Ready for His Closeup," *National Geographic,* Nov. 14, 2013, http://proof.nationalgeographic.com/2013/11/14/a-cougar-ready-for-his-closeup/.

5 *The cat family is part of the mammalian order Carnivora:* In addition to Macdonald et al., "*Dramatis personae,*" the discussion of feline carnivory draws from these sources: Mel Sunquist and Fiona Sunquist, *Wild Cats of the World* (Chicago: University of Chicago Press, 2002); Elizabeth Marshall Thomas, *The Tribe of Tiger: Cats and Their Culture* (New York: Pocket Books, 1994); Alan Turner, *The Big Cats and Their Fossil Relatives: An Illustrated Guide to Their Evolution and Natural History* (New York: Columbia University Press, 1997); David Quammen, *Monster of God: The Man-Eating Predator in the Jungles of History and the Mind* (New York: W. W. Norton, 2003).

6 *cats require three times as much protein:* Sunquist and Sunquist, *Wild Cats of the World,* 5.

7 *"The important thing about big cats":* Thomas, *Tribe of Tiger,* 19.

8 *"the alpha and omega":* ibid., xi.

9 *"a key in a lock":* in Sunquist and Sunquist, *Wild Cats of the World,* 6.

10 *Cats can get the best of animals:* Thomas, *Tribe of Tiger,* 23–24.

11 *The modern Felidae have enjoyed:* Turner, *The Big Cats,* 30.

12 *Cats are partial to the tropical forests of Asia:* Macdonald et al., "*Dramatis personae,*" 4–5.

13 *most widely distributed wild land mammal ever:* Sunquist and Sunquist, *Wild Cats of the World,* 286, and Thomas, *Tribe of Tiger,* 47.

14 *typically less common:* Turner, *The Big Cats,* 15.

15 *very rough rule of thumb:* Todd K. Fuller, Stephen DeStefano, and Paige S. Warren, "Carnivore Behavior and Ecology, and Relationship to Urbanization," in *Urban Carnivores: Ecology, Conflict, and Conservation,* ed. Stanley D. Gehrt, Seth P. D. Riley, and Brian L. Cypher (Baltimore: Johns Hopkins University Press, 2010),16.

16 *A host of creatures dined on us:* Rob Dunn, "What Are You So Scared of? Saber-Toothed Cats, Snakes, and Carnivorous Kangaroos," Slate.com, Oct. 15, 2012.

17 *we might not know nearly so much:* John Noble Wilford, "Skull Fossil Suggests Simpler Human Lineage," *New York Times,* Oct. 17, 2013.

18 *Scientists are just starting to formally study:* Donna Hart and Robert W. Sussman, *Man the Hunted: Primates, Predators, and Human Evolution* (New York: Westview Press, 2005), 170–80.

19 *Experiments have shown that even very young children:* Joseph Bennington-Castro, "Are Humans Hardwired to Detect Snakes?" io9.com, Oct. 29, 2013.

20 *Even less exalted primate relatives:* Joseph Bennington-Castro, "Monkeys Remember 'Words' Used by Their Ancestors Centuries Ago," io9.com, Oct. 30, 2013.

21 *small Amazonian cats called margays:* Wildlife Conservation Society, "Wild cat found mimicking monkey calls," *Science Daily,* July 9, 2010.

22 *Some scientists have even proposed that saber-tooth table scraps:* Alfonso Arribas and Paul Palmqvist, "On the Ecological Connection Between Sabre-tooths and Hominids: Faunal Dispersal Events in the Lower Pleistocene and a Review of the Evidence for the First Human Arrival in Europe," *Journal of Archaeological Science* 26, no. 5 (1999): 571–85.

23 *meat-eating may have literally expanded our minds:* Leslie C. Aiello and Peter Wheeler, "The Expensive-Tissue Hypothesis: The Brain and the Digestive System in Human and Primate Evolution," *Current Anthropology* 36, no. 2 (1995): 199–221.

24 *crown jewel of* Homo sapiens*:* Nikhil Swaminathan, "Why Does the Brain Need So Much Power?" *Scientific American*, Apr. 29, 2008.

25 *ancient stalemate:* The stalemate persists in some surviving hunter-gatherer cultures, as described in Thomas, *Tribe of Tiger*, 124.

26 *Victorians filled London's zoos:* Harriet Ritvo, *The Animal Estate: The English and Other Creatures in the Victorian Age* (Cambridge, MA: Harvard University Press, 1989), 208.

27 *Egypt, the first great agrarian culture:* Justin D. Yeakel, Mathias M. Pires, Lars Rudolf, et al., "Collapse of an Ecological Network in Ancient Egypt," *Proceedings of the National Academy of Sciences* 111, no. 40 (2014): 14472–77; Patrick F. Houlihan, *The Animal World of the Pharaohs* (London: Thames & Hudson, 1996), 45.

28 *Romans—who bagged big cats:* For a fabulous review of the lion's global decline, see Quammen, *Monster of God*, 24–29.

29 *Rufiji farming district:* Craig Packer, "Rational Fear: As human populations expand and lions' prey dwindles in eastern Africa, the poorest people—and the hungriest lions—pay the price," *Natural History*, May 2009, 43–47.

30 *Americans are no different: The Beast in the Garden: A Modern Parable of Man and Nature* by David Baron (New York: W. W. Norton, 2004) offers an excellent snapshot of big-cat predation in a modern American suburb.

31 *Asian medicine market carves up*: For a list of tiger remedies, see "Tiger in Crisis: Promoting the Plight of Endangered Tigers and the Efforts to Save Them," www.tigersincrisis.com/traditional_medicine.htm.

32 *best when pan-seared:* For an account of a "Flintstone dinner" featuring lion meat, see PhilaFoodie, "Yabba-Dabba-Zoo!—Zot's Flintstone Dinner," July 7, 2008, philafoodie.blogspot.com/2008/07/yabba-dabba-zoo-zots-flintstone-dinner.html.

33 *Maybe it's telling that one of the few places in the world:* Euromonitor data; Jason Overdorf, "India: Leopards Stalk Bollywood," *GlobalPost*, March 20, 2013; Arvind Joshi, "Cats, Unloved in India," *India Times*. pets.indiatimes.com/articleshow.cms?msid=1736285885.

第二章

1 *The 11,600-year-old village of Hallan Çemi:* Brian L. Peasnall, "Intricacies of Hallan Çemi," *Expedition Magazine* 44 (Mar. 2002).

2 *archaeologist Melinda Zeder:* Conversations with the archaeologist Reuven Yeshurun, who studies the foxes of Hallan Çemi, were also extremely helpful.

3 *small yet graphic body of scientific literature:* Maria Joana Gabucio, Isabel Caceres, Antonio Hidalgo, et al., "A wildcat (*Felis silvestris*) butchered by Neanderthals in Level O of the Abric Romani site (Capellades, Barcelona, Spain)," *Quaternary International* 326 (2014): 307–18; Jacopo Crezzini, Francesco Boschin, Paolo Boscato, and Ursula Wierer, "Wild cats and cut marks: Exploitation of *Felis silvestris* in the Mesolithic of Galgenbühel/Dos de la Forca (South Tyrol, Italy)," *Quaternary International* 330 (Apr. 2014): 52–60.

4 *gluts of midsize hunters are actually a common feature:* Laura R. Prugh, Chantal J. Stoner, Clinton W. Epps, et al., "The Rise of the Mesopredator," *Bioscience* 59 (2009), 779–91.

5 *red foxes are a major nuisance:* Katrin Bennhold, "Forget the Hounds. As Foxes Creep In, Britons Call the Sniper," *New York Times*, Dec. 6, 2014.

6 *the process of animal domestication as a road or a pathway:* Melinda A. Zeder, "Pathways to Animal Domestication," in *Biodiversity in Agriculture: Domestication, Evolution and Sustainability*, ed. Paul Gepts, Thomas R. Famula, Robert L. Bettinger, et al. (New York: Cambridge University Press, 2012), 227–59.

7 *three times as many chickens:* "Counting Chickens," *Economist*, July 27, 2011, http://www.economist.com/blogs/dailychart/2011/07/global-live stock-counts.

8 *very tough for scientists to determine*: James Gorman, "15,000 Years Ago, Probably in Asia, the Dog Was Born," *New York Times*, Oct. 19, 2015; James Gorman, "Family Tree of Dogs and Wolves Is Found to Split Earlier Than Thought," *New York Times*, May 21, 2015.

9 *even today experts often can't tell house tabbies from wild cats:* Carlos A. Driscoll, Nobuyuki Yamaguchi, Stephen J. O'Brien, and David W. Macdonald, "A Suite of Genetic Markets Useful in Assessing Wildcat (*Felis silvestris*

ssp.)—Domestic Cat (*Felis silvestris catus*) Admixture," *Journal of Heredity* 102, suppl. 1 (2011): S87–S90.

10 *Darwin devotes just a few pages:* Charles Darwin, *The Variation of Animals and Plants Under Domestication*, vol. 1 (Teddington: Echo Library, 2007), 32–35.

11 *whether or not house cats really qualify as fully domesticated animals:* Carlos A. Driscoll, David W. Macdonald, and Stephen J. O'Brien, "From wild animals to domestic pets, an evolutionary view of domestication," *Proceedings of the National Academy of Sciences* 106, suppl. 1 (June 2009): 9971–78.

12 *ancestral sprinklings:* For some theories, see Juliet Clutton-Brock, *A Natural History of Domesticated Mammals* (Cambridge: Cambridge University Press, 1999), 136–37.

13 *project took nearly ten years:* Carlos A. Driscoll, Marilyn Menotti-Raymond, Alfred L. Roca, et al., "The Near Eastern Origin of Cat Domestication," *Science* 317 (July 2007): 519–23.

14 *Cats, by any reasonable standard, are terrible candidates:* ibid.

15 *average Australian household cat:* Chee Chee Leung, "Cats eating into world fish stocks," *Sydney Morning Herald*, Aug. 26, 2008.

16 *baseline comfort with humans:* Zeder, "Pathways to Animal Domestication," 232.

17 *"Beelzebina, Princess of Devils":* in John Bradshaw, *Cat Sense: How the New Feline Science Can Make You a Better Friend to Your Pet* (New York: Basic Books, 2013), 14.

18 *Studies of modern radio-collared wild* Felis silvestris lybica *suggest:* David Macdonald, Orin Courtenay, Scott Forbes, and Paul Honess, "African Wildcats in Saudi Arabia," in *The Wild CRU Review: The Tenth Anniversary Report of the Wildlife Conservation Research Unit at Oxford University*, ed. David Macdonald and Françoise Tattersall (Oxford: University of Oxford Department of Zoology, 1996).

19 *More than 50 years ago:* Evan Ratliff, "Taming the Wild," *National Geographic*, March 2011; Lyudmila N. Trut, "Early Canid Domestication: The Farm-Fox Experiment," *American Scientist*, Mar.–Apr. 1999.

20 *When researchers from Washington University:* Michael J. Montague, Gang Li, Barbara Gandolfi, et al., "Comparative analysis of the domestic cat genome

reveals genetic signatures underlying feline biology and domestication," *Proceedings of the National Academy of Sciences* 111 (Dec. 2014): 17230–35.

21 *Darwin, who first described it:* Adam S. Wilkins, Richard W. Wrangham, and W. Tecumseh Fitch, "The 'Domestication Syndrome' in Mammals: A Unified Explanation Based on Neural Crest Cell Behavior and Genetics," *Genetics* 197 (July 2014): 795–808.

22 *house cats' coats began to vary only:* Carlos A. Driscoll, Juliet Clutton-Brock, Andrew C. Kitchener, and Stephen J. O'Brien, "The Taming of the Cat," *Scientific American*, June 2009; James A. Serpell, "Domestication and History of the Cat," in *The Domestic Cat: The Biology of Its Behaviour*, 2nd ed., ed. Dennis C. Turner and Patrick Bateson (Cambridge: Cambridge University Press, 2000), 186.

23 *undergo more frequent reproductive cycles:* Perry T. Cupps, *Reproduction in Domestic Animals* (New York: Elsevier, 1991), 542–44.

24 *And they exhibit the single most vital*: Zeder, "Pathways to Animal Domestication," 232–36.

25 *because human beings weren't:* Helmut Hemmer, *Domestication: The Decline of Environmental Appreciation* (Cambridge: Cambridge University Press, 1990), 108.

26 *Scientists now suspect:* Wilkins et al., "The 'Domestication Syndrome' in Mammals."

27 *When the Washington University geneticists:* Montague et al., "Comparative analysis of the domestic cat genome."

28 *Our pets' legs:* Bradshaw, *Cat Sense*, 18.

29 *Their meow sounds a little sweeter:* Nicholas Nicastro, "Perceptual and Acoustic Evidence for Species-Level Differences in Meow Vocalizations by Domestic Cats (*Felis catus*) and African Wild Cats (*Felis silvestris lybica*)," *Journal of Comparative Psychology* 118 (2004): 287–96.

30 *recalibrated their social lives ever so slightly:* Mel Sunquist and Fiona Sunquist, *Wild Cats of the World* (Chicago: University of Chicago Press, 2002), 106.

31 *house cats have also lengthened their intestines*: Darwin, *The Variation of Animals and Plants Under Domestication*, vol. 1, 35.

第三章

1 *include some 12 million more cats:* The 2012 US pet cat population was 95.6 million, compared to 83.3 million dogs. *APPA Survey*, 7.

2 *they barked warnings:* David Grimm, *Citizen Canine: Our Evolving Relationship with Cats and Dogs* (New York: Public Affairs, 2014), 29–30.

3 *went whole hog:* Juliet Clutton-Brock, *A Natural History of Domesticated Mammals* (Cambridge: Cambridge University Press, 1999), 59.

4 *Hunting breeds similar to the greyhound:* "A Brief History of the Greyhound," Grey2K USA, www.grey2kusaedu.org/pdf/history.pdf.

5 *Romans likely employed guide dogs:* Grimm, *Citizen Canine*, 220.

6 *sheep dogs:* Clutton-Brock, *Natural History*, 511–54.

7 *mastiff-like war dogs:* www.mastiffweb.com/history.htm.

8 *tiny lapdogs:* Bud Boccone, "The Maltese, Toy Dog of Myth and Legend," American Kennel Club, akc.org/akc-dog-lovers/maltese-toy-dog-myth-legend/.

9 *A list of antique Tudor dog breed names:* Harriet Ritvo, *The Animal Estate: The English and Other Creatures in the Victorian Age* (Cambridge, MA: Harvard University Press, 1989), 93–94.

10 *we've fitted dogs with Kevlar vests:* Grimm, *Citizen Canine*, 209–12.

11 *Dogs comfort the victims of mass shootings:* Taylor Temby, "Therapy dogs brought to Aurora Theater Trial," 9news.com, June 14, 2015.

12 *help capture Osama bin Laden:* Grimm, *Citizen Canine*, 212.

13 *locate the scat of rare animals:* Sarah Yang, "Wildlife biologists put dogs' scat-sniffing talents to good use," *Berkeley News*, Jan. 11, 2011.

14 *discover the graves:* Cat Warren, *What the Dog Knows: The Science and Wonder of Working Dogs* (New York: Simon & Schuster, 2013), 235.

15 *"Dogs can detect incipient tumors":* Grimm, *Citizen Canine*, 224.

16 *"Cat purring . . . may boost bone density":* ibid.

17 *Indonesians paraded cats:* Mel Sunquist and Fiona Sunquist, *Wild Cats of the World* (Chicago: University of Chicago Press, 2002), 102.

18 *Seventeenth-century Japanese musicians:* Muriel Beadle, *The Cat: A Complete Authoritative Compendium of Information About Domestic Cats* (New York: Simon & Schuster, 1977), 89.

19 *The Chinese used the cats' dilating pupils:* James A. Serpell, "Domestication and History of the Cat," in *The Domestic Cat: The Biology of Its Behaviour*, 2nd ed., ed. Dennis C. Turner and Patrick Bateson (Cambridge: Cambridge University Press, 2000), 184.

20 *Cats were also an essential part:* Beadle, *The Cat*, 83.

21 *In the high-tech era, the cat hair:* Marilyn A. Menotti-Raymond, Victor A. Davids, and Stephen J. O'Brien, "Pet cat hair implicates murder suspect," *Nature* 386 (April 1997): 774.

22 *prisoners have employed cats as drug mules:* "Cat caught carrying marijuana into Moldovan prison," Associated Press, Oct. 18, 2013.

23 *cats have served as key indicators:* Beadle, *The Cat*, 90.

24 *Cat meat itself is still eaten:* Worldwide, some 4 million cats (compared to 13 to 16 million dogs) are eaten each year, according to Anthony L. Podberscek, "Good to Pet and Eat: The Keeping and Consuming of Dogs and Cats in South Korea," *Journal of Social Issues* 65 (2009): 615–32.

25 *cat skins are only seldom worn*: Steve Friess, "A Push to Stop Swiss Cats from Being Turned into Coats and Hats," *New York Times*, Apr. 1, 2008.

26 *hipster craze for harvesting shed cat fur:* Jun Hongo, "Cat Hair Is Festive for Japanese Craft Aficionados," *Wall Street Journal*, Apr. 18, 2014.

27 *a sixteenth-century German-language artillery manual:* Brad Scriber, "Why Do 16th-Century Manuscripts Show Cats with Flaming Backpacks?" *National Geographic*, Mar. 11, 2014, http://news.nationalgeographic.com/news/2014/03/140310-rocket-cats-animals-manuscript-artillery-history/.

28 *In the 1960s, the CIA did attempt:* Emily Anthes, *Frankenstein's Cat: Cuddling Up to Biotech's Brave New Beasts* (New York: Scientific American/Farrar, Straus and Giroux, 2013), 143–44.

29 *"In silence, in secret":* Donald W. Engels, *Classical Cats: The Rise and Fall of the Sacred Cat* (London: Routledge, 1999), 1.

30 *I first learned about:* Abigail Tucker, "Crawling Around with Baltimore Street Rats," Smithsonian.com, Nov. 18, 2009.

31 *He cracks it open to a section:* Some of these photos are published in James E. Childs, "Size-Dependent Predation on Rats (*Rattus norvegicus*) by House Cats (*Felis catus*) in an Urban Setting," *Journal of Mammalogy* 67 (Feb. 1986): 196–99. Some study results were replicated twenty years later: Gregory E. Glass, Lynne C. Gardner-Santana, Robert D. Holt, Jessica Chen et al., "Trophic Garnishes: Cat-Rat Interactions in an Urban Environment," *PLOS ONE* (June 2009).

32 *Foxes, their prehistoric doppelgängers:* Gilad Bino, Amit Dolev, Dotan Yosha, et al., "Abrupt spatial and numerical responses of overabundant foxes to a reduction in anthropogenic resources," *Journal of Applied Ecology* 47 (Dec. 2010): 1262–71.

33 *isotopic analysis of 4,000-year-old cat remains:* Yaowu Hu, Songmei Hu, Weilin Wang, et al., "Earliest evidence for commensal processes of cat domestication," *Proceedings of the National Academy of Sciences* 111 (Jan. 2014): 116–20.

34 *As late as the twentieth century, exterminators:* Katherine C. Grier, *Pets in America: A History* (2006; repr., Orlando: Harcourt, 2006), 45.

35 *only a few other studies:* Beadle, *The Cat*, 95–96.

36 *one recent California study:* Cole C. Hawkins, William E. Grant, and Michael T. Longnecker, "Effect of house cats, being fed in parks, on California birds and rodents," *Proceedings 4th International Urban Wildlife Symposium*, ed. W. W. Shaw, L. K. Harris, and L. VanDruff (2004): 164–70.

37 *One commensal adaptation to city living:* For more on the might of Norway rats, see Robert Sullivan, *Rats: Observations on the History & Habitat of the City's Most Unwanted Inhabitants* (New York: Bloomsbury, 2004).

38 *There's even a theory that the Catholic Church:* Engels, *Classical Cats*, 156–62.

39 *hurling cats from bell towers:* This tradition is still (symbolically) celebrated in Ypres, Belgium, Kattenstoet, http://www.kattenstoet.be/en/page/499/welcome.html.

40 *scientists now suspect that rat fleas:* In our interview, Kenneth Gage said that human fleas may be partially to blame. For another theory, see "Rats and fleas off the hook: humans actually passed Black Death to each other," *The Week*, March 30, 2014, http://www.theweek.co.uk/health-science/57918/rats-and-fleas-hook-humans-passed-black-death-each-other.

41 *house cats themselves can be major plague hosts:* Kenneth L. Gage, David T.

Dennis, Kathy A. Orioski, et al., "Cases of Cat-Associated Human Plague in the Western US, 1977–1998," *Clinical Infectious Diseases* 30 (2000): 893–900.

42 *cats were indeed the most commonly accused "imps":* Serpell, "Domestication and History of the Cat," 188.

43 *Respiratory reactions to cat dander:* "Cat Allergy," from the American College of Allergies, Asthma and Immunology website, www.acaai.org.

44 *"Hecktick and consumptions":* Serpell, "Domestication and History of the Cat," 188.

45 *"the impact of cats on commensal rodent populations":* Philip J. Baker, Carl D. Soulsbury, Graziella Iossa, and Stephen Harris, "Domestic Cat (*Felis catus*) and Domestic Dog (*Canis familiaris*)," in *Urban Carnivores: Ecology, Conflict, and Conservation*, ed. Stanley D. Gehrt, Seth D. Riley, and Brian L. Cypher (Baltimore: Johns Hopkins University Press, 2010), 168.

46 *cats and humans last shared an ancestor:* Michael J. Montague, Gang Li, Barbara Gandolfi, et al., "Comparative analysis of the domestic cat genome reveals genetic signatures underlying feline biology and domestication," *Proceedings of the National Academy of Sciences* 111 (Dec. 2014).

47 *our own helpless neonates:* Hal Herzog, *Some We Love, Some We Hate, Some We Eat: Why It's So Hard to Think Straight About Animals* (New York: Harper Perennial, 2010), 39–41; John Archer, "Pet Keeping: A Case Study in Maladaptive Behavior," in *The Oxford Handbook of Evolutionary Family Psychology*, ed. Catherine A. Salmon and Todd K. Shackelford (Oxford: Oxford University Press, 2011), 287–88.

48 *enhanced fine-motor coordination:* John Bradshaw, *Cat Sense: How the New Feline Science Can Make You a Better Friend to Your Pet* (New York: Basic Books, 2013), 188–89.

49 *"misfiring of our parental instincts":* Herzog, *Some We Love*, 92.

50 *"fooled by an evolved response":* ibid., 40–41.

51 *Part of it is their size:* Elizabeth Marshall Thomas, *The Tribe of Tiger: Cats and Their Culture* (New York: Pocket Books, 1994), 104.

52 *Part of it is sound:* Karen McComb, Anna M. Taylor, Christian Wilson, and Benjamin D. Charlton, "The cry embedded within the purr," *Current Biology* 19, no. 13 (2009): R507–8.

53 *With their slitted pupils:* Alan Turner, *The Big Cats and Their Fossil Relatives: An Illustrated Guide to Their Evolution and Natural History* (New York: Columbia University Press, 1997), 96–98.

54 *an adult cat's eyes are almost as big:* Bradshaw, *Cat Sense,* 103.

55 *our own saucer-eyed offspring:* Abigail Tucker, "The Science Behind Why Pandas Are So Damn Cute," *Smithsonian,* Nov. 2013.

56 *so they evolved the best binocular vision:* Sunquist and Sunquist, *Wild Cats of the World,* 9.

57 *Primates are not ambush predators:* From interview with Adam Wilkins of Humboldt University in Berlin.

58 *got her start in infant gear:* Jennifer A. Kingson "Cool for Cats," *New York Times,* Dec. 18, 2013.

59 *Some scholars suggest that humans may reap benefits:* James A. Serpell and Elizabeth S. Paul, "Pets in the Family: An Evolutionary Perspective," in *The Oxford Handbook of Evolutionary Family Psychology,* 303–5.

60 *a cat is more akin to a "social parasite":* Archer, "Pet Keeping: A Case Study in Maladaptive Behavior," 293.

第四章

1 *Once common throughout Key Largo:* For a conservation summary, see U.S. Fish and Wildlife Service, Southeast Region, South Florida Ecological Services Office, "South Florida Multi-Species Recovery Plan, Recovery for the Key Largo Woodrat," Aug. 14, 2009.

2 *a number that has apparently tripled:* See chart in Christopher A. Lepczyk, Nico Dauphine, David M. Bird et al., "What Conservation Biologists Can Do to Counter Trap-Neuter-Return: Response to Longcore et al.," *Conservation Biology* 24, no. 2 (2010): 627–29.

3 *perhaps just as many strays:* One estimate of 60 to 100 million comes from David A. Jessup, "The welfare of feral cats and wildlife," *Journal of the American Veterinary Medical Association* 225 (Nov. 2004): 1377–83. The American Society for the Prevention of Cruelty to Animals estimates 70 million, www.aspca.org/animal-homelessness/shelter-intake-and-surrender/pet-statistics.

4 *House cats have populated every imaginable habitat:* For a sampling, see Table 1 in S. Pearre and R. Maass, "Trends in the prey size-based trophic niches of feral and House Cats *Felis catus L.*," *Mammal Review* 28, no. 3 (1998): 125–39.

5 *In all of these niches, they eat pretty much everything alive:* For a sampling, see Frank B. McMurry and Charles C. Sperry, "Food of Feral House Cats in Oklahoma, a Progress Report," *Journal of Mammalogy* 22, no. 2 (1941): 185–90.

6 *"Beefsteak and cockroaches":* in Carl Van Vechten, *The Tiger in the House: A Cultural History of the Cat* (1920; repr., New York: New York Review of Books, 2007), 11.

7 *house cats have even been known to prey on:* Diane K. Brockman, Laurie R. Godfrey, Luke J. Dollar, and Joelisoa Ratsirarson, "Evidence of Invasive *Felis silvestris* Predation on *Propithecus verreauxi* at Beza Mahafaly Special Reserve, Madagascar," *International Journal of Primatology* 29 (Feb. 2008), 135–52.

8 *Cats can drive extinctions, particularly on islands:* Félix M. Medina, Elsa Bonnaud, Eric Vidal, et al., "A global review of the impacts of invasive cats on island endangered vertebrates," *Global Change Biology* 17, no. 11 (2011): 3503–10.

9 *Domestic dogs, on the other hand:* Austin Ramzy, "Australia Deploys Sheepdogs to Save a Penguin Colony," *New York Times*, Nov. 3, 2015.

10 *"If we had to choose one wish":* "Historic Analysis Confirms Ongoing Mammal Extinction Crisis," *Wildlife Matters* (Winter 2014): 4–9.

11 *Australia's environmental minister:* "Australian official calls cats 'tsunamis of violence and death,'" *Atlanta Journal-Constitution*, Aug. 1, 2015.

12 *In 2013, federal scientists released a report:* Scott R. Loss, Tom Will, and Peter P. Marra, "The impact of free-ranging domestic cats on wildlife of the United States," *Nature Communications* (Dec. 2013), http://www.nature.com/ncomms/journal/v4/n1/full/ncomms2380.html.

13 *A Canadian governmental study:* Anna M. Calvert, Christine A. Bishop, Richard D. Elliot, et. al, "A Synthesis of Human-related Avian Mortality in Canada," *Avian Conservation & Ecology* 8, no. 2, article 11 (2013).

14 *one California facility reported cat injuries:* Jessup, "The welfare of feral cats and wildlife."

15 *"maimed, mauled, dismembered":* ibid.

16 *"Kittycam" study:* Kerrie Anne T. Loyd, Sonia M. Hernandez, John P. Carroll, Kyler J. Abernathy, and Greg J. Marshall, "Quantifying free-roaming domestic cat predation using animal-borne video cameras," *Biological Conservation* 160 (Apr. 2013): 183–89.

17 *Australian scientists snagged:* www.youtube.com/watch?v=iwAmesMywFo.

18 *one Hawaiian researcher:* Seth Judge, Jill S. Lippert, Kathleen Misajon, Darcy Hu, and Steven C. Hess, "Videographic evidence of endangered species depredation by feral cat," *Pacific Conservation Biology* 18, no. 4 (2012): 293–96.

19 *In 2005, fearing the wood rat numbers:* For details on the program, see Association of Zoos & Aquariums, 2009 Edward H. Bean Award application, www.aza.org/uploadedFiles/Membership/Honors_and_Awards/bean09-disney.pdf.

20 *one eighteenth-century voyager lamented:* From Captain Cook's ship logs, www.captaincooksociety.com/home/detail/225-years-ago-april-june-1777.

21 *Some cats also enjoyed choice galley rations:* Val Lewis, *Ships' Cats in War and Peace* (Shepperton-on-Thames, UK: Nauticalia, 2001), 106.

22 *Hunting prowess aside:* John Bradshaw, *Cat Sense: How the New Feline Science Can Make You a Better Friend to Your Pet* (New York: Basic Books, 2013), 72.

23 *Sailors invented cat toys:* Lewis, *Ships' Cats*, 103.

24 *miniature hammocks:* Donald W. Engels, *Classical Cats: The Rise and Fall of the Sacred Cat* (London: Routledge, 1999), 13.

25 *Egyptians probably stalled:* Carlos A. Driscoll, Juliet Clutton-Brock, Andrew C. Kitchener, and Stephen J. O'Brien, "The Taming of the Cat," *Scientific American*, June 2009.

26 *ancient Greeks also furnished:* For an extensive summary of post-Egyptian cat dispersal, see Engels, 48–138.

27 *already holed up in Iron Age hill forts:* Bradshaw, *Cat Sense*, 51–52.

28 *many monks and nuns:* Kathleen Walker-Meikle, *Medieval Cats* (London: The British Library Publishing, 2011), 34–36.

29 *wealthy Cairo sultan:* Bradshaw, *Cat Sense*, 55.

30 *Cats were also beloved by the Vikings:* Neil B. Todd, "Cats and Commerce," *Scientific American*, Nov. 1977.

31 *The explorer Ernest Shackleton:* Engels, *Classical Cats*, 166.

32 *Starving Jamestown settlers ate theirs:* Joseph Stromberg, "Starving Settlers in Jamestown Colony Resorted to Cannibalism," Smithsonian.com, Apr. 30, 2013.

33 *Miners chauffeured them to California and Alaska:* Reginald Bretnar, "Bring Cats! A Feline History of the West," *The American West*, Nov.–Dec. 1978, 32–35, 60.

34 *"were perfect wrecks":* ibid.

35 *"it would be illogical to assume that the cats were supervised":* Ian Abbott, "Origin and spread of the cat, *Felis catus*, on mainland Australia, with a discussion of the magnitude of its early impact on native fauna," *Wildlife Research* 29, no. 1 (2002): 51–74.

36 *bronze statue of Trim:* Lewis, *Ships' Cats*, 111.

37 *"Many and curious":* in Lewis, *Ships' Cats*, 107.

38 *the British thoughtfully marooned cats:* David Cameron Duffy and Paula Capece, "Biology and Impacts of Pacific Island Invasive Species. 7. The Domestic Cat (*Felis catus*)," *Pacific Science* 66, no. 2 (2012): 173–212.

39 *cats paddled ashore:* Abbott, "Origin and spread of the cat."

40 *"Our cats . . . struck them with particular astonishment":* ibid.

41 *Among the Samoans, "a passion arose for cats":* Duffy and Capece, "Biology and Impacts of Pacific Island Invasive Species."

42 *On Ha'apai, natives stole:* Captain Cook's logs, http://www.captaincooksociety.com/home/detail/225-years-ago-april-june-1777.

43 *On Eromanga, natives exchanged cords of fragrant Polynesian sandalwood:* Duffy and Capece, "Biology and Impacts of Pacific Island Invasive Species."

44 *charming pets:* Abbott, "Origin and spread of the cat."

45 *By the 1840s, some Australian natives:* Ian Abbott, "The spread of the cat, *Felis catus*, in Australia: re-examination of the current conceptual model with additional information," *Conservation Science Western Australia* 7, no. 2 (2008): 1–17.

46 *in 2006, twelve wild dogs:* Megan Gannon, "Don't Just Blame Cats: Dogs Disrupt Wildlife, Too," LiveScience.com, Feb. 21, 2013.

47 *But it turns out that dogs:* Melinda A. Zeder, "Pathways to Animal Domestication," in *Biodiversity in Agriculture: Domestication, Evolution and Sustainability*, ed. Paul Gepts, Thomas R. Famula, Robert L. Bettinger, et al. (New York: Cambridge University Press, 2012), 238–39.

48 *unsurpassed breeders*: Perry T. Cupps, *Reproduction in Domestic Animals* (New York: Elsevier, 1991), 542–44.

49 *cats could produce 354,294 descendants:* Engels, *Classical Cats*, 8.

50 *In real life, five cats:* R. J. Van Aarde, "Distribution and density of the feral house cat *Felis catus* on Marion Island," *South African Journal of Antarctic Research* 9 (1979): 14–19.

51 *feline mothers teach:* Bradshaw, *Cat Sense*, 86–88.

52 *"The behavior of kittens at play":* Elizabeth Marshall Thomas, *The Tribe of Tiger: Cats and Their Culture* (New York: Pocket Books, 1994), 7.

53 *hunt more than 1,000 species:* Interview with Christopher Lepczyk about ongoing research.

54 *They can rule a thousand acres:* Jeff A. Horn, Nohra Mateus-Pinilla, Richard E. Warner, and Edward J. Heske, "Home range, habitat use, and activity patterns of free-roaming domestic cats," *Journal of Wildlife Management* 75, no. 5 (2011): 1177–85.

55 *tailor daytime hunting excursions:* "Stopping the slaughter: fighting back against feral cats," *Wildlife Matters* (Summer 2012–13): 4–8.

56 *In Bristol, England:* Philip J. Baker, Susie E. Molony, Emma Stone, Innes C. Cuthill, and Stephen Harris, "Cats about town: is predation by free-ranging pet cats *Felis catus* likely to affect urban bird populations?," *Ibis* 150, suppl. s1 (Aug. 2008): 86–99.

57 *In cities like Rome:* Olof Liberg, Mikael Sandell, Dominique Pontier, and Eugenia Natoli, "Density, spatial organization and reproductive tactics in the domestic cat and other felids," in *The Domestic Cat: The Biology of Its Behaviour*, 2nd ed., ed. Dennis C. Turner and Patrick Bateson (Cambridge: Cambridge University Press, 2000), 121–24.

58 *In some places, cats actually outnumber adult birds:* Victoria Sims, Karl Evans, Stuart E. Newson, Jamie A. Tratalos, and Kevin J. Gaston, "Avian assem-

blage structure and domestic cat densities in urban environments," *Diversity and Distributions* 14 (Mar. 2008): 387–99.

59 *This phenomenon is called hyperpredation:* Franck Courchamp, Michel Langlais, and George Sugihara, "Rabbits killing birds: modelling the hyperpredation process," *Journal of Animal Ecology* 69 (2000): 154–64.

60 *"secretive, flightless":* "Guam Rail," US Fish and Wildlife Service, Pacific Islands Fish and Wildlife Office, www.fws.gov/pacificislands/fauna/guamrail.html.

61 *The sub-Antarctic island of Kerguelen:* Leon van Eck, "The Kerguelen Cabbage," Genetic Jungle, May 25, 2009, www.geneticjungle.com/2009/05/kerguelen-cabbage.html.

62 *"peculiar flavor":* ibid.

63 *The population exploded, and in 1951:* Dominique Pontier, Ludovic Say, François Debis, et al., "The diet of feral cats (*Felis catus* L.) at five sites on the Grande Terre, Kerguelen archipelago," *Polar Biology* 25 (2002): 833–37.

64 *In 1866, cat lover Mark Twain observed:* Mark Twain, *Mark Twain's Letters from Hawaii*, ed. A. Grove Day (Honolulu: University of Hawaii Press, 1975), 30–31.

65 *Cats even live 10,000 feet up:* Seth Judge, "Crouching Kittens, Hidden Petrels," pacificislandparks.com. Oct. 23, 2010, http://pacificislandparks.com/2010/10/23/crouching-kitten-hidden-petrels/.

66 *Wedge-tailed shearwaters, for instance, don't lay eggs:* Ted Williams, "Felines Fatales," *Audubon* magazine, Sept./Oct. 2009.

67 *last population of kakapo:* Elizabeth Kolbert, "The Big Kill," *New Yorker*, Dec. 22, 2014.

68 *"the ecological axis of evil":* Atticus Fleming, "Chief executive's letter," *Wildlife Matters* (Summer 2012–13): 2.

69 *In a rather heroic work of scholarship:* Abbott, "Origin and spread of the cat."

70 *In some places, tiny houses:* Elizabeth A. Denny and Christopher R. Dickman, *Review of cat ecology and management strategies in Australia: A report for the Invasive Animals Cooperative Research Centre* (Sydney: University of Sydney, 2010), http://www.pestsmart.org.au/wp-content/uploads/2010/03/CatReport_web.pdf.

71 *"Rabbits have aided":* "The Feral Cat (*Felis catus*)," Australian Government, Department of Sustainability, Environment, Water, Population and Communities, www.environment.gov.au/system/files/resources/34ae02f7-9571-4223-beb0-13547688b07b/files/cat.pdf.

72 *"scourge":* in Denny, *Review of cat ecology*.

73 *Turncoat cats are even said to conspire:* "Stopping the slaughter: fighting back against feral cats."

74 *The carnage is still being accounted for:* For a full account, see John C. Z. Woinarski, Andrew A. Burbidge, and Peter L. Harrison, *The Action Plan for Australian Mammals 2012* (Collingwood, Victoria, Australia: CSIRO Publishing, 2014).

75 *greater stick-nest rat:* From email interview with John Woinarski.

76 *"to tolerate electric shock":* Duffy and Capece, "Biology and Impacts of Pacific Island Invasive Species."

77 *In places like the Wongalara Wildlife Sanctuary:* "Restoring mammal populations in northern Australia: confronting the feral cat challenge." *Wildlife Matters* (Winter 2014): 10–11.

78 *to celebrate Easter with foil-wrapped bilbies:* "Easter Bilby," en.wikipedia.org/wiki/Easter_Bilby.

79 *shielded a few acres of bilby habitat:* Brian Williams, "Feral cats wreak havoc in raid on 'enclosed' refuge for endangered bilbies," *Courier-Mail*, July19, 2012; John R. Platt, "3,000 Feral Cats Killed to Protect Rare Australian Bilbies," ScientificAmerican.com, Mar. 28, 2013.

80 *Several studies suggest:* For an example, see Colin Bonnington, Kevin J. Gaston, and Karl L. Evans, "Fearing the feline: domestic cats reduce avian fecundity through trait-mediated indirect effects that increase nest predation by other species," *Journal of Applied Ecology* 50 (Feb. 2013): 15–24.

81 *Bristle-thighed curlews in the Phoenix Islands:* Félix M. Medina, Elsa Bonnaud, Eric Fidal, and Manuel Nogales, "Underlying impacts of invasive cats on islands: not only a question of predation," *Biodiversity and Conservation* 23 (Feb. 2014): 327–42.

82 *In one Maryland study:* Nico Dauphiné and Robert J. Cooper, "Impacts of Free-ranging Domestic Cats (*Felis catus*) on Birds in the United States: A Review of Recent Research with Conservation and Management Recommen-

dations," *Proceedings of the Fourth International Partners in Flight Conference: Tundra to Tropics* (2009): 205–19.

83 *Cats likely spread:* R. Scott Nolen, "Feline leukemia virus threatens endangered panthers," *JAVMA News*, May 15, 2004.

84 *In the Balearic Islands:* Medina et al., "Underling impacts."

85 *In Hawaii, the droppings:* Williams, "Feral cats wreak havoc."

86 *"wide ranges and uncertainties":* Natalie Angier, "That Cuddly Kitty Is Deadlier Than You Think," *New York Times*, Jan. 29, 2013.

87 *lessons of island ecology:* From interview with Michael Hutchins.

88 *including the development of a toxic kangaroo sausage:* D. Algar, N. Hamilton, M. Onus, S. Hilmer et al., "Field trial to compare baiting efficacy of Eradicat and Curiosity baits," (2011), Australian Government, Department of the Environment, www.environment.gov.au/system/files/resources/d242c6f1-d2ab-43de-a552-61aaaf79c92c/files/cat-bait-wa.pdf.

89 *Australians have also tested the Cat Assassin:* Government of South Australia, Kangaroo Island Natural Resources Management Board, "Case Study: Feral cat spray tunnels trials on Kangaroo Island," www.pestsmart.org.au/wp-content/uploads/2013/11/FCCS2_cat-tunnel-trials.pdf.

90 *considered dispatching Tasmanian devils:* Ginny Stein, "Tasmanian farmers and environmentalists team up to eradicate feral cat threat," abc.net.au, Nov. 2, 2014.

91 *it can cost up to $100,000 per square mile:* Manuel Nogales, Eric Vidal, Félix M. Medina, Elsa Bonnaud, et al., "Feral Cats and Biodiversity Conservation: The Urgent Prioritization of Island Management," *BioScience* 63, no. 10 (2013): 804–10.

92 *Here's an idea of the process:* John P. Parkes, Penny Mary Fisher, Sue Robinson, and Alfonso Aguirre-Muñoz, "Eradication of feral cats from large islands: an assessment of the effort required for success," *New Zealand Journal of Ecology* 38, no. 2 (2014): 307–14.

93 *hard-won victory over the house cats of tiny San Nicolas Island:* Steve Chawkins, "Complex effort to rid San Nicolas Island of cats declared a success," *Los Angeles Times*, Feb. 26, 2012.

94 *"a monumental achievement":* ibid.

95 *Nearly 100 islands have been cleared so far:* Nogales et al., "Feral Cats and Biodiversity Conservation."

96 *soaring bunny population gobbled 40 percent:* Dana M. Bergstrom, Arko Lucieer, Kate Kiefer, Jane Wasley, et al., "Indirect effects of invasive species removal devastate World Heritage Island," *Journal of Applied Ecology* 46, no. 1 (2009): 73–81.

97 *The devastation is visible from space:* Elizabeth Svoboda, "The unintended consequences of changing nature's balance," *New York Times*, Nov. 7, 2009.

98 *what scientists call "social acceptability":* Steffen Oppel, Brent M. Beaven, Mark Bolton, Juliet Vickery, and Thomas W. Bodey, "Eradication of Invasive Mammals on Islands Inhabited by Humans and Domestic Animals," *Conservation Biology* 25, no. 2 (2011): 232–40.

第五章

1 *Wandering dogs have been mostly eliminated:* See especially the comparison with India, in Brian Palmer, "Are No-Kill Shelters Good for Cats and Dogs?" Slate.com, May 19, 2014.

2 *nearly half of all house cats that enter shelters:* ASPCA, "Shelter Intake and Surrender: Pet Statistics," www.aspca.org/animal-homelessness/shelter-intake-and-surrender/pet-statistics.

3 *almost 100 percent:* "Cat Fatalities and Secrecy in U.S. Pounds and Shelters," Alley Cat Allies, http://www.alleycat.org/page.aspx?pid=396.

4 *"as part of the natural landscape":* "Save The Birds," Alley Cat Allies, http://www.alleycat.org/page.aspx?pid=1595.

5 *The neuter-and-release method is sweeping the country:* Elizabeth Holtz, "Trap-Neuter-Return Ordinances and Policies in the United States: The Future of Animal Control," Law & Policy Brief (Bethesda, MD: Alley Cat Allies, 2004).

6 *and some 600 registered nonprofits:* "A Quarter Century of Cat Advocacy," *Alley Cat Action* 25, no. 2 (Winter 2015).

7 *Abroad, entire countries—like Italy:* From emails with Eugenia Natoli, an Italian cat researcher.

8 *The modern animal welfare movement:* Katherine C. Grier, *Pets in America: A History* (2006; repr., Orlando: Harcourt, 2006), 160–233.

9 *"the Eden of home":* ibid., 197.

10 *"torture quiet, domestic animals":* ibid., 184.

11 *one eighteenth-century Philadelphia family:* ibid., 30.

12 *Cats were often excluded:* ibid., 45.

13 *They were underrepresented:* ibid., 335–36.

14 *People tended to use generic names for cats:* ibid., 87.

15 *most popular American pet:* By 1930, America was importing more than 800,000 birds per year (ibid., 318, 334). Also see NPR interview with Grier: Vikki Valentine, "From Canaries to Rocks: A Hardy Pet Is a Good Pet," NPR .org, May 16, 2007, http://www.npr.org/templates/story/story.php?storyId=10216089.

16 *many municipalities simply ignored the stray cat population:* Grier, *Pets in America*, 279.

17 *People called the stay cats "tramps":* ibid., 277.

18 *The cats were falsely accused:* ibid., 380.

19 *an example of "real brave humanity":* ibid., 133.

20 *In the 1930s, bands of well-meaning women:* ibid., 282.

21 *In 1948, Robert Kendell:* Katherine T. Kinkead, "A Cat in Every Home," in *The Big New Yorker Book of Cats* (New York: Random House, 2013), 91.

22 *some of London's first cat colonies:* Ellen Perry Berkeley, *Maverick Cats: Encounters with Feral Cats* (Shelburne, VT: New England Press, 2001), 16–17.

23 *in 1947, the invention of kitty litter:* Paul Ford, "The Birth of Kitty Litter," Bloomberg.com, Dec. 4, 2014.

24 *more sweeping social changes also drove the trend:* From interviews with Paula Flores, Global Head of Pet Care Research at Euromonitor International.

25 *something like 85 percent of owned cats are today spayed:* "Outdoor Cats: Frequently Asked Questions: Why Do People Consider Outdoor Cats a Problem?" Humane Society of the United States, http://www.humanesociety.org/issues/feral_cats/qa/feral_cat_FAQs.html.

26 *only about 2 percent of free-roaming cats are:* ibid.

27 *California alone kills about 250,000 cats annually:* Wayne Pacelle, "A Blueprint for Ending Euthanasia of Healthy Companion Animals," Humane Society of the United States, http://blog.humanesociety.org/wayne/2013/09/ending-euthanasia-healthy-pets-california.html.

28 *High-capacity shelters:* Grier, *Pets in America*, 277–79.

29 *"Allowing a cat or any living being":* Kate Hurley, "Making the Case for a Paradigm Shift in Community Cat Management, Part One," Maddie's Fund, www.maddiesfund.org/making-the-case-for-community-cats-part-one.htm.

30 *In Washington, DC, there are hundreds:* Lisa Grace Lednicer, "Is it more humane to kill stray cats, or let them fend alone?" *Washington Post* magazine, Feb. 6, 2014.

31 *in Oakland, California:* Nancy Barber, "Calif. Woman Fixes and Feeds 24 Cat Colonies," Pawnation.com, Jan. 22, 2014.

32 *Along with food:* For an example, see "Coyotes, Pets, and Community Cats: Protecting feral cat colonies," Humane Society of the United States, http://www.humanesociety.org/animals/coyotes/tips/coyotes_pets.html.

33 *how to shield their cats from a storm surge:* "Be Prepared for Disasters," Alley Cat Allies, http://www.alleycat.org/disastertips.

34 *have been at each other's throats since at least the 1870s:* Grier, *Pets in America*, 294–95.

35 *outdoor bird-watching is an increasingly popular pastime:* Melissa Milgrom, "The Birding Effect," *Nature Conservancy*, May/June 2013.

36 *"The world outside your front door can be a brutal place":* American Bird Conservancy, "Cats, Birds and You," https://abcbirds.org/program/cats-indoors/.

37 *The other pamphlet makes a less gentle case:* American Bird Conservancy, "Trap, Neuter, Release (TNR): Bad for Birds, Bad for Cats."

38 *researcher at the Smithsonian Migratory Bird Center:* Benjamin R. Freed, "Nico Dauphine Sentenced for Attempting to Kill Feral Cats," DCist.com, Dec. 15, 2011; Bruce Barcott, "Kill the Cat That Kills the Bird?" *New York Times Magazine*, Dec. 2, 2007.

39 *writer for* Audubon *magazine:* Christine Haughney, "Writer, and Bird Lover,

at Center of a Dispute About Cats Is Reinstated," *New York Times*, Mar. 26, 2013.

40 *"cat hoarding without walls":* Christopher A. Lepczyk, Nico Dauphine, David M. Bird et al., "What Conservation Biologists Can Do to Counter Trap-Neuter-Return: Response to Longcore et al.," *Conservation Biology* 24, no. 2 (2010): 627–29.

41 *it's estimated that 71 percent to 94 percent:* Travis Longcore, Catherine Rich, and Lauren M. Sullivan, "Critical Assessment of Claims Regarding Management of Feral Cats by Trap-Neuter-Return," *Conservation Biology* 23, no. 4 (2009): 887–94.

42 *Skeptics also contend:* Robert J. McCarthy, Stephen H. Levine, and J. Michael Reed, "Estimation of effectiveness of three methods of feral cat population control by use of a simulation model," *Journal of the American Veterinary Medical Association* 243, no. 4 (2013): 502–11.

43 *According to a 2011 Associated Press poll:* Sue Manning, "AP-Petside.com Poll: 7 in 10 pet owners: Shelters should kill only animals too sick or aggressive for adoption," Associated Press, Jan. 5, 2012.

44 *More than 40 million American households include cats:* National Pet Owners Survey *2013–2014*, 6.

45 *the* Washington Post *was summoned:* Annie Gowen, "Wild Cats at Chantilly Trailer Park to Be Trapped, Probably Killed," *Breaking News* (blog), *Washington Post*, Mar. 12, 2008.

46 *and after three days of negative "local and national attention":* Annie Gowen, "Deal Reached to Keep Feral Cats," *Breaking News* (blog), *Washington Post*, Mar. 15, 2008.

47 *the website provides a political toolkit:* Alley Cat Allies, Advocacy Toolkit, http://www.alleycat.org/sslpage.aspx?pid=1552.

48 *"Mrs. Harper, raising awareness about cat welfare is a good look":* "Laureen Harper interrupted by Toronto activist at cat video festival," CBC News, Apr. 18, 2004, http://www.cbc.ca/news/canada/toronto/laureen-harper-interrupted-by-toronto-activist-at-cat-video-festival-1.2614936.

49 *A Twitter skirmish ensued:* Excerpts can be found at Christie Keith, "Michigan Mayor Taunts Cat Lovers on Twitter," previously available at Petconnection.com, Feb. 13, 2014.

50 *lingers in my mind:* Hurley, "Making the Case for a Paradigm Shift."

51 *biggest threat:* Philip H. Kass, "Cat Overpopulation in the United States," in *The Welfare of Cats,* ed. Irene Rochlitz (Dodrecht, the Netherlands: Springer, 2007), 119.

52 *One model showed that lethal control:* McCarthy et al., "Estimation of effectiveness of three methods of feral cat population control."

53 *newly proposed city Wildlife Action Plan:* Andrew Giambrone, "District May Target Feral Cats as Part of Wildlife Action Plan," *Washington City Paper,* Sept. 1, 2015.

54 *One proposed alternative:* McCarthy et al., "Estimation of effectiveness of three methods of feral cat population control."

第六章

1 *one in three people:* Jaroslav Flegr, Joseph Prandota, Michaela Sovičková, and Zafar H. Isarili, "Toxoplasmosis—A Global Threat. Correlation of Latent Toxoplasmosis with Specific Disease Burden in a Set of 88 Countries," *PLOS ONE* (Mar. 2014).

2 *including some 60 million Americans:* Centers for Disease Control and Prevention, "Parasites—Toxoplasmosis (*Toxoplasma* infection)," www.cdc.gov/parasites/toxoplasmosis/.

3 *now perhaps the most successful parasite the world has ever seen:* Carl Zimmer, *Parasite Rex: Inside the Bizarre World of Nature's Most Dangerous Creatures* (New York: Atria, 2000), 195.

4 *Brain-burrowing parasites are almost always devastating:* Holly Yan, "Brain-eating amoeba kills 14-year-old star athlete," CNN.com, Aug. 31, 2015.

5 *The American infection rate is somewhere between:* Dolores E. Hill, J. P. Dubey, Rachel C. Abbott, Charles van Riper III, and Elizabeth A. Enright, *Toxoplasmosis,* Circular 1389 (Reston: US Geological Survey, 2014), 10.

6 *South Korea is perhaps the toxo-freest nation, at less than 7 percent:* João M. Furtado, Justine R. Smith, Rubens Belfort, Jr., and Kevin L. Winthrop, "Toxoplasmosis: A Global Threat," *Journal of Global Infectious Diseases* 3, no. 3 (2011): 281–84.

7 *In 1938, pathologists at Babies Hospital:* J. P. Dubey, "History of the discovery of the life cycle of *Toxoplasma gondii*," *International Journal for Parasitology* 39, no. 8 (2009): 877–82; J. P. Dubey, "Transmission of *Toxoplasma gondii*—From land to sea, a personal perspective," in *A Century of Parasitology: Discoveries, Ideas and Lessons Learned by Scientists Who Published in The Journal of Parasitology, 1914–2014*, ed. John Janovy, Jr., and Gerald W. Esch, eds. (Chichester, UK: Wiley-Blackwell 2016), 148.

8 *average cat owners don't even have unusually high rates of infection:* Marion Vittecoq, Kevin D. Lafferty, Eric Elguero, et al., "Cat ownership is neither a strong predictor of *Toxoplasma gondii* infection, nor a risk factor for brain cancer," *Biology Letters* 8, no. 6 (2012): 1042.

9 *It is outdoor cats:* Hill et al., *Toxoplasmosis*, 56.

10 *scientists estimate that 1 percent:* Dubey, "Transmission of *Toxoplasma gondii*," 154.

11 *roughly 80 percent of Pennsylvania's black bears:* Nancy Briscoe, J. G. Humphreys, and J. P. Dubey, "Prevalence of *Toxoplasma gondii* Infections in Pennsylvania Black Bears, *Ursus americanus*," *Journal of Wildlife Diseases* 29, no. 4 (1993): 599–601.

12 *nearly half of Ohio's deer:* S. C. Crist, R. L. Stewart, J. P. Rinehart, and G. R. Needham, "Surveillance for *Toxoplasma gondii* in the white-tailed deer (*Odocoileus virginianus*) in Ohio," *Ohio Journal of Science* 99, no. 3 (1999): 34–37.

13 *One Indian study showed:* Dubey, "History of the discovery."

14 *A well-known outbreak happened:* Judith Isaac-Renton, William R. Bowie, Arlene King, et al., "Detection of *Toxoplasma gondii* Oocysts in Drinking Water," *Applied and Environmental Microbiology* 64, no. 6 (1998): 2278–80.

15 *Another well-studied toxoplasmosis epidemic occurred:* J. P. Dubey and J. L. Jones, "*Toxoplasma gondii* infection in humans and animals in the United States," *International Journal for Parasitology* 38, no. 11 (2008): 1257–78.

16 *The parasite is now found even above the Arctic Circle:* Ian Sample, "Public health warning as cat parasite spreads to Arctic beluga whales," *Guardian*, Feb. 14, 2014.

17 *European colonists sailing to Brazil:* Tovi Lehmann, Paula L. Marcet, Doug H. Graham, Erica R. Dahl, and J. P. Dubey, "Globalization and the population structure of *Toxoplasma gondii*," *Proceedings of the National Academy of Sciences* 103, no. 30 (2006): 11423–28.

18 *Like the house cat itself:* I am indebted to Vern Carruthers of the University of Michigan for explaining *Toxoplasma's* activities in the human body, and to Mikhail Pletnikov of Johns Hopkins University and Wendy Ingram at the University of California, Berkeley.

19 *That was the gist of a sensational series:* M. Berdoy, J. P. Webster, and D. W. Macdonald, "Fatal Attraction in rats infected with *Toxoplasma gondii,*" *Proceedings of the Royal Society B* 267, no. 1452 (2000): 1591–94; Zimmer, *Parasite Rex*, 92–94.

20 *toxo-infected chimpanzees are drawn*: Clémence Poirotte, Peter M. Kappeler, Barthelemy Ngoubangoye, Stéphanie Bourgeois, Maick Moussodji, and Marie J. E. Charpentier, "Morbid attraction to leopard urine in *Toxoplasma*-infected chimpanzees," *Current Biology* 26, no. 3 (2016), R98–R99.

21 *individuals with toxoplasmosis have an elevated risk of suicide:* Vinita J. Ling, David Lester, Preben Bo Mortensen, et al., "*Toxoplasma gondii* Seropositivity and Suicide Rates in Women," *The Journal of Nervous and Mental Disease* 199, no. 7 (2011): 440–44.

22 *higher suicide and homicide rates:* David Lester, "*Toxoplasma gondii* and Homicide," *Psychological Reports* 111, no. 1 (2012): 196–97.

23 *same spike shows up in car crash statistics:* Jaroslav Flegr, "Effects of *Toxoplasma* on Human Behavior," *Schizophrenia Bulletin* 33, no. 3 (2007): 757–60.

24 *"Maybe you take a toxo-infected human":* "Toxo: A Conversation with Robert Sapolsky," Edge, Dec. 2, 2009, edge.org/conversation/robert_sapolsky-toxo.

25 *toxo-positive sea otters:* C. Kreuder, M. A. Miller, D. A. Jessup, et al., "Patterns of Mortality in Southern Sea Otters (*Enhydra lutris nereis*) from 1998–2001," *Journal of Wildlife Diseases* 39, no. 3 (2003): 495–509.

26 *as many as 30 percent of AIDS patients:* Hill et al., *Toxoplasmosis*, 23.

27 *more eye-opening research:* Kathleen McAuliffe, "How Your Cat Is Making You Crazy," *Atlantic*, Mar. 2012.

28 *Perhaps inevitably:* Jaroslav Flegr, Pavlina Lenochová, Zdeněk Hodný, and Marta Vondrová, "Fatal Attraction Phenomenon in Humans—Cat Odour Attractiveness Increased for *Toxplasma*-Infected Men While Decreased for Infected Women," *PLOS Neglected Tropical Diseases* (Nov. 2011).

29 *may explain our fondness for sauvignon blanc:* Patrick House, "The Scent of a Cat Woman," Slate.com, July 3, 2012.

30 *New Zealand just happens to have the highest levels of cat ownership:* Karla Adam, "Cat wars break out in New Zealand," *Guardian*, May 21, 2013.

31 *toxoplasmosis rates hovering around 40 percent:* Matthew Theunissen, "Disease carried by cats not so 'trivial'—researchers," *New Zealand Herald*, Jan. 29, 2013.

32 *"There is no historical precedent for such numbers of cats":* E. Fuller Torrey and Robert H. Yolken, "*Toxoplasma* oocysts as a public health problem," *Trends in Parasitology* 29, no. 8 (2013): 380–84.

33 *"The rise of cats as pets":* E. Fuller Torrey and Judy Miller, *The Invisible Plague: The Rise of Mental Illness from 1750 to the Present* (New Brunswick, NJ: Rutgers University Press, 2007), 332–33.

34 *Yolken and Torrey introduced the notion:* E. Fuller Torrey and Robert H. Yolken, "Could Schizophrenia Be a Viral Zoonosis Transmitted from House Cats?" *Schizophrenia Bulletin* 21, no. 2 (1995): 167–71.

35 *Later, the scientists repeated the study:* R. H. Yolken, F. B. Dickerson, and E. Fuller Torrey, "Toxoplasma and schizophrenia," *Parasite Immunology* 31, no. 11 (2009): 706–15.

36 *that afflicts roughly 1 percent of the American population:* "Schizophrenia—Fact Sheet," Treatment Advocacy Center, "Eliminating Barriers to the Treatment of Mental Illness," www.treatmentadvocacycenter.org/problem/consequences-of-non-treatment/schizophrenia.

37 *But Yolken and Torrey believe:* For their excellent literature review, see "Toxoplasma-Schizophrenia Research," Stanley Medical Research Institute, www.stanleyresearch.org/patient-and-provider-resources/toxoplasmosis-schizophrenia-research/.

38 *particular countries, like Brazil:* Kevin D. Lafferty, "Look what the cat dragged in: do parasites contribute to human cultural diversity?" *Behavioural Processes* 68 (2005): 279–82; Patrick House, "Landon Donovan Needs a Cat," Slate.com, July 1, 2010.

39 Toxoplasma *is a major problem in modern Egypt:* Y. M. Al-Kappany, C. Rajendran, L. R. Ferreira, et al., "High Prevalence of Toxoplasmosis in Cats from Egypt: Isolation of Viable *Toxoplasma gondii*, Tissue Distribution, and Isolate Designation," *Journal of Parasitology* 96, no. 6 (2010): 1115–18.

40 *But then I learn that another scientific team:* Rabat Khairat, Markus Ball, Chun-Chi Hsieh Chang, et al., "First insights into the metagenome of Egyptian mummies using next-generation sequencing," *Journal of Applied Genetics* 54, no. 3 (2013): 309–25.

第七章

1 *$58 billion pet industry's biggest trade show:* "Pet Industry Market Size & Ownership Statistics," American Pet Products Association, www.americanpetproducts.org/press_industrytrends.asp.

2 *Not long ago, cats didn't really have any "products":* Katherine C. Grier, *Pets in America: A History* (2006; repr., Orlando: Harcourt, 2006), 22, 102, 122, 377.

3 *As late as the 1960s:* Kathleen Szasz, *Petishism? Pets and Their People in the Western World* (New York: Holt, Rinehart and Winston, 1968), 193.

4 *Americans now spend $6.6 billion:* 2012 Euromonitor data.

5 *"Persian pussies have been known to leave":* Carl Van Vechten, *The Tiger in the House: A Cultural History of the Cat* (1920; repr., New York: New York Review of Books, 2007), 14.

6 *But today, over 60 percent:* APPA Survey, 174.

7 *And the latest studies suggest:* Jennifer L. McDonald, Mairead Maclean, Matthew R. Evans, and Dave J. Hodgson, "Reconciling actual and perceived rates of predation by domestic cats," *Ecology and Evolution* 5, no. 14 (July 2015): 2745–53; Natalie Angier, "That Cuddly Kitty Is Deadlier Than You Think," *New York Times*, Jan. 29, 2013.

8 *as part of one recent study, researchers placed:* Manuela Wedl, Barbara Bauer, Dorothy Gracey, et al., "Factors influencing the temporal patterns of dyadic behaviours and interactions between domestic cats and their owners," *Behavioural Processes* 86, no. 1 (2011): 58–67.

9 *The groundbreaking study:* Erika Friedmann, Aaron Honori Katcher, James L. Lynch, and Sue Ann Thomas, "Animal Companions and One-Year Survival of Patients After Discharge from a Coronary Care Unit," *Public Health Reports* 95, no. 4 (1980): 307–12.

10 *"A pet can be a miracle drug":* Marty Becker, *The Healing Power of Pets: Har-*

nessing the Amazing Ability of Pets to Make and Keep People Happy and Healthy (New York: Hyperion, 2002), 64.

11 *Lots of people—almost 20 percent:* James A. Serpell, "Domestication and History of the Cat," in *The Domestic Cat: The Biology of Its Behaviour,* 2nd ed., ed. Dennis C. Turner and Patrick Bateson (Cambridge: Cambridge University Press, 2000). (By contrast, less than 3 percent of respondents disliked dogs.)

12 *studies suggest that cats occasionally seek:* John Bradshaw, *Cat Sense: How the New Feline Science Can Make You a Better Friend to Your Pet* (New York: Basic Books, 2013), 235.

13 *When Erika Friedmann repeated:* Erika Friedmann and Sue A. Thomas, "Pet Ownership, Social Support, and One-Year Survival After Acute Myocardial Infarction in the Cardiac Arrhythmia Suppression Trial (CAST)," *American Journal of Cardiology* 15 (Dec. 1995): 1213–17. (Hal Herzog and Alan Beck, in interviews, were kind enough to point me toward this fascinating body of scholarship.)

14 *A more recent follow-up:* G. B. Parker, Aimee Gayed, C. A. Owen, and Gabriella A. Heruc, "Survival following an acute coronary syndrome: A pet theory put to the test," *Acta Psychiatrica Scandinavica* 121, no. 1 (2010): 65–70.

15 *While an American study of Medicaid records:* Judith M. Siegel, "Stressful Life Events and Use of Physician Services among the Elderly: The Moderating Role of Pet Ownership," *Journal of Personality and Social Psychology* 58, no. 6 (1990): 1081–86.

16 *Dutch study concluded:* Mieke Rijken and Sandra van Beek, "About Cats and Dogs . . . Reconsidering the Relationship Between Pet Ownership and Health Related Outcomes in Community-Dwelling Elderly," *Social Indicators Research* 102 (July 2011): 373–88.

17 *Another group of scientists:* Erika Friedmann, Sue A. Thomas, Heesook Son, Deborah Chapa, and Sandra McCune, "Pet's Presence and Owner's Blood Pressures During the Daily Lives of Pet Owners with Pre- to Mild Hypertension," *Anthrozoös* 26 (Dec. 2013): 535–50.

18 *A particularly damning Norwegian study:* Ingela Enmarker, Ove Hellzén, Knut Ekker, and Ann-Grethe Berg, "Health in older cat and dog owners: The Nord-Trondelag Health Study (HUNT)-3 study," *Scandinavian Journal of Public Health* 40 (Dec. 2012): 718–24.

19 *one study indicated:* K. Robin Yabroff, Richard P. Troiano, and David Berri-

gan, "Walking the Dog: Is Pet Ownership Associated with Physical Activity in California?" *Journal of Physical Activity and Health* 5 (Mar. 2008): 216–28.

20 *Another revealed that, in 210 minutes of observation:* Penny L. Bernstein and Erika Friedmann, "Social behaviour of domestic cats in the human home," in *The Domestic Cat: The Biology of Its Behaviour*, 73.

21 *In a Japanese study:* Atsuko Saito and Kazutaka Shinozuka, "Vocal recognition of owners by domestic cats (*Felis catus*)," *Animal Cognition* 16, no. 4 (2013): 685–90.

22 *Japanese researchers recently suggested:* Jan Hoffman, "The Look of Love Is in the Dog's Eyes," *New York Times*, Apr. 16, 2015.

23 *"Cats seem to have little or no instinctive":* Bradshaw, *Cat Sense*, 132.

24 *"Despite years of research":* ibid., 199.

25 *In one study, cat owners could not even:* N. Courtney and Deborah Wells, "The discrimination of cat odours by humans," *Perception* 31 (2002): 511–12.

26 *"weakness in social skills":* Bradshaw, *Cat Sense*, xiv.

27 *"Honeybun is the biggest love-mush":* Janet Alger and Steven Alger, *Cat Culture: The Social World of a Cat Shelter* (Philadelphia: Temple University Press, 2002), 17.

28 *"The embedding of a cry":* "Cats Do Control Humans, Study Finds," Live Science.com, July 13, 2009.

29 *Rather than "learning a common rule":* Sarah Ellis, "Human classification of context-related vocalisations emitted by known and unknown domestic cats (*Felis catus*)" (from The Arts & Sciences of Human-Animal Interaction Conference 2012 literature).

30 *One investigation even showed:* Bernstein and Friedmann, "Social behaviour of domestic cats in the human home," 78.

31 *For instance, house cats can relinquish:* Giuseppe Piccione, Simona Marafioti, Claudia Giannetto, Michele Panzera, and Francesco Fazio, "Daily rhythm of total activity pattern in domestic cats (*Felis silvestris catus*) maintained in two different housing conditions," *Journal of Veterinary Behavior* 8, no. 4 (2013): 189–94.

32 *there's also a rather haunting study entitled:* Melissa R. Shyan-Norwalt, "Caregivers Perceptions of What Indoor Cats Do 'For Fun,'" *Journal of Applied Animal Welfare Science* 8, no. 3 (2005): 199–209.

33 *Most cat-owning households have more than one cat:* APPA survey, 169. (The average number of cats per household is 2.11.)

34 *according to one study, cats in a household:* J. L. Stella and C. A. T. Buffington, "Individual and environmental effects on health and welfare," in *The Domestic Cat: The Biology of Its Behaviour*, 196.

35 *others are literally allergic to us:* Maryann Mott, "Coughing Cats May Be Allergic to People, Vets Say," *National Geographic News*, Oct. 25, 2005.

36 *don't like humans to lock eyes:* Stella and Buffington, "Individual and environmental effects on health and welfare," 197.

37 *Studying stress by measuring cortisol levels:* "Stroking could stress out your cat," University of Lincoln, Oct. 7, 2013, www.lincoln.ac.uk/news/2013/10/772.asp.

38 "For example, if two family cats": "Understanding Cat Aggression Toward People," SPCA of Texas, http://www.spca.org/document.doc?id=38.

39 *An audio clip from the call:* Stuart Tomlinson, "Aggravated cat is subdued by Portland police after terrorizing family," *Oregonian*, Mar. 10, 2014.

40 *In 2008, a* New York Times *article:* James Vlahos, "Pill-Popping Pets," *New York Times Magazine*, July 13, 2008.

41 *According to one study, nearly half:* D. Ramos and D. S. Mills, "Human directed aggression in Brazilian domestic cats: owner reported prevalence, contexts and risk factors," *Journal of Feline Medicine and Surgery* 11, no. 10 (2009): 835–41.

42 *include the so-called Tom and Jerry syndrome:* Jasper Copping, "Cats suffering from 'Tom and Jerry' syndrome," *Telegraph*, Dec. 1, 2013.

43 *"too close confinement to the house":* in Stella and Buffington, "Individual and environmental effects on health and welfare," 188.

44 *"potentially objectionable odors":* ibid., 198.

45 *cats find redecorating to be stressful:* "New Furniture," Feliway, www.feliway.com/uk/What-causes-cat-stress-or-anxiety/New-Furniture-and-redecorating.

46 *one animal website suggests borrowing somebody's actual infant:* "Preparing Your Pet for Baby's Arrival," www.oregonhumanesociety.org/resources-publications/resource-library/

47 *"confusing and frightening":* "The Indoor Cat Initiative," www.vet.ohio-state.edu/assets/pdf/education/courses/vm720/topic/indoorcatmanual.pdf.

48 *"Not wanting a litter box in the living room":* Jackson Galaxy and Kate Benjamin, *Catification: Designing a Happy and Stylish Home for Your Cat (and You!)* (New York: Jeremy P. Tarcher/Penguin, 2014), 2–3.

49 *"Every parent has dreams":* ibid., 42.

50 *"Beth and George":* ibid., 175.

51 *"When you think about Catifying":* ibid., 171.

52 *"We wanted to keep the décor":* ibid., 208–9.

53 *Cat cafés first emerged in Taiwan:* Lorraine Plourde, "Cat Cafés, Affective Labor, and the Healing Boom in Japan," *Japanese Studies* 34, no. 2 (2014): 115–33.

54 *"Highly domestic spaces":* ibid.

55 *"a node or intermediary":* ibid.

56 *"unusually rigorous routine of care":* "The Sunshine Home Frequently Asked Questions," www.thesunshinehome.com/faq.html#question08.

第八章

1 *"That thing tried to get at my baby, man":* Ryan Garza, "Big cat has northeast Detriot neighborhood on edge," Detroit Free Press video, www.youtube.com/watch?v=ciY29m9ZaWw.

2 *the "very concept":* Katherine C. Grier, *Pets in America: A History* (2006; repr., Orlando: Harcourt, 2006), 33.

3 *If they were shown at all:* Harriet Ritvo, *The Animal Estate: The English and Other Creatures in the Victorian Age* (Cambridge, MA: Harvard University Press, 1989), 116.

4 *cats' "nocturnal and rambling habits":* Charles Darwin, *The Variation of Animals and Plants Under Domestication*, vol. 1 (Teddington: Echo Library, 2007), 33–34.

5 *"Many were the gibes":* Frances Simpson, *The Book of the Cat* (London: Cassell, 1903), viii, online at: archive.org/stream/bookofcatsimpson00simprich/bookofcatsimpson00simprich_djvu.txt.

6 *"I felt somewhat more than anxious":* Harrison Weir, *Our Cats and All About Them* (Turnbridge Wells: R. Clements, 1889), 3.

7 *"throughout the length and breadth":* ibid., 5.

8 *margarine hampers:* Simpson, *The Book of the Cat,* 58.

9 *some early fanciers dripped:* Sarah Hartwell, "A History of Cat Shows in Britain," messybeast.com/showing.htm.

10 *"Most feline breeds were verbal rather than biological":* Ritvo, *The Animal Estate,* 120.

11 *The first American cat show:* Grier, *Pets in America,* 49.

12 *always "used advisedly, for whatever the outer covering":* John Jennings, *Domestic and Fancy Cats: A Practical Treatise on Their Varieties, Breeding, Management, and Disease* (London: L.U. Gill, 1901), 10.

13 *A pioneering Persian breeder confessed:* Simpson, *The Book of the Cat,* 98.

14 *ring-tailed lemur:* Hartwell, messybeast.com.

15 *A few natural breeds:* Carlos A. Driscoll, Juliet Clutton-Brock, Andrew C. Kitchener, and Stephen J. O'Brien, "The Taming of the Cat," *Scientific American,* June 2009.

16 *a staggering 60 percent:* APPA Survey, 62.

17 *less than 2 percent:* Philip J. Baker, Carl D. Soulsbury, Graziella Iossa, and Stephen Harris, "Domestic Cat (*Felis catus*) and Domestic Dog (*Canis familiaris*)," in *Urban Carnivores: Ecology, Conflict, and Conservation,* ed. Stanley D. Gehrt, Seth P. D. Riley, and Brian L. Cypher (Baltimore: Johns Hopkins University Press, 2010), 158; J. D. Kurushima, M. J. Lipinski, B. Gandolfi, et al., "Variation of cats under domestication: genetic assignment of domestic cats to breeds and worldwide random-bred populations," *Animal Genetics* 44, no. 3 (2013): 311–24.

18 *including the Cornish Rex:* Sarah Hartwell, "Breeds and Mutations Timeline," Messybeast.com/breed-dates.htm

19 *"mutant sausages":* "A Cat Fight Breaks Out Over a Breed," *New York Times,* July 23, 1995.

20 My Cat From Hell*:* "Thrill-seeking Savannahs Threaten Owner's Skydiving Gear," AnimalPlanet.com, www.animalplanet.com/tv-shows/my-cat-from-hell/videos/thrill-seeking-savannahs-threaten-owners-skydiving-gear/.

21 *Other small cats used in hybridization:* Sarah Hartwell, "Domestic X Wild Hybrids," Messybeast.com.

22 *They may end up:* Joan Miller "Wild Cat-Domestic Cat Hybrids—Legislative and Ethical Issues" (a white paper), Jan. 24, 2013, http://cfa.org/Portals/0/documents/minutes/20130628-transcript.pdf.

23 *"heated dens":* "What Is a Hybird Cat: Domestic Bengal Policy," Wildcat Sanctuary , http://www.wildcatsanctuary.org/education/species/hybrid-domestic/what-is-a-hybrid-domestic/.

24 *install a customized barricade with a 45-degree angle:* Ben Baugh, "Cat Sanctuary home to a variety of hybrids," *Aiken Standard*, Jan. 12, 2014.

25 *One October:* Kelly Bayliss, "Boo Is Back! Missing African Savannah Cat Found Safe," NBCPhiladelphia.com, Oct. 30, 2014.

26 *Likewise, orange cats are said to dominate:* John C. Z. Woinarski, Andrew A. Burbidge, and Peter L. Harrison, *The Action Plan for Australian Mammals 2012* (Collingwood, Victoria, Australia: CSIRO Publishing, 2014).

27 *To confirm that they were killing:* Diane K. Brockman, Laurie R. Godfrey, Luke J. Dollar, and Joelisoa Ratsirarson, "Evidence of Invasive *Felis silvestris* Predation on *Propithecus verreauxi* at Beza Mahafaly Special Reserve, Madagascar," *International Journal of Primatology* 29 (Feb. 2008): 135–52.

28 *where rumors date back:* Ian Abbott, "Origin and spread of the cat, *Felis catus*, on mainland Australia, with a discussion of the magnitude of its early impact on native fauna," *Wildlife Research* 29, no. 1 (2002): 51–74.

29 *Catlike animals have sprouted saber teeth:* Brian Switek, "How evolution could bring back the sabercat," io9, Oct. 4, 2013, http://io9.gizmodo.com/how-evolution-could-bring-back-the-sabercat-1441270558.

30 *a study of stray French cats revealed:* Michael Mendl and Robert Harcourt, "Individuality in the domestic cat: origins, development and stability," in *The Domestic Cat: The Biology of Its Behaviour,* 2nd ed., ed. Dennis C. Turner and Patrick Bateson (Cambridge: Cambridge University Press, 2000), 53.

31 *Close to 60 percent of American pet cats are overweight or obese:* "2013 Pet Obesity Statistics," Association for Pet Obesity Prevention, www.petobesityprevention.org/2013-pet-obesity-statistics/.

32 *even the street rats of Baltimore are 40 percent heavier:* Alla Katsnelson, "Lab animals and pets face obesity epidemic," Nature.com, Nov. 24, 2010.

33 *cat owners resolutely misclassify even the biggest whoppers:* Ellen Kienzle and Reinhold Bergler, "Human-Animal Relationship of Owners of Normal and Overweight Cats," *Journal of Nutrition* 136, no. 7 (2006): 1947S–50S.

34 *as research suggests, and all cat owners deep down know:* Dennis Turner, "The human-cat relationship," in *The Domestic Cat: The Biology of Its Behaviour,* 196–97.

35 *One rather staggering estimate suggests:* Hal Herzog, *Some We Love, Some We Hate, Some We Eat: Why It's So Hard to Think Straight About Animals* (New York: Harper Perennial, 2010), 6.

第九章

1 *bank a million dollars*: Katie Van Syckle, "Grumpy Cat," *New York*, Sept. 29, 2013.

2 *with 74.8 percent accuracy:* Liat Clark, "Google's Artificial Brain Learns to Find Cat Videos," WiredUK, Wired.com, June 26, 2012.

3 *recent study revealed:* Rhiannon Williams, "Cat photos more popular than the selfie," *Telegraph*, Feb. 19, 2014.

4 *"Move your crosshair and fire":* "Feral cat phone app launch," abc.net.au, Dec. 1, 2013; "Feral Cat Hunter," Download.com, http://download.cnet.com/Feral-Cat-Hunter/3000-20416_4-76034817.html.

5 *he replied, "Kittens":* Nidhi Subbaraman, "Inventor of World Wide Wide Web Surprised to Find Kittens Took It Over," nbcnews.com, March 12, 2014.

6 *"cat objects"* and *"feminist media studies":* Leah Shafer, "I Can Haz an Internet Aesthetic?!? LOLCats and the Digital Marketplace," Northeast Popular Culture Association Conference (2012).

7 *"corporate surveillance":* Radha O'Meara, "Do Cats Know They Rule You Tube? Surveillance and the Pleasures of Cat Videos," *M/C Journal* 17, no. 2 (2014).

8 *"orthography and phonetics":* Lauren Gawne and Jill Vaughan, "I Can Haz Language Play: The Construction of Language and Identity in LOLspeak," in *Proceedings of the 42nd Australian Linguistic Society Conference* (2011).

9 *"the stupidest possible creative act":* Clay Shirky, "How cognitive surplus will

change the world," Ted Talk transcript, June 2010, www.ted.com/talks/clay_shirky_how_cognitive_surplus_will_change_the_world/transcript?language=en.

10 *According to recent BuzzFeed data:* Suzanne Choney, "Why are cats better than dogs (according to the Internet)?" Today.com, Apr. 28, 2012.

11 *"'inside jokes or pieces of hip underground knowledge' that inhabit social networks":* in Kate M. Miltner, "Srsly Phenomenal: An Investigation into the Appeal of LOLCats," London School of Economic master's dissertation, 2011; https://dl.dropboxusercontent.com/u/37681185/MILTNER%20DISSERTATION.pdf.

12 *And they are studied like organisms as well:* Josh Constine, "Facebook Data Scientists Prove Memes Mutate and Adapt Like DNA," techcrunch.com, Jan. 8, 2014.

13 *The particulars of human politics:* Tom Chatfield, "Cute cats, memes and understanding the internet," BBC.com, Feb. 23, 2012.

14 *"an internationally recognized symbol of solidarity":* Katie Rogers, "Twitter Cats to the Rescue in Brussels Lockdown," *New York Times*, Nov. 23, 2015.

15 *"as if there is a single cat"*: O'Meara, "Do Cats Know They Rule YouTube?"

16 *They first emerged in the mid-2000s:* "LOLCats," KnowYourMeme.com, knowyourmeme.com/memes/lolcats.

17 *a notorious hacker was recently foiled:* Lily Hay Newman, "If You're a Wanted Cybercriminal, Maybe Don't Make Your Cat's Name Your Password," Slate.com, Nov. 13, 2014.

18 *an unmasked Reddit troll:* Adrian Chen, "Unmasking Reddit's Violentacrez, The Biggest Troll on the Web," Gawker.com, Oct. 12, 2012.

19 *"in-group boundary establishment and policing":* Kate M. Miltner, "'There's no place for lulz on LOLCats': The role of genre, gender, and group identity in the interpretation and enjoyment of an Internet meme," *First Monday* 19, no. 8 (2014).

20 *In January of 2007:* John Tozzi, "Bloggers Bring in the Big Bucks," Bloomberg.com, July 13, 2007.

21 *The image of the gray cat had been doing the rounds:* "Happy Cat," Know Your Meme, knowyourmeme.com/memes/happy-cat.

22 *"The original meme of cats belongs to 4chan":* Barbara Herman, "Ben Huh Interview: Meet the Cat Philosopher Behind 'I Can Has Cheezburger?'" *International Business Times,* Nov. 3, 2014.

23 *one I Can Has Cheezburger panda-themed spinoff:* Jenna Wortham, "Once Just a Site with Funny Cat Pictures, and Now a Web Empire," *New York Times,* June 13, 2010.

24 *Some computer scientists think that a meme's quality is almost incidental:* Lilian Weng, Filippo Menczer, and Yong-Yeol Ahn, "Virality Prediction and Community Structure in Social Networks," *Nature Scientific Report* (Aug. 2013).

25 *"pet horses, deer, goats":* Arnold Arluke and Lauren Rolfe, *The Photographed Cat: Picturing Human-Feline Ties, 1890–1940* (Syracuse: Syracuse University, 2013), 2.

26 *The writer Daniel Engber points out:* Daniel Engber, "The Curious Incidence of Dogs in Publishing," Slate.com, Apr. 5, 2013.

27 *"A typical cat video":* O'Meara, "Do Cats Know They Rule YouTube?"

28 *Why have we instead developed:* Will Oremus, "Finally, a Browser Extension That Turns Your Friends' Babies into Cats," *Future Tense* blog, Slate.com, Aug. 3, 2012.

29 *"unlike dogs, who have a handful":* Herman, "Ben Huh Interview."

30 *"Rabbits are the easiest to photograph":* Cyriaque Lamar, "Even in the 1870s, humans were obsessed with ridiculous photos of cats," io9.com, Apr. 9, 2012.

31 *"we found that users consistently applied":* Derek Foster, B. Kirman, C. Lineh, et al., "'I Can Haz Emoshuns?'—Understanding Anthropomorphosis of Cats Among Internet Users," *IEEE International Conference on Social Computing* (2011): 712–15.

32 *also submitted dozens of their own tags:* From email correspondence with Derek Foster.

33 *Hello Kitty has an estimated 50,00 trademarked products:* Sameer Hosany, Girish Prayag, Drew Martin, and Wai-Yee Lee, "Theory and strategies of anthropomorphic brand characters from Peter Rabbit, Mickey Mouse and Ronald McDonald, to Hello Kitty," *Journal of Marketing Management* 29, no. 1–2 (2013): 48–68.

34 *About 90 percent of the cat's:* Audrey Akcasu, "Hello Kitty now makes 90% of her money abroad," en.rocketnews24.com, Jan. 3, 2014.

35 *Like the house cat itself:* Hosany et al., "Theory and strategies of anthropomorphic brand characters."

36 *"Kitty has no mouth":* in Christine R. Yano, *Pink Globalization: Hello Kitty's Trek Across the Pacific* (Durham: Duke University Press, 2013), 79.

37 *"hard to read":* Jessica Goldstein, "Why We Care So Much If Hello Kitty Is or Is Not a Cat," Think Progress, Aug. 31, 2014, http://thinkprogress.org/culture/2014/08/31/3477683/hello-kitty-interview/.

38 *"sphinx":* Yano, *Pink Globalization,* 119.

39 *her creation's peculiar name derives:* Peter Larsen, "Hello Kitty, You're 30!" *St. Petersburg Times,* Nov. 15, 2004.

40 *"The cat is a time-traveler from ancient Egypt":* Camille Paglia, *Sexual Personae: Art and Decadence from Nefertiti to Emily Dickinson* (1990; repr. New York: Vintage Books, 1990), 66.

41 *Lions lived on the edge:* Jaromir Malek, *The Cat in Ancient Egypt* (Philadelphia: University of Pennsylvania Press, 1993), 22.

42 *It was lions that the pharaohs chose to merge with:* Patrick F. Houlihan, *The Animal World of the Pharaohs* (London: Thames & Hudson, 1996), 72–73 and 94.

43 *The first domestic depictions:* Malek, *The Cat in Ancient Egypt,* 49–50.

44 *"an ungainly creature":* ibid., 51.

45 *"plump and rather cross-looking":* ibid., 59.

46 *"not a country of many animals":* Houlihan, *The Animal World of the Pharaohs,* 44–45.

47 *the goddess Bastet rather abruptly:* Malek, *The Cat in Ancient Egypt,* 95–96.

48 *to become perhaps the most popular devotion:* ibid., 73.

49 *The sale of priestly offices was a handy source:* ibid., 98.

50 *an estimated 700,000 people:* ibid.

51 *"commented scathingly":* Salima Ikram, "Divine Creatures: Animal Mummies," in *Divine Creatures: Animal Mummies in Ancient Egypt,* ed. Salima Ikram (Cairo: American University in Cairo Press, 2005), 8.

52 *"an imperishable star":* Malek, *The Cat in Ancient Egypt,* 124.

53 *"When archaeologists X-rayed the cat mummies":* Alain Zivie and Roger Lichtenberg, "The Cats of the Goddess Bastet," in *Divine Creatures,* 117–18.

54 *This wide-scale extermination may also have been:* Malek, *The Cat in Ancient Egypt,* 133.

55 *"The men played on pipes of lotus":* William Smith, *Dictionary of Greek and Roman Geography,* Perseus Digital Library, http://www.perseus.tufts.edu/hopper/text?doc=Perseus:text:1999.04.0064:entry=bubastis-geo&highlight=bubastis.

56 *"Unlike man who forgets his previous forms":* Carl Van Vechten, *The Tiger in the House: A Cultural History of the Cat* (1920; repr., New York: New York Review of Books, 2007), 363.

國家圖書館出版品預行編目資料

我們爲何成爲貓奴？這群食肉動物不僅佔領沙發，更要接管世界 / 艾比蓋爾 · 塔克（Abigail Tucker）著；聞若婷譯 .-- 初版 .-- 臺北市：紅樹林出版：家庭傳媒城邦分公司發行 , 民 106.07
320 面；14.8*21 公分
譯自 : *The Lion in the Living Room : How House Cats Tamed Us and Took Over the World*
ISBN 978-986-7885-91-3（平裝）
1. 貓 2. 動物行爲 3. 寵物飼養

437.364　　106010170

EARTH 004
我們為何成為貓奴？這群食肉動物不僅佔領沙發，更要接管世界

原書書名／The Lion in the Living Room : How House Cats Tamed Us and Took Over the World
作　　者／艾比蓋爾・塔克（Abigail Tucker）
譯　　者／聞若婷
企劃選書／辜雅穗
責任編輯／李奕霆

總 編 輯／辜雅穗
總 經 理／黃淑貞
發 行 人／何飛鵬
法律顧問／台英國際商務法律事務所 羅明通律師
出　　版／紅樹林出版
台北市104民生東路二段141號7樓
電話：(02) 2500-7008　傳真：(02) 2500-2648
發　　行／英屬蓋曼群島商家庭傳媒股份有限公司 城邦分公司
台北市中山區民生東路二段141號2樓
書虫客服服務專線：02-25007718；25007719
24小時傳真專線：02-25001990；25001991
服務時間：週一至週五上午09:30-12:00；下午13:30-17:00
郵撥帳號：19863813　戶名：書虫股份有限公司
讀者服務信箱：service@readingclub.com.tw
城邦讀書花園：www.cite.com.tw
香港發行所／城邦（香港）出版集團有限公司
香港灣仔駱克道193號東超商業中心1樓；E-mail：hkcite@biznetvigator.com
電話：(852) 25086231　傳真：(852) 25789337
馬新發行所／城邦（馬新）出版集團 Cite (M) Sdn. Bhd.
41, Jalan Radin Anum, Bandar Baru Sri Petaling,
57000 Kuala Lumpur, Malaysia.
Tel: (603) 90578822　Fax: (603) 90576622　Email: cite@cite.com.my

封面設計／白日設計
印　　刷／卡樂彩色製版印刷有限公司
電腦排版／極翔企業有限公司
經 銷 商／高見文化行銷股份有限公司
客服專線：0800-055365　傳真：(02)2668-9790

■2017年（民106）7月初版
■2017年（民106）8月初版2.5刷
定價390元

ISBN 978-986-7885-91-3

Printed in Taiwan

城邦讀書花園
www.cite.com.tw